特殊工况压力容器检验丛书

湿硫化氢环境压力容器检验技术

主　编　竺国荣　陈定岳　王　杜

副主编　陈　虎　黄焕东　沈建民

参　编　钱盛杰　许　波　毛国均
陈松生　邹　斌　尹建斌
林远龙　陈文飞　黄　辉
赵盈国　孔凡玉　张皓琦
张翰林　王和慧　侯　峰
张少杰　冯亚娟　谈平庆
严伟丽

机械工业出版社

本书以炼油企业多台已发生湿硫化氢损伤失效的压力容器为对象进行分析，系统地介绍了炼油装置压力容器在湿硫化氢环境下氢致损伤的模式、形成机理、快速检测方法、现场诊断、在役检测、检验结论、有限元模拟、合于使用评价，以及修复和预防措施。通过理论研究、实验室试验、现场应用及仿真模拟的方式，总结并扩展了湿硫化氢环境下炼油装置压力容器检验的方式，对压力容器湿硫化氢损伤的全面检验具有重要工程意义和学术价值。

本书可作为特种设备检验、检测人员，科研技术人员，安全监督、监察人员和高等院校相关专业师生的参考资料，也可作为从事特种作业的人员、企业安全管理及技术人员的培训教材。

图书在版编目（CIP）数据

湿硫化氢环境压力容器检验技术/竺国荣，陈定岳，王杜主编．—北京：机械工业出版社，2022.10

（特殊工况压力容器检验丛书）

ISBN 978-7-111-71374-6

Ⅰ.①湿…　Ⅱ.①竺…②陈…③王…　Ⅲ.①硫化氢-压力容器-检测　Ⅳ.①TQ051.3

中国版本图书馆 CIP 数据核字（2022）第 144383 号

机械工业出版社（北京市百万庄大街 22 号　邮政编码 100037）
策划编辑：吕德齐　　责任编辑：吕德齐　高依楠
责任校对：李　杉　张　薇　封面设计：马若濛
责任印制：常天培
北京机工印刷厂有限公司印刷
2022 年 10 月第 1 版第 1 次印刷
184mm×260mm · 11.25 印张 · 2 插页 · 279 千字
标准书号：ISBN 978-7-111-71374-6
定价：79.00 元

电话服务　　网络服务
客服电话：010-88361066　机　工　官　网：www.cmpbook.com
010-88379833　机　工　官　博：weibo.com/cmp1952
010-68326294　金　书　网：www.golden-book.com
封底无防伪标均为盗版　机工教育服务网：www.cmpedu.com

前　言

湿硫化氢环境在炼油装置中广泛存在，随着炼油设备的大型化、复杂化及大量进口高硫高酸原油的炼制，湿硫化氢损伤导致的设备安全问题日益严峻，严重威胁着炼油装置的长周期安全运行。由于国内外关于湿硫化氢损伤导致设备失效的案例屡见不鲜，而且在损伤的快速检测、诊断和在役检测，以及发现损伤后的合于使用评价等方面仍然存在许多急需解决的问题，因此系统地开展炼油装置压力容器在湿硫化氢环境下氢致损伤的快速检测、诊断、在役检测技术、合于使用评价方法及防护措施的研究具有重要意义。

本书以炼油企业多台已发生湿硫化氢损伤失效的压力容器为对象进行分析，系统地介绍了炼油装置压力容器在湿硫化氢环境下氢致损伤的模式、形成机理、快速检测方法、现场诊断、在役检测、检验结论、有限元模拟、合于使用评价，以及修复和预防措施。通过理论研究、实验室试验、现场应用及仿真模拟的方式，总结并扩展了湿硫化氢环境下炼油装置压力容器检验的方式，对压力容器湿硫化氢损伤的全面检验具有重要工程意义和学术价值。

本书共10章，第1章概述了目前压力容器湿硫化氢损伤检验的总体情况；第2、3章对湿硫化氢损伤模式及其形成机理进行了详细介绍；第4~7章依托于现场检验，提出了压力容器湿硫化氢损伤的快速检测方法、现场诊断、在役检测方法，并对检验结论及定级方法做了大致描述；第8~10章结合了有限元模拟，提出了湿硫化氢损伤的合于使用评价方法，并总结了湿硫化氢损伤的修复和预防措施。

本书由宁波市特种设备检验研究院组织编写，在成书过程中得到了中国计量大学、中国石油化工股份有限公司镇海炼化分公司、华东理工大学等单位大力支持，在此一并表示感谢。由于编者学识、水平有限，书中难免存在不足之处，敬请广大读者和行业专家批评指正。

编　者

目　录

第1章

概　　论

1.1　湿硫化氢损伤概述

炼油、天然气工业中，随着设备的大型化、运行条件的苛刻化和应用材料的多样化，使得在役设备出现的失效形式错综复杂，如腐蚀、疲劳、蠕变等各种形式的失效，对设备的安全运行和人类环境的安全具有潜在危险性。20 世纪以来，通过对压力容器与管道的安全问题进行调查研究，认为影响设备安全运行的原因主要有三方面：一是原油品质劣化，酸值及含硫量增加，使介质腐蚀性加强，使设备面临更苛刻的介质腐蚀环境，增加发生氢鼓泡、氢致开裂等氢损伤失效的概率；二是装置与单体设备大型化和复杂化使得低合金高强度钢的广泛使用，虽然得到了高的强度，但是增加了裂纹产生的敏感性；三是早期化工设备制造质量存在严重缺陷并且长周期服役。本书将着重针对炼油装置在湿硫化氢环境中的损伤情况进行介绍。

1.1.1　炼油装置的湿硫化氢损伤情况

湿硫化氢环境在炼油装置中广泛存在，半个多世纪以来因湿硫化氢损伤导致的设备失效案例屡见不鲜，其对炼油设备的危害性渐渐被人们所熟知。随着我国经济社会的高速发展，原油进口量日益增多，尤其是近年来高硫、高酸值原油的大量进口，使得炼油设备面临更加苛刻的湿硫化氢使用环境。

原油中的硫化物在炼制过程中产生对设备有害的硫化氢，硫化氢腐蚀设备产生的原子氢吸附在钢表面，再扩散侵入钢内部，在非高温条件下由于水分的存在，极易在承压设备壳体不连续处，如非金属夹杂物、夹层等薄弱部位产生氢原子聚集，形成氢分子，随着氢分压的不断增大，导致设备产生氢鼓泡、氢致开裂、应力导向氢致开裂等形式的湿硫化氢损伤，最终导致设备失效，严重危及炼油装置的长周期安全运行。

我国大多数炼油厂始建于 20 世纪 90 年代以前，由于当时的设计局限、钢材质量的限制，加上早期的原油来源单一，硫化氢含量很低，因而未充分考虑湿硫化氢损伤问题。现在很多在湿硫化氢环境下服役的炼油设备仍旧采用普通低碳钢、低合金钢，而非抗氢致开裂钢。普通碳钢、低合金钢的纯净度往往不够，含有很多非金属夹杂物，甚至是分层缺陷，当炼制含高硫、高酸值原油时，这些设备就面临着严峻的考验。即使近些年有些新建设备已采用抗氢致开裂钢材，但由于服役时间不长，仍需通过检测以验证其安全性。湿硫化氢损伤敏感材料为炼油设备常用的普通低碳钢和低合金钢。损伤容易发生在室温环境，且与应力大小无关，只要达到损伤发生的临界值就会发生，因而具有普遍性和隐蔽性。易发生湿硫化氢损伤的石化装置和设备范围非常广，包括常减压装置、加氢装置、催化裂化装置、延迟焦化装置、制硫装置的轻油分馏系统和酸性水系统、乙烯裂解装置的压缩系统以及裂解与急冷系统的急冷部分等，设备涵盖未采用抗氢致开裂钢制造的塔器、换热器、分离器、分液罐、球罐、管线等。在氢鼓泡、氢致开裂产生的初期，壳体壁厚并不会明显减薄，目视宏观检查很难发现。但是内部许多微观裂纹已经扩展并长大，如果不能及时发现并处理，最终可能会引起介质泄漏、设备破裂甚至爆炸等恶性后果。

设备在湿硫化氢环境中运行时，壳体中出现的氢鼓泡或氢致开裂是比较严重的腐蚀破坏形式，一般发生在室温或近室温环境，与是否存在应力无关。在氢鼓泡产生初期，壳体壁厚并不会明显减薄，但是内部许多微观裂纹已经扩展并长大，如果不能及时发现并处理，严重时则会引起介质泄漏、设备破裂甚至爆炸，导致设备永久失效、人员伤亡、财产损失及环境危害等恶性后果。

湿硫化氢环境中设备出现氢鼓泡或氢致开裂的原因及影响因素众多，涉及材料因素（如化学成分、显微组织、强度和硬度及热处理、冷加工、制造、安装等）和环境因素（如介质性质、温度、压力）等的交互作用。氢鼓泡或氢致开裂是氢脆的一种表现形式，是碳钢和低合金钢暴露在湿硫化氢环境中发生的一种常见的失效模式，在油气的开采、炼制、加工及运输设备中比较常见。氢致开裂的裂纹平整，不同层面的氢致开裂连接成阶梯状或直线状，裂纹的走向与夹杂物有关，在钢板近表面位置一般伴随着氢鼓泡的发生。

1.1.2 湿硫化氢损伤研究现状

1984 年 7 月，美国优尼科公司位于伊利诺伊州雷蒙特炼油厂的单乙醇胺吸收塔发生的灾难性事故造成了大量人员伤亡和设施破坏，事故调查发现原因是湿硫化氢开裂导致了爆炸和火灾。自此，湿硫化氢损伤的危害性开始引起全球石油化工业界的重视和研究。美国腐蚀工程师协会（NACE）于 1984 年秋成立了 T-8-14 工作组对此进行研究，在发现其他装置也会产生湿硫化氢破坏，且采用一直常用的检测技术并不能有效检出后，于 1988 年春又成立了 T-8-16 工作组，专门研究在湿硫化氢环境中的开裂问题。美国石油学会（API）在 1988 年的调查中发现，在过去的 5 年里全美石油化工行业约有 25%的压力容器存在湿硫化氢导致的裂纹，其中约三分之一压力容器被报废处理。

在对湿硫化氢损伤的认知和后期研究工作方面美国走在世界的前列。美国腐蚀工程师协会发布了 NACE RP0296-1996《检查、修复和减轻炼油厂在用压力容器在湿硫化氢环境中开裂的指导准则》。该准则内容包括炼油厂在用压力容器在湿硫化氢环境中腐蚀开裂的机理、特征、范围及其检测、修复和缓解的措施；通过对美国多家炼油企业的湿硫化氢损伤案例进行统计分析，提炼出湿硫化氢环境中腐蚀开裂发生的条件和部位等信息；提及的检测方法主要有目视检测、超声检测、湿荧光磁粉检测、渗透检测、声发射检测。美国石油协会 API 579-2007《服役适用性评价》第 7 章规定了对氢鼓泡及分层的评定，氢鼓泡评定方法分为 3 级。API 581-2009《基于风险的检验》将有关湿硫化氢环境中碳钢和低合金钢所发生的损伤描述为氢鼓泡（HB）、氢致开裂（HIC）、应力导向氢致开裂（SOHIC）和硫化物应力腐蚀开裂（SSCC）四种形式。氢鼓泡是最常见也是最初始的宏观损伤形式，它最终的发展往往是氢致开裂或应力导向氢致开裂。氢鼓泡分为内壁鼓泡、外壁鼓泡、内外壁同时鼓泡。

国内对于湿硫化氢损伤较为系统的研究大致始于 2000 年。质检总局锅炉压力容器安全监察局的王晓雷等人通过钢板内鼓泡气体取样分析，得出结论认为液化石油气储罐出现的鼓泡属于氢鼓泡而不是甲烷鼓泡；采用常规的检验方法如外观检查、磁粉检测及超声检测等对已发现的氢鼓泡缺陷进行检测；通过材质失效分析检验，分析氢鼓泡部位及周边区域氢损伤程度，提出氢鼓泡修复补焊方法；该项试验研究成果经 30 多台修复补焊和 110 台热喷涂预防处理后的容器和罐车罐体 8 年的现场使用，证明可以保证使用安全。广东省特种设备检测研究院的李绪丰和富阳等人将相控阵超声检测技术引入压力容器氢致开裂的检测和监控，取得了一定成效；但是仅采用了相控阵超声 C 扫描成像技术，无法得到损伤的全面形貌，且没有提及氢致损伤的快速筛查方法。西北工业大学的李传江和湖南大学的欧阳跃军等人分别开展了计算机辅助氢损伤检测技术的研究，各自开发出在线、实时氢损伤检测系统，后者已将其应用在中石化茂名分公司的现场检测中。李祖贻采用常规超声检测方法来确定氢鼓泡损伤的位置与形貌，检出效率低，对于快速检测与在役检测都难以满足要求。

国内虽然有许多湿硫化氢环境下设备损伤失效的案例报道，但是往往属于事后分析验证性检测。目前由湿硫化氢导致的设备损伤仍没有很好的有效现场检测手段，大部分氢致损伤是通过肉眼观察发现的，而当氢致损伤发展到肉眼都能观察到时，设备早已濒临失效，存在重大安全隐患。同时石化装置停工检修时间较短，不可能做到肉眼宏观检查到设备的全部内外表面，也不可能做到设备本体所有部位均百分之百超声测厚，况且超声测厚时发现的氢致损伤异常部位往往被当成危害性不大的内部钢板分层而放过。在湿硫化氢损伤的快速检测、发现损伤后的精确测量以及在役检测技术方面均没有建立起有效的检测方法体系，不利于炼油装置的长周期安全运行。

在湿硫化氢环境中氢鼓泡的预防与安全评估研究方面，目前国内外研究主要体现在以下几个方面：一是严格控制介质中硫化氢及水的含量；二是开发抗湿硫化氢环境的新钢种或改善原有材质性能；三是添加缓蚀剂，在材料表面用喷涂及电化学的方法隔离腐蚀介质；四是提出适用的氢鼓泡智能监控方法；五是研究湿硫化氢环境下含缺陷结构的安全评估与寿命预测工程技术方法。虽然在上述方面取得的研究成果较多，但是缺乏适用于我国钢种的工程化技术方法，尤其是对湿硫化氢环境下含缺陷结构的安全评估与延寿方法，国内外均没有形成工程化的技术方法，只是在评定规范中给出一些基本原则，无法应用于实际的工程项目。

综上所述，针对湿硫化氢环境下导致的氢鼓泡及开裂损伤研究主要集中在鼓泡失效机理研究以及已发现鼓泡缺陷情况下的无损检测确认研究，而可直接应用于类似缺陷的快速检测、在役检测技术研究工作尚没有可借鉴的成果；同时，对于在役设备的氢鼓泡检测后如何判定氢鼓泡缺陷的可靠性及安全性，也尚未形成较为可行的判定准则。目前国内在这几个重要环节均存在明显不足，须进行深入研究。因此，研究少拆外部保温层且高效、精确地检测出氢鼓泡等氢致宏观损伤，以及发现湿硫化氢损伤后评估它对设备安全性能的影响及进行在役检测，都具有重要意义。

1.2　工程项目介绍

国内外炼油及天然气企业中因氢鼓泡发生的安全事故有很多。某炼油厂 400m^{3}LPG 球罐，材料为 16MnR（相当于现行标准牌号 Q355R），操作温度为 50℃，操作压力为 1.57MPa，规格为 ϕ9200mm×30mm。该球罐自投入使用以来，运行状况良好，多次开罐检查，均未发现影响球罐安全运行的缺陷。但是近年来，该球罐处理过多起硫化氢严重超标的液化石油气，鉴于此，厂方再次开罐检查，通过超声检测发现存在大量氢鼓泡，严重威胁设备的安全运行。1948 年飞利浦石油公司检修过程中发现它的 50 个原油容器中出现氢鼓泡。当在役设备出现氢鼓泡或氢致开裂时，我们必须对其形成原因进行分析并对设备的剩余强度和寿命做出安全评价。通过分析氢鼓泡位置、大小、形态、鼓胀趋势等来分析氢鼓泡形成原因。氢鼓泡是压力容器氢损伤的主要表现形式，其形成是环境因素和材料因素综合作用的结果，经常出现在钢材的夹杂物处或缺陷处。氢鼓泡的危害程度是与时间有关的，原始小缺陷位置的氢鼓泡会随着时间的积累慢慢长大，其长大速度与材料因素和环境因素息息相关。在调查氢鼓泡形成原因的基础上，对设备进行安全评估是至关重要的环节。

1.2.1 项目来源

本书依托项目来源于某炼油厂。近年来，在该厂炼油装置日常巡检和停工检修中，陆续发现多台压力容器存在不同程度的壳体局部内、外壁氢鼓泡缺陷。随后该厂开展针对湿硫化氢环境下服役设备的普查工作，初步发现 6 台在役设备产生了不同程度的氢鼓泡缺陷，其中 3 台压力容器因存在严重的湿硫化氢损伤而提前报废，下面是这 3 台压力容器发生损伤的情况。

2013 年 4 月该厂一加氢裂化装置循环氢脱硫塔 T-1103 在停工检验期间，内部宏观检查时发现该塔下部 T3 筒节母材内表面 A 区域（图 1-1b 中 A 处斜线部分）存在多处氢鼓泡，鼓泡尺寸为 ϕ40~ϕ300mm，凸起高度为 5~25mm，部分氢鼓泡表面已经开裂，通过对 T3 筒节从外表面进行直探头超声检测，在 B 区域（图 1-1b 中 B 处斜线部分）发现大量疑似分层缺陷，深度为 30~38mm，内壁氢鼓泡的形貌如图 1-1a 所示，具体位置示意如图 1-1b 所示。

该塔主体材质为 20g 钢（新标准牌号为 Q245R），壁厚为 54mm，操作压力为 4.8MPa，操作温度均为 67℃，工作介质为 H_2、H_2S、二乙醇胺和 H_2O，属于典型的湿硫化氢临氢环境下服役设备。

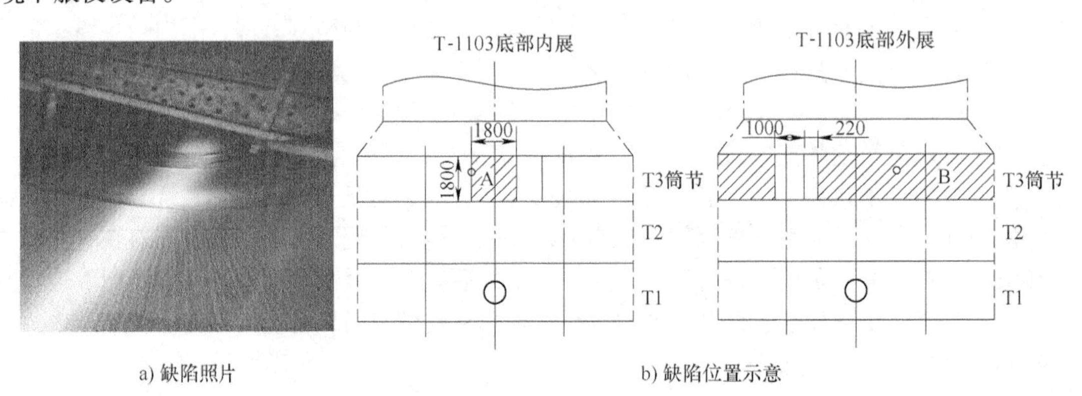

a) 缺陷照片　　b) 缺陷位置示意

图 1-1　循环氢脱硫塔内壁氢鼓泡

该厂一加氢裂化装置干气脱硫吸收塔 T 306 在停工检验期间，通过内部宏观检查、测厚发现该塔的变径段下部内壁布满大小不一的氢鼓泡，鼓泡直径为 ϕ40~ϕ60mm，凸起高度为 3~6mm，部分氢鼓泡表面已经开裂。该塔主要用于脱除液化石油气干气中的 H_2S 和 CO_2 等酸性气体，其主体材质为 20g 钢，壁厚为 18mm，操作压力为 1.37MPa，操作温度为 49℃，工作介质为干气、二乙醇胺、富胺液，其中硫化氢含量高达 10%（体积分数），也是典型的湿硫化氢腐蚀环境下服役的设备。塔体照片如图 1-2a 所示，内壁密集氢鼓泡的形貌如图 1-2b 所示。

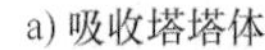

a) 吸收塔塔体

b) 内壁密集氢鼓泡

图 1-2 干气脱硫吸收塔内壁氢鼓泡

对损伤严重筒节的氢鼓泡密集处进行修复，修复方式为更换缺陷密集区域的板材及对部分分散区域的氢鼓泡进行挖补，对损伤较轻筒节的氢鼓泡进行泄压处理。通过对该塔进行 RBI 评估和合于使用评价后，决定对该塔实施监控使用。经过一年多的监控使用，该塔已于 2014 年 11 月整体报废更换。

2013 年日常巡检时发现该厂一加氢裂化装置低分气分液罐 V 338 存在泄漏现象，拆除部分保温层发现该容器外壁存在氢鼓泡缺陷，介质从氢鼓泡开裂部位发生泄漏。该容器主体材质为 20g 钢，壁厚为 8mm，操作压力为 1.86MPa，操作温度为 40℃，工作介质为烃类、H_2S，其中硫化氢含量高达 10%（体积分数），也是典型湿硫化氢腐蚀环境下服役的设备。该容器已在 2013 年 9 月检修期间报废。拆除掉所有保温层后发现筒体外壁布满大小不一、鼓凸程度不同的氢鼓泡，鼓泡尺寸为 $\phi5\sim\phi15$mm，凸起高度为 1~3mm，部分氢鼓泡已经在气体分压作用下开裂，外壁氢鼓泡的形貌照片如图 1-3 所示。

该厂还有其他多台湿硫化氢环境下运行的压力容器已经发现有外壁氢鼓泡和测厚异常情况存在，但是因生产需要暂时无法停工检修或报废更换。由于处于湿硫化氢环境中的承压设备数量庞大，加上很多设备有内件，外部有保温层，因此采用常规的密集测厚检测和外部宏观检查效率非常低，劳动强度大，依靠传统检测手段很难一一发现这些氢致宏观损伤，且发现损伤后尚不知如何针对其安全可靠性进行科学判定。

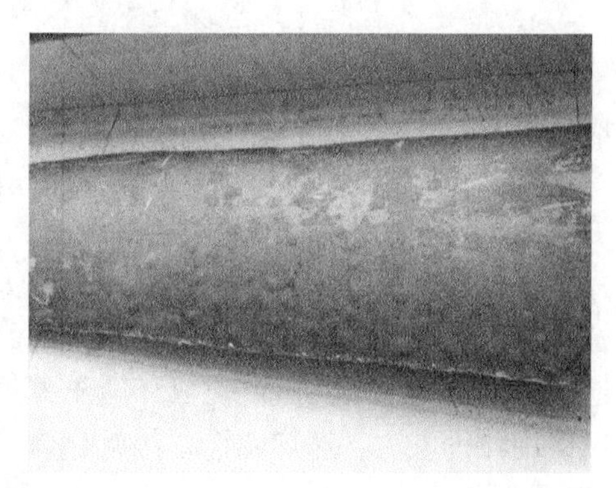

图 1-3 低分气分液罐外壁氢鼓泡

日常情况下的宏观检查只能发现比较明显的外壁氢鼓泡，内壁氢鼓泡只有在停工检修期间才有可能被发现，危害性更大的壳体内部氢致开裂则无法发现。测厚检测发现氢鼓泡和氢致开裂的概率也较低，一是因为测厚点为单点离散的，无法获得大面积的壁厚分布图像，有时候哪怕测厚部位存在湿硫化氢损伤也会因为测厚数值不稳定而忽略掉；二是因为单点测厚效率非常低。因此，该厂提出了开展湿硫化氢环境下设备本体氢致宏观损伤诊断与在役检测技术的研究需求，本书也将通过该项目实例结合理论分析，深入介绍湿硫化氢环境炼油装置压力容器的检验、检测问题。

1.2.2 工程意义

虽然国内外关于湿硫化氢损伤导致设备失效的案例很多，但是在损伤的快速检测、诊断和在役检测，以及发现损伤后的合于使用评价等方面仍然存在许多急需解决的问题。

资料显示国内有许多湿硫化氢环境下设备损伤失效的案例，往往属于事后分析验证性检测，采用的检测方法大多只是经目视检测发现损伤处后再通过超声测厚、磁粉检测等方法来确定损伤情况，然而我们通过现场检测发现，常规检测手段如超声测厚及超声横波探伤存在很多不利因素，很容易造成湿硫化氢损伤误判、漏检。而目视检测和磁粉检测则存在着某些位置不可到达的缺点，且只能对表面湿硫化氢损伤进行检测。目前国内有关湿硫化氢损伤的合于使用评价鲜有案例且无系统性。因此，开展炼油设备在湿硫化氢环境下氢致损伤的形成机理及防护措施、检测和在役检测技术以及合于使用评价方法的研究具有重要意义。

1.3 本书重点及特色

本书重点针对湿硫化氢环境下石化装置开展设备本体氢致宏观损伤（以氢鼓泡、氢致开裂为主）检测与诊断技术研究，并在此基础上结合失效设备的失效分析和试验研究进行含此类缺陷设备的合于使用评价。本书将重点从以下几个方面进行介绍：

1）通过试验、统计、理论分析等方法，分析并概括氢致损伤的损伤机理和容易产生的条件。

2）以炼油装置已发现氢鼓泡缺陷的设备为研究对象，概述几种具有可行性的无损检测方法，实现氢鼓泡等缺陷的“快速扫描+精确定位定量”检测。

3）简述相控阵超声检测技术在氢致宏观损伤诊断方面的应用。

4）提出了利用电磁、超声或声发射等技术对湿硫化氢损伤设备进行在役检测和实时监控的方法。

5）结合现场检测及缺陷失效模型，介绍了氢致宏观损伤程度的合于使用评价，并提出了湿硫化氢损伤的预防和修复措施。

随着石化设备的大型化、复杂化及大量高硫高酸原油的炼制，氢损伤导致的设备安全问题日益增加，湿硫化氢环境下设备损伤的检测和防护是困扰石化企业的重要课题。本书系统地介绍了炼油设备在湿硫化氢环境下氢致损伤的形成机理、快速检测和在役检测技术以及合于使用评价方法，对炼油设备湿硫化氢损伤的全面检验具有重要的工程意义和学术价值。

第 2 章

炼油装置湿硫化氢损伤模式

湿硫化氢损伤敏感材料为炼油设备常用的普通低碳钢和低合金钢。损伤容易发生在室温环境下，且与应力大小无关，只要达到损伤发生的临界值就会发生，因而具有普遍性和隐蔽性。其易发生的石化装置和设备范围非常广，包括常减压装置、加氢装置、催化裂化装置、延迟焦化装置、制硫装置的轻油分馏系统和酸性水系统、乙烯裂解装置的压缩系统，以及裂解与急冷系统的急冷部分等；设备涵盖未采用抗氢致开裂钢制造的塔器、换热器、分离器、分液罐、球罐、管线等。在氢鼓泡、氢致开裂产生的初期，壳体壁厚并不会明显减薄，目视宏观检查很难发现。但是内部许多微观裂纹已经扩展并长大，如果不能及时发现并处理，最终可能会引起介质泄漏，设备破裂甚至爆炸等恶性后果。

2.1 炼油装置概述

炼油工艺是将原油加工成各种石油产品的方法，而炼油工艺所使用的生产装置叫炼油装置。常见的炼油装置包括常减压蒸馏装置、催化裂化装置、加氢裂化装置、加氢精制装置、延迟焦化装置、催化重整装置、气体分离装置、芳烃抽提装置、乙烯裂解装置等。

压力容器是炼油装置中重要的生产设备，按生产工艺过程中的作用原理，压力容器常分为反应容器、换热容器、分离容器、储存容器。

反应容器是指主要用来完成介质的物理、化学反应的容器。常用的有反应器、反应釜、聚合釜、合成塔、变换炉、煤气发生炉等。许多反应容器内工作介质发生化学反应的过程，往往伴随着放热或吸热的过程。为了保持一定的反应温度，常常需要装设一些附属装置，如加热或冷却装置、搅拌装置等。

换热容器主要是用于完成介质的热量交换的压力容器，以达到生产工艺过程中所需要的将介质加热或冷却的目的。常用的有各种换热器、冷却器、冷凝器、蒸发器等。

分离容器主要是用于完成介质的流体压力平衡和气体净化分离等工作的压力容器。常用的有各种分离器、过滤器、净化器、滤油器、洗涤塔、吸收塔、铜洗塔、干燥塔、汽提塔、分汽缸、除氧器等。

储存容器主要是用于盛装生产用的原料气体、液体、液化气体等的压力容器。常用的有各种型式的储罐、压力缓冲罐、球形储罐等。由于工作介质在容器内一般不发生化学性质或物理性质的变化，不需要装设供传热或传质用的内件，所以储存容器的内部结构比较简单。

下面分别简要介绍炼油装置中常见的塔设备、换热设备、球形储罐和催化裂化设备。

2.1.1 塔设备

1. 塔设备的概念

塔设备是在化工生产过程中可为气液或液液两相（相是指没有外力作用下，物理、化学性质完全相同，成分相同的均匀物质的聚集态）提供直接接触机会，从而达到相际传质及传热目的，又能使接触之后的两相及时分开，互不夹带的设备。

2. 塔设备的主要特点

塔设备体型高，长宽比大，是化工、炼油生产中常见的重要设备之一，可在塔设备中完成单元操作的有精馏、吸收、解吸、萃取及气体的洗涤、冷却、增湿、干燥等。

3. 塔设备的种类

1）按塔的内部构件的结构，可将塔设备分为两大类：板式塔和填料塔。

2）按化工操作单元的特性（功能），可将塔设备分为精馏塔、吸收塔、萃取塔、反应塔、解吸塔、再生塔和干燥塔等。

3）按操作压力可将塔设备分为加压塔、常压塔和减压塔。

4. 塔设备的主要外部构件及作用

（1）塔体　塔体即塔设备的外壳，常见的塔体由等直径、等厚度的圆筒及上下封头组成。塔设备通常安装在室外，因而塔体除了承受一定的操作压力（内压或外压）、温度，还要考虑风载荷、地震载荷、偏心载荷。此外还要满足在试压、运输及吊装时的强度、刚度及稳定性要求。

（2）支座　支座是塔体与基础的连接结构。因为塔设备较高、重量较重，为保证其具备足够的强度及刚度，通常采用裙式支座。裙式支座分为圆筒形和圆锥形两种。

（3）人孔及手孔　为安装、检修、检查等需要，往往在塔体上设置人孔或手孔。不同的塔设备，人孔或手孔的结构及位置等要求不同。

（4）接管　用于连接工艺管线，使塔设备与其他相关设备相连接。按其用途可分为进液管、出液管、回流管、进气出气管、侧线抽出管、取样管、仪表接管、液位计接管等。

（5）除沫器　用于捕集夹带在气流中的液滴。除沫器工作性能的好坏对除沫效率、分离效果都具有较大的影响。

（6）吊柱　安装于塔顶，主要用于安装、检修时吊运塔内件。

2.1.2　换热设备

在炼油等化工生产中，绝大多数的工艺过程都有加热、冷却和冷凝的过程，这些过程总称为传热过程。传热过程需要通过一定的设备来完成，使传热过程得以实现的设备称为换热设备。

1. 换热设备的分类

1）换热设备按用途来分有换热器、冷凝器、再沸器、冷却器及加热器。

2）按换热方式来分有混合式、蓄热式及间壁式三大类型，其中，间壁式换热设备又有多种结构，如按传热面（固体壁面）的形状和结构特征又可分为管式（包括套管式、螺旋管式、管壳式）和板面式（包括板片式、螺旋板式、板壳式等）两类。

2. 管壳式换热器

管壳式换热器也称列管式换热器，具有悠久的使用历史，虽然在传热效率、紧凑性及金属耗量等方面不如近年来出现的其他新型换热器，但其具有结构坚固、可承受较高的压力、制造工艺成熟、适应性强及选材范围广等优点，目前仍是炼油厂中应用最广泛的一种间壁式换热器，按其结构特点分为以下几种：

（1）固定管板式换热器　管壳式换热器主要是由壳体、管束、管板、管箱及折流板等组成，管束和管板是刚性连接在一起的。所谓“固定管板”是指管板和壳体之间也是刚性连接在一起的，相互之间无相对移动。固定管板式换热器适用于壳程流体清洁，不易结垢，管程常要清洗，冷热流体温差不太大的场合。

（2）浮头式换热器　浮头式换热器的一端管板是固定的，与壳体刚性连接，另一端管板是活动的，与壳体之间并不相连，活动管板一侧总称为浮头。浮头式换热器适用于冷热流体温差较大（一般冷流进口与热流出口温差可达 110℃），介质易结垢，常需要清洗的场合。在炼油厂使用的各类管壳式换热器中浮头式最多。

（3）U 形管式换热器　U 形管式换热器不同于固定管板式和浮头式，只有一块管板。换热管做成 U 形，两端都固定在同一块管板上；管板和壳体之间通过螺栓固定在一起。U 形管式换热器适用于冷热流体温差较大，管内走清洁、不易结垢的高温、高压、腐蚀性较大的流体的场合。

管壳式换热器工作时，一种流体走管内，称为管程，另一种流体走管外（壳体内），称为壳程。管内流体从换热管一端流向另一端一次称为一程，对 U 形管式换热器管内流体从换热管一端经过 U 形弯曲段流向另一端一次称为两程。两管程以上（包括两管程）就需要在管板上设置分程隔板来实现分程，较常用的是单管程、两管程和四管程。壳程有单壳程和双壳程两种，常用单壳程，壳程分程可通过在壳体中设置纵向挡板来实现。

3. 板面式换热器

板面式换热器热量的传递是通过不同形状的板面来实现的，其传热性能比管式换热器优越，由于结构上的特点，使流体在较低的流速下能达到湍流状态，从而强化了传热作用。该类换热器由于采用板材制作，故在大批量生产时可降低设备成本，但其耐压能力比管式换热器差。

板面式换热器类型较多，主要有螺旋板式换热器、板片式换热器、板翅式换热器等。

2.1.3　球形储罐

球形容器在炼油行业被广泛应用于储存液化石油气等物料，我们把用于储存液体和气体物料的球形容器称为球形储罐。

球形储罐壳体受力均匀，在相同直径和相同工况下；球形容器的薄膜应力仅为圆筒形容器环向应力的一半，相应承压能力强；且相同容积下球壳表面积最小，重量轻；但因球形储罐容积大，需制造厂制作成形球壳板，在安装单位现场组装焊接，制造安装有一定难度，技术要求相对较高。

1. 球形储罐结构

球形储罐结构多样，从形状看，有圆球形和椭球形；从壳体的层数看，有单层、多层、双金属层和双重壳球形储罐；从支承方式看，有柱式和裙式；从球壳板结构看，有橘瓣式、足球瓣式和混合式。

橘瓣式是先用纬线将球壳切割成球带，再以相邻两条经线将球带分割成球壳板。其特点是球壳的拼装焊缝规则，施工组装较简便。缺点是因各带位置不一，球壳板尺寸规格多，只能在本带或上下对称带之间互换，原材料利用率低，焊缝较长，球极板往往因宽度窄小，使接管布置拥挤，甚至使焊缝难以错开。

足球瓣式是将球体沿经纬方向切割，每块球壳板尺寸完全相同，互换性好，下料成形规格化，材料利用率高，拼装焊缝长度短，相应检测工作量也小。缺点是球壳板交接处有Y形焊缝，焊缝布局复杂，施工组装困难，对球壳板的精度要求高。

混合式兼备了橘瓣式和足球瓣式两者的特点，是除极板采用足球瓣式外，其余均用橘瓣式球壳板。相对橘瓣式而言，混合式的优点是材料利用率较高，焊缝长度有所缩短，球壳板数量减少，故特别适用于大型球形储罐。缺点是因具有两种结构的球壳板，组装校正较麻烦，仍有Y形焊缝，制造精度要求高。

2. 设计参数

设计压力和设计温度是球形储罐设计的两大参数。设计压力指设定球形储罐顶部的最高压力，与相应的设计温度一起作为设计载荷条件，其值不低于工作压力。球形储罐上装有超压泄放装置，应按GB 150《压力容器》的规定确定设计压力。

对于盛装液化气体的球形储罐，在规定的充装系数范围内，设计压力应根据工作条件下可能达到的最高金属温度确定。设计温度指球形储罐在正常工作情况下，设定的受压元件的金属温度（沿元件金属截面的温度平均值）。设计温度与设计压力一起作为设计载荷条件。

设计温度不得低于元件金属在工作状态下可能达到的最高温度。对于在0℃以下工作的结构，设计温度不得高于元件金属在工作状态下可能达到的最低温度。

3. 零部件、附件

球形储罐除球壳板外，通常还有人孔、接管、支柱、拉杆、平台梯子、隔热设施、安全附件等。

（1）人孔和接管　球形储罐上一般开设有物料进出口、压力表、温度计、液位计口、安全阀口、放空口、排污口等。球壳上、下极板上应各设置一个公称直径不小于500mm的人孔。对需要进行焊后热处理的球形储罐，人孔又成为进风口、燃烧口及烟气排放口，此时人孔设置在上、下极带的中心。

接管多采用厚壁管或整体锻件凸缘补强措施，球形储罐接管应尽量设计在上、下极带上，便于集中控制。接管上一般用加焊支撑来提高强度和耐疲劳性能。接管端部为降低应力集中应打磨成圆角。

（2）支柱和拉杆　支柱支承了球形储罐的重量；为承受风载和地震荷载，保证球形储罐稳定性，在支柱之间设置拉杆相连接。这种支座的优点是受力均匀，弹性好，能承受热膨胀的变形，组焊方便，施工简单，容易调整，现场操作和检修也方便，且适用于多种规格的球形储罐。

（3）平台梯子　球形储罐外部设有顶部平台、中间平台，以及便于从地面进入这些平台的斜梯、直梯或盘梯。大型球形储罐为便于检修可在内部设置旋转的内梯。

（4）隔热设施　储存液化石油气的球形储罐壳体和支柱应设置隔热设施。隔热设施可采用水喷淋装置或采用不燃性绝热材料覆盖。

（5）安全附件

1）消防喷淋装置。对储存易燃易爆物料的球形储罐，特别是液化石油气球形储罐必须设置消防喷淋装置。液化石油气火灾的延续时间按6h计算。为防止支柱因直接受火过早失去支撑能力，对储存易燃易爆物料和LPG物料的球形储罐支柱应采用非燃性材料进行隔热保护，其火灾延续时间不应小于2h。

2）压力表。应在球形储罐顶部和底部各设置一个量程相同并经校正的压力表，为校表时能取下压力表，压力表前应安装截止阀。选用压力表的量程为试验压力 2 倍左右为宜，但不应低于 1.5 倍或高于 4 倍试验压力。压力表直径以不小于 150mm 为宜。

3）温度计。应在球形储罐上安装一个以上的温度计。温度计的保护管应具有足够强度。对于低温球形储罐或在寒冷地区装设的球形储罐，必须防止雨水、湿气等流入测温保护管内而结冰，从而影响温度测定。

4）液位计。贮存液体或液化气体的球形储罐应装设现场和远传液位计，不推荐选用玻璃板液位计。液位计要有高低液位报警装置，防止装载过量、抽空，特别在装载液化石油气时更应慎重，应单独设高液位报警和带联锁的超高液位报警，以免发生事故。

5）安全阀。为防止运行异常造成超压，应在气相部分设置一个以上的安全阀，同时在气相部分还要设置一个以上的火灾安全阀。储存液化石油气的球形储罐必须设置两个安全阀，每个都能满足事故状态下最大泄放量的要求，安全阀应设手动切断阀，切断阀口径与安全阀一致，并保持全开状态；安全阀释放和气相放空的液化气原则上应排至全厂火炬系统，当受条件限制时，可直接排入大气，排放口应高于罐区中最高罐顶 2m 以上。当排放量较大时，应引至安全地点排放。

6）紧急切断阀。液化石油气球形储罐底部入口管线应设置紧急切断阀，入口紧急切断阀应与球形储罐超高液位报警联锁。

7）接地。凡罐区不设置单独的避雷装置时，每台球形储罐支柱必须设置两个以上接地电阻在 10Ω 以下的接地凸缘。

2.1.4　催化裂化设备

催化裂化是最重要的重质油轻质化过程之一，在汽油和柴油等轻质产品的生产中占有很重要的地位，是现代化炼油厂用来改质重质瓦斯油和渣油的核心技术，是炼油厂获取经济效益的重要手段。

一个工业催化裂化装置必须包括反应和再生两个部分，催化裂化装置按照工艺流程，可以分为四个组成单元。

1. 反应-再生系统

反应-再生是原料油的裂化反应和催化剂的再生两个工艺过程。重质原油在提升管中与再生后的热催化剂接触反应后进入沉降器，油气与催化剂经分离器与催化剂分离，反应生成的气体、汽油、液化气、柴油等馏分与未反应的组分一起离开沉降器进入分馏单元；反应后的附有焦炭的待生催化剂进入再生器用空气烧焦，催化剂恢复活性后再进入提升管参与反应，形成循环，再生器顶部烟气进入能量回收单元。

2. 分馏系统

根据裂化产品的沸程不同，将其分割成气体、汽油、柴油、回炼油和油浆。沉降器出来的反应油气，经换热器进入分馏塔，根据物料的沸点差，从上至下分离为富气、粗汽油、柴油、回炼油和油浆。

3. 吸收稳定系统

吸收稳定系统主要由吸收塔、解吸塔、再吸收塔及稳定塔组成。吸收塔和解吸塔的操作压力为 1.0~2.0MPa。稳定塔实质上是个精馏塔，操作压力为 1.0~1.5MPa。

用稳定汽油将裂化气体中的C3和C4组分（液化石油气的主要成分）吸收下来，把乙烷及其以下的轻组分（裂化干气的主要组分）汽提出去，作为燃料气使用。

4. 能量回收系统

由于催化剂再生时产生的烟气携带大量热能和压力能，回收这部分能量可以降低生产成本和能耗，提高经济效益。对于大型装置，一般都是采用烟气轮机回收压力能，用作驱动主风机的动力和带动发电机发电；用余热锅炉进行热能回收，以产生蒸汽，供汽轮机使用或外输。

2.2 湿硫化氢环境

2.2.1 湿硫化氢环境的定义

（1）国际定义　关于湿硫化氢环境的定义，国际上比较权威的规定是由NACE提出的。在NACE MR0175-1997《油田设备抗硫化物应力开裂金属材料》标准中，对硫化氢环境做了如下规定：

1）在酸性气体系统中，气体总压≥0.4MPa，并且H_2S分压≥0.0003MPa。

2）在酸性多相系统中，当处理的原油中有两相或三相介质（油、气、水）时，条件可放宽为，当气相总压≥1.8MPa时，H_2S分压≥0.0003MPa；当气相压力≤1.8MPa时，H_2S分压≥0.07MPa；或气相H_2S含量超过15%。

（2）我国定义　国内最早关于湿硫化氢环境的规定是由中石化总公司委托兰州石油机械研究所研究提出的。1985年中石化总公司起草的《防止湿硫化氢环境中压力容器失效的推荐方法》中关于湿硫化氢环境的定义是“在H_2O和H_2S同时存在的环境中，当H_2S分压≥0.00035MPa时，或在H_2O和H_2S同时存在的液化石油气中，液相H_2S含量≥10mg/L时则为湿硫化氢环境。”此规定基本上与NACE的规定相一致，只是根据常温下硫化氢在分压0.00035MPa时的溶解度补充了液相硫化氢的含量为10mg/L的规定。

根据SH/T 3193—2017《石油化工湿硫化氢环境设备设计导则》，设备接触的介质存在液相水，且具备下列条件之一时应称为湿硫化氢腐蚀环境：

1）在液相水中总硫化物含量大于50mg/L；

2）液相水中pH值小于4.0，且总硫化物含量不小于1mg/L；

3）液相水中pH值大于7.6及氢氰酸（HCN）不小于20mg/L，且总硫化物含量不小于1mg/L；

4）气相中（工艺流体中含有液相水）硫化氢分压（绝压）大于0.0003MPa。

2.2.2 湿硫化氢环境中设备的电化学腐蚀开裂过程

当碳钢和低合金钢设备暴露于湿硫化氢环境中时，发生如下电化学腐蚀反应：

阳极反应

$$Fe \longrightarrow Fe^{2+} + 2e \tag{2-1}$$

在发生阴极反应之前，硫化氢在水溶液中会发生如下离解反应：

$$H_2S \longrightarrow H^+ + HS^- \tag{2-2}$$

$$HS^- \longrightarrow H^+ + S^{2-} \tag{2-3}$$

离解出的H^+不会以单个离子存在，而是和水分子结合成水合氢离子，在金属表面发生阴极去极化反应成为氢原子。氢原子通过扩散渗入金属内部，原子氢进入金属材料内部一般需要经过一系列复杂的过程。下面是氢进入金属材料的一般步骤。

1）水合氢离子在电解液中通过迁移而到达金属表面

$$(H^+ \cdot H_2O)_{溶液} \xrightarrow{迁移} (H^+ \cdot H_2O)_{金属表面} \tag{2-4}$$

2）水合氢离子获得电子成为氢原子

$$H^+ \cdot H_2O + e \longrightarrow H + H_2O \tag{2-5}$$

3）氢原子吸附在金属表面

$$M + H \longrightarrow M \cdot H_{吸} \tag{2-6}$$

吸附在金属表面的氢原子有两条出路，一部分氢原子变成溶解型吸附氢原子，然后去吸附，成为溶解在金属中的氢原子，并通过扩散进入金属材料内部。其过程如下：

1）吸附的氢原子变成溶解型氢原子，吸附在金属材料表面

$$(M \cdot H_{吸}) \longrightarrow (M \cdot H_{溶解}) \tag{2-7}$$

2）溶解型氢原子通过去吸附成为金属中的间隙原子，扩散进入金属材料内部

$$M \cdot H_{溶解} \xrightarrow{去吸附} M + H \tag{2-8}$$

另一部分氢原子复合成氢分子，吸附在金属表面上，然后通过去吸附成 H_2气泡放出。其过程如下：

1）吸附的氢原子复合成氢分子，吸附在金属表面

$$M \cdot H + M \cdot H \longrightarrow M \cdot H_2 + M \text{ 或 } M \cdot H + H \longrightarrow M \cdot H_2 \tag{2-9}$$

2）氢分子去吸附以氢气泡方式逸出

$$M \cdot H_2 \longrightarrow M + H_2 \tag{2-10}$$

从上述反应可以看出，H_2S 在水溶液中电离出氢离子，氢离子在钢材表面获得从阳极反应释放的电子而变成氢原子。由于氢原子之间有较大的结合力，很容易在钢材表面结合成氢分子释放出去，这样只会在钢材表面发生危害不大的全面均匀腐蚀，不会使设备发生突发性破坏。但是，由于 H_2S 在水溶液中电离出 HS^- 和 S^{2-}，HS^- 和 S^{2-} 的存在会削弱氢原子之间的结合力，成为阻碍氢原子结合成氢分子的“毒化剂”，从而阻碍氢原子结合成氢分子的过程，致使大量半径极小（5×10^{-11}m）且渗透能力极强的氢原子渗入钢材内部并溶解在晶格及其他缺陷处，进而引发一系列与氢有关的腐蚀。

2.3 湿硫化氢损伤模式

湿硫化氢环境除了造成钢材均匀腐蚀，更重要的是引起一系列与钢材渗氢有关的开裂损伤。一般认为，湿硫化氢损伤有氢鼓泡（HB）、氢致开裂（HIC）、应力导向氢致开裂（SOHIC）、硫化物应力腐蚀开裂（SSCC）四种损伤模式。前三者表现为钢板的宏观撕裂或开裂，更具危害性。这三种湿硫化氢损伤与设备所处的临氢环境及钢材的纯净度密切相关，无法通过焊后热处理改善应力状态、降低硬度来消除，因而在湿硫化氢环境下很容易发生，具有非常大的危害性。

2.3.1 氢鼓泡（HB）

金属表面硫化物腐蚀产生的氢原子扩散进入钢中，并在钢中的不连续处（如夹杂物、

分层等）聚集并结合生成氢分子，造成氢分压升高并使钢材局部受压。当缺陷处的氢分压超过材料的断裂强度时形成小裂纹。随着裂纹内氢分压的增大，小裂纹在自身所在的平面内扩展，并使得夹杂物与基体界面发生分离而产生分层，当分层内的氢分压足以使周围金属材料发生局部塑性形变时，在材料近表面将出现鼓泡。

氢鼓泡可分为内壁鼓泡、外壁鼓泡、内外壁同时鼓泡。氢鼓泡容易在常温下发生，且它的发生不需要任何外加应力。低强度的碳素钢在 pH 值为 1~5 的湿硫化氢腐蚀环境中最容易发生氢鼓泡。氢鼓泡多发生于容器内壁，在不开罐情况下不容易被发现；许多湿硫化氢环境下运行的压力容器外部往往有保温层，即使存在外壁氢鼓泡也未必能及时发现；不管内壁还是外壁氢鼓泡，若观察时角度不好，都不容易被发现。

氢鼓泡出现后钢材表面的形貌如图 2-1a 所示，氢鼓泡破裂后情况如图 2-1b 和 c 所示。

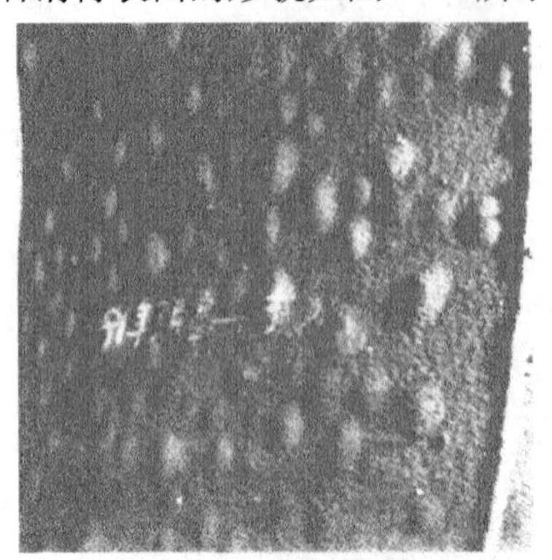

a) 09MnTiCuRe钢在pH值为4～4.3湿H_2S环境的氢鼓泡

b) 20g钢在H_2S+HCN+H_2O环境中的鼓泡开裂

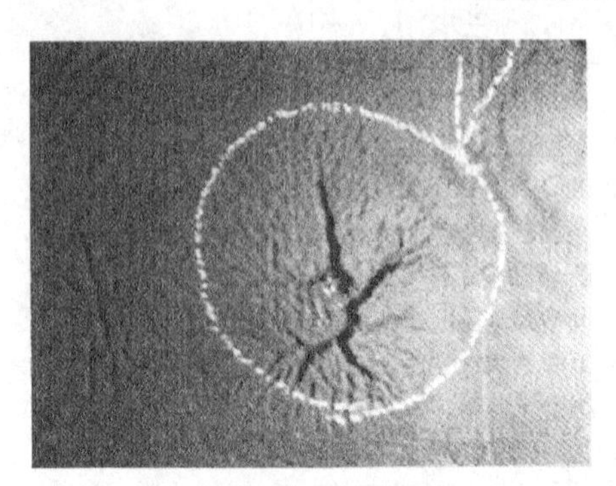

c) 氢鼓泡破裂形貌

图 2-1　氢鼓泡及破裂形貌

2.3.2　氢致开裂（HIC）

氢致开裂是金属内部不同层面或邻近金属表面的氢鼓泡在氢压作用下相互连接而形成的内部开裂，其损伤形态为在钢材内部形成与表面基本平行的直线状或台阶状裂纹，裂纹一般沿轧制方向扩展。氢致开裂的发生也无须外加应力，一般与钢中高密度的大平面的夹杂物或合金元素在钢中偏析产生的不规则微观组织有关。氢致开裂是一种不可逆氢损伤，一旦钢材中出现氢致开裂，无法用热处理等方式修复。

氢致开裂往往产生于容器钢板内部，目视宏观检查不可能发现；定期检验时采用超声测厚仪测厚仅仅是抽查，在湿硫化氢损伤部位测得的数据往往不稳定，也无法得到缺陷的连续成像，很容易造成缺陷漏检和误判。

氢致开裂的机理与氢鼓泡一样，氢鼓泡和氢致开裂的形成过程如图 2-2 所示。

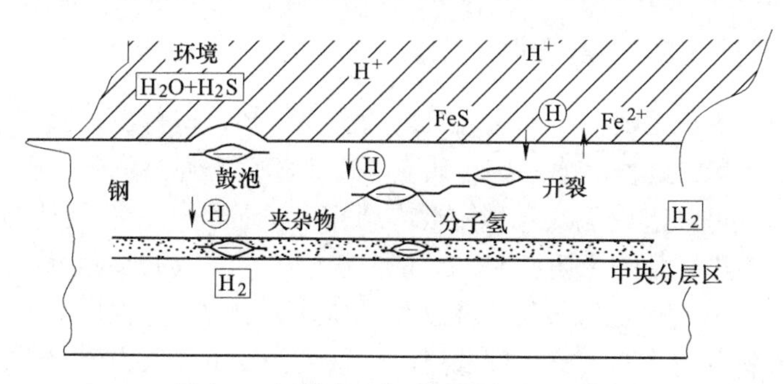

图 2-2　氢鼓泡和氢致开裂的形成过程

2.3.3　应力导向氢致开裂（SOHIC）

应力导向氢致开裂是氢致开裂的一种特殊形式，它通常发生在临近母材的应力较高的焊缝热影响区及高应力集中区。在应力引导下，在夹杂物或缺陷处因氢聚集而形成小裂纹叠加并沿着垂直于应力方向发展导致开裂。在焊接残余应力或其他应力作用下，氢致开裂沿厚度方向不断连通并形成最终暴露于表面的开裂，其典型的特征是裂纹沿之字形扩展。应力导向氢致开裂的形成过程如图 2-3 所示。

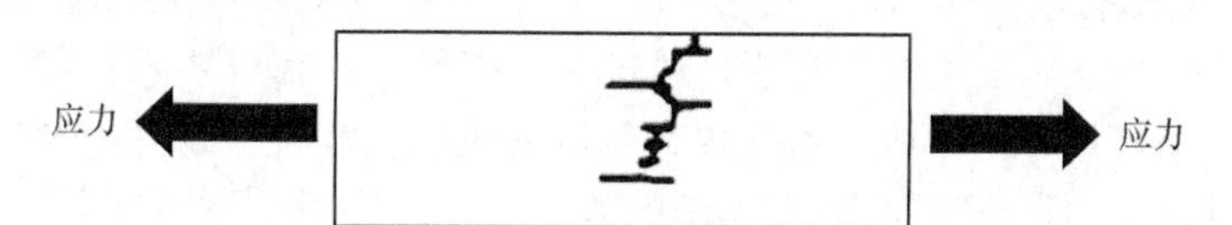

图 2-3　应力导向氢致开裂的形成过程

2.3.4　硫化物应力腐蚀开裂（SSCC）

硫化物应力腐蚀开裂是金属在拉应力和湿硫化氢的联合作用下出现的开裂。硫化物腐蚀过程中所产生的氢原子在金属表面被吸附渗入钢材内部，固溶于晶格中，使钢材脆性增加，在外加拉应力或残余应力作用下开裂。通常容易发生在中高强度（高硬度）钢的焊接熔合区和低合金钢的热影响区。硫化物应力腐蚀开裂的敏感性与渗透到钢材内的氢量和材料的硬度及应力水平有关。硫化物应力腐蚀开裂的本质是氢脆，发生硫化物应力腐蚀开裂的应力值远低于钢材的抗拉强度，属于低应力破坏。硫化物应力腐蚀开裂的断口形貌具有脆性断裂特征，其破坏多为突发性，裂纹产生和扩展迅速。

2.4　易产生湿硫化氢损伤的条件

由于石化装置中符合湿硫化氢环境定义的承压设备数量庞大，在有限的检修时间里要对这些设备进行全面细致的检验不现实，因此为了提高湿硫化氢损伤检验的针对性，检验前需要先对检验计划内的众多设备按照容易产生湿硫化氢损伤的条件进行初步筛选，缩小范围进行重点检验。本节将初步总结出易产生湿硫化氢损伤的条件。筛选条件的设定原则是尽量保证不漏掉可能产生湿硫化氢损伤的设备，也尽可能缩小范围，提高检验效率。

2.4.1 湿硫化氢损伤的主要条件

通过对氢鼓泡失效原因的分析和形成机理的研究可知，钢材出现氢鼓泡或氢致开裂等问题均与介质中的硫化氢、烃类、水和钢材质量等因素相关。通过失效分析可知，在湿硫化氢腐蚀环境中钢材出现氢鼓泡或氢致开裂主要有以下几方面原因：一是非金属夹杂物 MnS 等是氢致开裂和氢鼓泡出现的最主要原因；二是带状组织对氢致开裂和氢鼓泡的敏感性有一定影响；三是随着介质中氢浓度的增加，氢致开裂和氢鼓泡的敏感性增加。

通过对相关资料分析表明，绝大部分湿硫化氢损伤发生在压力容器上，只有两例发生在压力管道上。这些容器中相当大一部分介质为液化石油气。据国家质量检验检疫总局锅炉压力容器安全监察局的王晓雷等人统计，1988 年以来，国内不少单位陆续发现液化石油气球形储罐、卧式储罐、汽车罐车与铁路罐车和钢瓶出现氢鼓泡。截至 2001 年 7 月底的不完全统计，全国有 130 多台存在氢鼓泡的容器（不包括液化石油气钢瓶），且主要分布于河北省的保定和湖北省的荆州地区。河南、内蒙古、吉林、辽宁、山东、安徽、新疆等省、自治区也发现少量的氢鼓泡容器。

由陈锡祚翻译的美国 NACE RP0296-1996《检查、修复和减轻炼油厂在用压力容器在湿硫化氢环境中开裂的指导准则》中，NACE T-8-16a 工作组对十余家炼油厂开展湿硫化氢环境中碳钢压力容器发生开裂的调查，在收回的大约 5000 台压力容器的检验结果调查问卷中，大约有 26%的受检压力容器发现了开裂。通过对调查问卷进行分析发现如下结论：

1）在湿硫化氢环境中的不同开裂现象，包括氢鼓泡、氢致开裂等都与氢在钢中的渗透有关。典型的情况是，在中性溶液中氢在钢中的渗透量最小，发生湿硫化氢损伤的可能性最小；pH 值较小或较大时，其渗透量均增加。在小 pH 值时，腐蚀是由硫化氢所引起的，而在大 pH 值时，腐蚀则是由二硫化胺的浓度提高所引起的（以硫化氢为主的环境中有较高的氨含量）。

2）所有具有湿硫化氢环境的炼油装置中的压力容器均存在开裂。各装置的开裂比例不同，从原有蒸馏装置和焦化分馏装置的 18%~19%的较低比例，到硫化催化裂化（FCC）轻油装置的 45%的高比例。其他较高开裂比例的装置包括 FCC 分馏装置（41%），液化石油气装置（LPG）（41%），常压轻油装置（38%），催化重整装置（34%），火炬（30%），胺/碱装置（29%），酸性水汽提塔（28%）和加氢裂化装置（28%）。但是有公司报告，在 FCC 分馏装置中查出的开裂的很大比例是碳酸盐开裂。

3）没有发现开裂程度和操作温度之间有密切的关系，室温到 149℃之间的温度范围均可能发生，在 65~93℃的操作温度区间开裂比例最高。

4）一般情况下，开裂比例随着水相中硫化氢浓度的增加而增加。然而即使水相中溶解的硫化氢含量低于 0.005%（体积分数），也有 17%的开裂比例。

5）开裂比例与用来制造在湿硫化氢环境中工作的不同压力容器钢板规范之间没有明显关系，开裂比例与钢板等级之间也不存在明显关系。但钢管的开裂比例要远远低于钢板。

6）采用 PWHT 的压力容器的开裂比例（25%）仅稍低于不采用 PWHT 的压力容器（30%）。

7）压力容器的开裂比例与氢鼓泡历史之间存在明显的关系。有氢鼓泡历史的压力容器的开裂比例高达54%。

8）在已开裂的压力容器中只有38%的最大开裂深度小于3.18mm，超过60%的已开裂压力容器的开裂深度大于3.18mm，大约20%的已开裂压力容器的开裂深度超过9.53mm。大约40%的已开裂压力容器，其裂纹扩展深度小于壁厚的1/4，大约40%的已开裂压力容器的开裂深度已超过壁厚的1/2。

9）压力容器的焊接修复对开裂比例并无明显影响。

通过国内的失效案例分析可知，碳钢和低合金钢在湿硫化氢环境中的腐蚀开裂发生的范围很广，温度范围30~160℃、硫化氢浓度范围40~130000mg/L、从酸性到碱性都有发生。开裂设备中服役时间有长有短，最短的只有5个月。国内失效案例中发生氢致损伤的设备参数主要为：材质16MnR（新标准牌号为Q345R）或20钢；工作压力不等；介质主要有液化石油气、天然气、酸性水等（湿硫化氢环境下）；工作温度在80℃以下；发生过的设备主要有球罐、液化石油气储罐、干气脱硫吸收塔、循环氢脱硫塔、瓦斯分液罐、碳化塔、吸收-稳定系统的稳定塔顶回流罐、平衡蒸发罐、级间分离罐、压缩富气冷却器、回流罐、硫回收装置中的硫化氢罐、加氢裂化装置空冷器出口管道等。

综上可知，介质中硫化氢分压、存在液相水、pH值和温度是产生湿硫化氢损伤的四个最主要的条件。此外硫氢化铵、氰化物的存在会提高氢鼓泡、氢致开裂的敏感性。容易发生湿硫化氢损伤的钢材主要为碳钢和低合金钢。而钢材的硬度及是否进行焊后热处理与氢鼓泡、氢致开裂无关。

2.4.2 易产生湿硫化氢损伤的条件总结

湿硫化氢损伤容易产生的条件如下：

1）溶液中溶解的硫化氢大于0.005%（体积分数）时，或潮湿气体中硫化氢气相分压大于0.0003MPa时，湿硫化氢破坏容易发生，且分压越大，敏感性越高。

2）介质中含液相水或处于水的露点以下。

3）氢鼓泡、氢致开裂、应力导向氢致开裂容易发生的温度范围为室温到150℃，有时可以更高，硫化物应力腐蚀开裂通常发生在82℃以下。

4）酸性溶液（pH值小于6）容易发生；此外溶液的pH值大于7.6，且氢氰酸含量>0.002%（体积分数）并溶解硫化氢时易发生。

5）较高的硫、磷及非金属夹杂物的含量会大大增加氢鼓泡、氢致开裂和应力导向氢致开裂的敏感性，特别是较早的国产钢材纯净度很差，因此需要重点关注。

6）如果溶液中含有硫氢化铵且含量超过2%（质量分数）会增加氢鼓泡、氢致开裂和应力导向氢致开裂的敏感性。

7）如果溶液呈碱性且含有氰化物时，会明显增加氢鼓泡、氢致开裂和应力导向氢致开裂的敏感性。

8）已经发生过氢鼓泡的压力容器再次发生开裂的可能性很高。

定期检验时，可根据上述湿硫化氢损伤容易产生的条件进行初步筛选，缩小检验范围进行重点检测。同时，也需要根据检验结果反馈及最新研究成果进一步完善筛选条件。

第 3 章

湿硫化氢损伤的形成机理

某加氢装置干气脱硫吸收塔和低分气分液罐主体材料均为20g钢，20g钢综合力学性能较好，具有较高的强度，良好的塑性、韧性及冷弯性能，良好的焊接性能和其他加工工艺性能，是较为常用的压力容器专用低合金钢，在炼油装置中是一种常见的材料。但是在湿硫化氢腐蚀环境条件下，20g钢对氢损伤具有较强的敏感性，容易发生以氢鼓泡和氢致开裂为主要破坏形式的失效，大大影响设备的安全运行。

本章的主要内容是针对氢鼓泡失效容器，通过宏观检查、化学成分检验、金相组织检验、鼓泡断口扫描电镜和能谱分析、力学性能测试等试验结果的全面介绍，结合设备运行工况，总结鼓泡出现的原因，对湿硫化氢损伤形成机理进行总结概括。

3.1 氢鼓泡形成机理研究现状

随着石油、化工等行业的快速发展，国内外许多化工设备出现了氢鼓泡或氢致开裂等氢损伤问题。近几年氢损伤问题引起了业内的广泛关注，对其产生机理也进行了一系列的研究，并取得一定的研究成果。研究对象一般为碳钢和低合金钢材料，目前关于氢鼓泡的形成机理讨论了很多，主要集中在以下几个方面。

1. 材料缺陷的促进作用

材料自身的缺陷在氢鼓泡形核过程中起着非常大的促进作用，含量过高的夹杂物会加速氢原子向钢材内部的渗入。E. Tan等通过对熔融铝合金的应力诱导试验得知影响氢鼓泡形核的重要原因是夹杂物的存在，铝合金在氧化物夹杂存在的条件下会形成氢鼓泡，但是其并没有给出具体的促进关系。T. Hoshihira等采用氚无线电发光绘图法和射线自显迹法对氢鼓泡的形核机理进行了研究，发现了氢原子渗入金属材料内部之后的运动状态及氢鼓泡的形核过程，并揭示了夹杂物对氢鼓泡的具体作用过程。任学冲、褚武扬等对纯铁表面产生的氢鼓泡进行了综合分析，结果表明，氢鼓泡是含氢气的空腔，大多数的鼓泡核附近存在夹杂物，夹杂物与基体界面是氢的强陷阱，氢鼓泡优先在夹杂物界面形核。任学冲、褚武扬等首次提出氢鼓泡的形核机理，论证了夹杂物对氢鼓泡形成的影响，但是未能针对各类夹杂物对氢鼓泡的具体促进作用做研究。张志远、张其敏等也对氢鼓泡形成机理的正确性进行了验证。

2. 空穴理论

对于大多数塑性很好的材料或单晶材料来说，内部并没有空洞或裂纹，但是在充氢时仍然会产生氢鼓泡或氢致开裂。任学冲等在此基础上又提出空位聚合机制，即空穴理论。

氢原子进入金属后，一方面使固溶体的熵升高，另一方面使基体原子容易跳离平衡点阵位置，计算表明氢的浓度为 C_H 时，其空位浓度 $C_V(H)$ 远比无氢时的平衡浓度 C_V^0 要高，其

比值为 $C_V(H)/C_V^0=(1-C_H)^{-1}e^{(\Delta HC_H/kT)}$，其中，$\Delta H$ 是氢的溶解热，是氢进入金属时克服点阵畸变所需消耗的能量。Fukai 等发现氢环境下 Ni 和 Pd 中空位浓度大幅度升高，用 X 射线可以观察到晶格收缩，经测量空位浓度可达到 10^{-1}，相比室温时金属空位浓度（10^{-17}）升高约 10^{16}倍。过饱和空位形成的原因是氢原子的存在使空位形成能降低，当氢浓度较高时需要增加系统的构型熵，即增加空位浓度来弥补能量的降低。Gavriljuk 等的热力学计算表明，氢的存在可以大大提高热平衡空位浓度。当氢浓度为 0.5mol/L 时，面心立方金属中的热平衡空位浓度可提高 300 倍。McLellan 等的计算表明，室温时，当 γ-Fe 中氢浓度为 10^{-6}时，氢致空位浓度可升高至 10^{16}。Maroevic 等用 Fermi-Dirac 统计表明，氢使 Pd 中空位浓度升高了几个数量级。所有结果表明，氢可使金属中的平衡空位浓度大幅度升高，氢使局部空位浓度过饱和，为氢鼓泡的形核创造条件。

数个空位可以组合形成能量更低的空位团，如空位对、三空位、空位团及空位与杂质原子组合而成的缺陷集团等。Fukai 等认为，氢（H）和空位（V）会形成复合体，使空位形成能大幅度下降，从而大大升高氢致空位浓度，产生过饱和空位，这些过饱和空位容易聚集形成空位团。当四个或以上的空位-氢复合体（V-H）聚集成空位四面体或空位团时，内部会形成空腔，如图 3-1a 所示。空位所带的氢在空腔中复合成氢气，形成氢压，由于氢气的分解热较高，因此它在室温时不能分解为氢原子，即使 1000℃高温下氢气也不会分解。因此，含氢气的空位团在室温时是最稳定的，它就是鼓泡核，如图 3-1b 所示。随着氢和空位不断进入空位团使含氢气的空腔（即鼓泡核）不断长大，同时氢压不断升高，如图 3-1c 所示。当升高的氢压在鼓泡内壁上产生的应力等于被氢降低了的原子键合力时，原子键断裂，裂纹沿鼓泡壁形核，如图 3-1d 所示。随着氢的不断进入，裂纹扩展，直至鼓泡破裂，内部氢压释放。

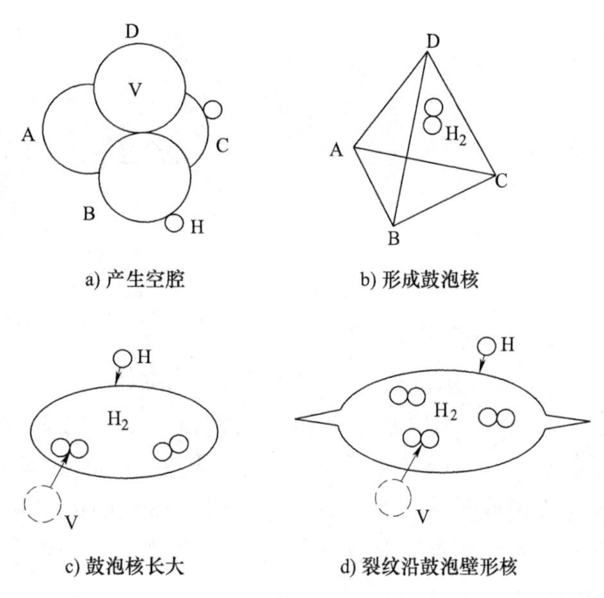

图 3-1　钢材氢鼓泡形成过程

实际工程中的氢鼓泡或氢致开裂问题是以上两方面共同作用的结果。

3.2　氢鼓泡的影响因素

研究资料表明，钢材是否发生氢鼓泡或氢致开裂可以用能够独立测定的两个值 C_H和 C_{th}来论述，其中 C_H为钢材中氢的含量，C_{th}为钢材产生鼓泡或裂纹所需的最小氢含量。当 $C_H>C_{th}$时就会发生氢鼓泡或氢致开裂。C_H和 C_{th}的值随钢材种类和环境而异，其主要影响因素如图 3-2 所示。

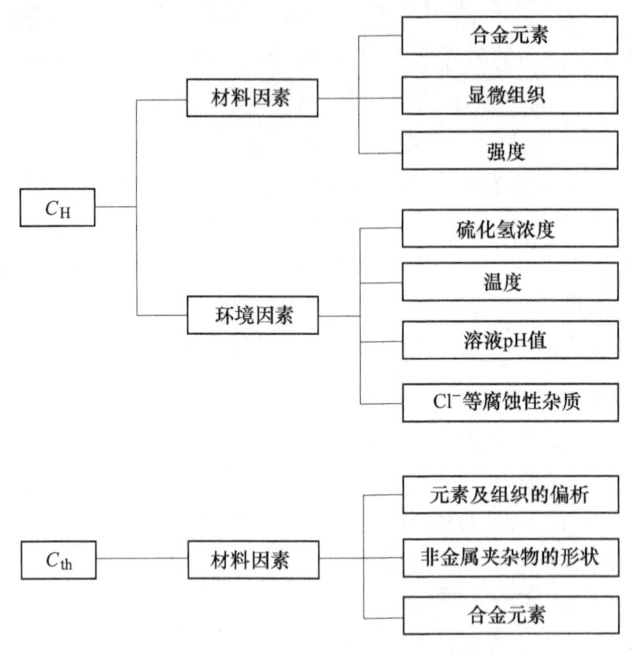

图 3-2　C_H、C_{th}的主要影响因素

1. 环境因素

1）硫化氢浓度。介质中硫化氢浓度越大，发生氢鼓泡和氢致开裂的敏感性越强。

2）溶液 pH 值。pH 值>6 的溶液中，硫化铁相当于一层保护膜，可以阻止或减缓氢原子的进入，钢材发生氢鼓泡或氢致开裂的可能性很小。pH 值<4. 5 的酸性溶液中，相对容易发生鼓泡或氢致开裂，而且随着 pH 值的减小，湿硫化氢大量离解，氢离子浓度增大，从而使得产生氢鼓泡或氢致开裂的敏感性增大，还会进一步导致氢原子渗入钢材内部而产生氢损伤。

3）温度。温度对金属材料的吸氢量有很大影响，当操作温度在 20~50℃范围内时，金属材料的吸氢量最大，也最容易发生氢致开裂和氢鼓泡；当温度超过 70℃时，会形成硫化亚铁保护膜并产生保护作用，因而会削弱氢鼓泡或氢致开裂发生的敏感性。

4）氯离子。溶液中存在的氯离子会阻碍钢材表面硫化铁保护膜的形成，加速腐蚀反应，增加氢致开裂的敏感性。

2. 材料因素

在钢材出现氢鼓泡或氢致开裂的影响因素中，材料因素的影响作用最为显著，材料因素中影响钢材抗氢鼓泡性能的主要有 S 含量、P 含量、材料的显微组织、非金属夹杂物的分布以及合金元素等。

在钢材冶炼、轧制过程中，S、P 容易在中心偏析区形成严重的带状组织，而且当有合金元素 Mn 存在时，S 与 Mn 的结合力较强，容易生成 MnS 夹杂物。带状组织和长条形 MnS 夹杂物等缺陷是氢原子容易聚集的场所，氢鼓泡或氢致开裂容易在这些部位形核。

通过材料研究、金相检查、热处理、应力测试、延迟裂纹测试、扫描电镜等方式对管线钢的氢致开裂问题进行研究。研究结果表明：裂纹的扩展并非连续的，而是阶段性的；钢材的热处理直接影响材料的微观组织，而材料中的微观组织对氢致开裂有很大影响，一般裂纹是从粗大的晶界、粗糙的纹理组织开始萌生并扩展的。对钢材进行恰当的热处理得到合适的显微组织可充分发挥钢材的抗氢腐蚀性能。

3.3 湿硫化氢损伤形成机理分析

3.3.1 氢鼓泡设备宏观检查

加氢装置干气脱硫吸收塔和低分气分液罐主体材料均为20g钢，其基本技术参数分别见表3-1和表3-2。

表 3-1 干气脱硫吸收塔技术参数

单元位号	设备名称	材料	介质	操作压力/MPa	操作温度/℃	直径/mm	高度/mm	厚度/mm	是否有保温层
T-306	干气脱硫吸收塔	20g 钢	干气、二乙醇胺	1.37	49	1200	26000	18	否

表 3-2 低分气分液罐技术参数

单元位号	设备名称	材料	介质	操作压力/MPa	操作温度/℃	直径/mm	高度/mm	厚度/mm	是否有保温层
V-338	低分气分液罐	20g 钢	烃类、H_2S	1.86	40	500	2216	8	是

干气脱硫吸收塔T-306和低分气分液罐V-338均是典型湿硫化氢环境下运行的设备。在设备检修过程中首先对其进行宏观检查以检出鼓泡位置，为对鼓泡的进一步检测做准备。宏观检查常用肉眼观察，使用光束照射及量具测量。通过对干气脱硫吸收塔T-306内部宏观检查，发现该塔变径段下部内表面出现严重的鼓泡现象，鼓泡直径为40~60mm，凸起高度为3~6mm，有的在氢压作用下已经发生开裂，如图3-3所示，其中第一个筒节的部分鼓泡表面已经开裂并且鼓泡深度范围较大，内部可能存在倾斜裂纹或是台阶状裂纹。通过对切割试件端面进行渗透检测，发现钢板内部也已存在开裂，如图3-4所示。

图 3-3 干气脱硫吸收塔宏观鼓泡和开裂

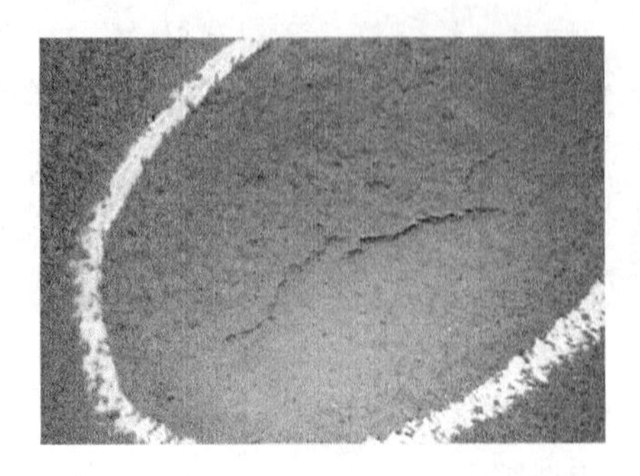
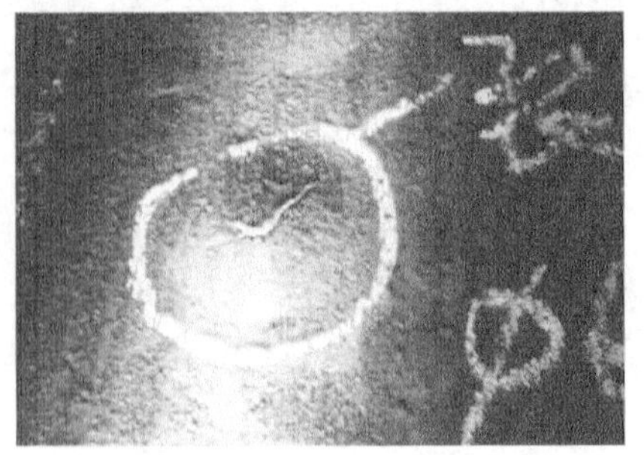

图 3-3　干气脱硫吸收塔宏观鼓泡和开裂（续）

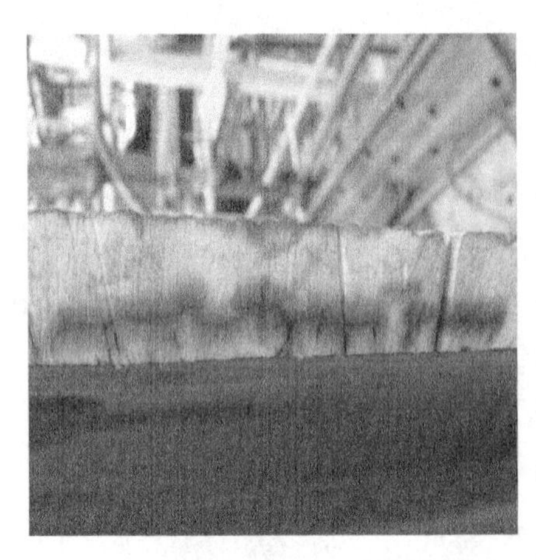

图 3-4　干气脱硫吸收塔切割试件端面渗透检测

通过对低分气分液罐 V-338 宏观检查，发现筒体外壁布满大小不一、鼓凸程度不等的鼓泡，如图 3-5 所示。所有的鼓泡均发生在筒体的 360°圆周上，有的鼓泡已经在气体分压作用下发生开裂，内部可能存在大量的分层缺陷，导致有效壁厚减薄，对设备的安全运行具有潜在危险性。

图 3-5　低分气分液罐宏观外鼓泡

鼓泡的产生位置和形状一般与夹层的分布有关，有夹层的部位可能产生鼓泡，且夹层越多，鼓泡产生的可能性就越大，鼓泡通常呈圆形或椭圆形。常见的三种鼓泡类型如图 3-6 所示，鼓泡凸起方向取决于夹层在板厚方向所处的位置，当夹层位于钢板内表面小于钢板 1/2 厚度时，鼓泡向内表面凸起形成内鼓泡；当夹层位于钢板外表面小于钢板 1/2 厚度时，鼓泡向外表面凸起形成外鼓泡；当夹层位于接近板厚中部时，则形成内外鼓泡。由于介质靠近内表面，因腐蚀产生的氢原子由内表面向钢材内部渗入，因此当夹层靠近钢材内表面时，其表面更容易产生氢鼓泡，且腐蚀越严重，产生氢鼓泡的时间越短，氢鼓泡的数量越多，凸起高度越高，越容易开裂。

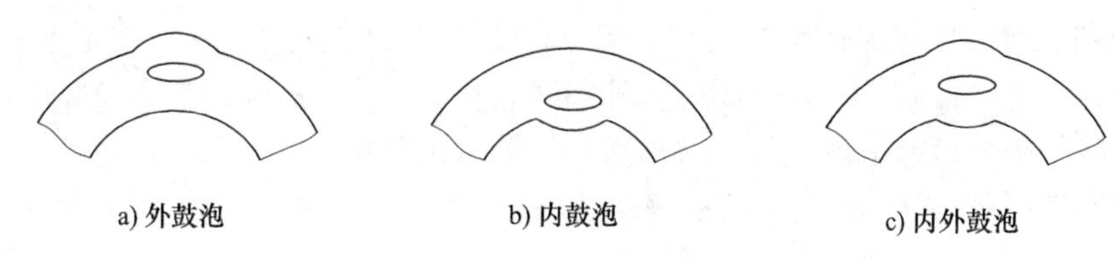

图 3-6 常见的三种鼓泡类型

压力容器产生鼓泡后，不管是外鼓泡还是内鼓泡或者内外鼓泡，它们均使容器壳体发生明显的塑性变形，钢板截面被分为两部分，在钢材内部会形成气体空腔。有的鼓泡只有形状尺寸发生微小变化，而有的鼓泡顶部及周边区域会出现微裂纹且其周边区域材质可能发生劣化。

3.3.2 鼓泡空腔内气体性质的确定

为了分析鼓泡产生原因，对容器割板上鼓泡进行解剖切取，在多次解剖切取过程中听到气体的爆鸣声，同时有淡橙色火焰出现并持续 2~3s，这主要是因为鼓泡内部存在高压可燃性气体，当切削鼓泡至破裂时，逸出的气体被切削的高温和火花点燃而发出爆鸣声，火焰随着气体持续逸出一直燃烧。

为了分析空腔内气体对材质的影响，必须确定空腔内气体类型，最终确定是氢鼓泡还是甲烷鼓泡。利用钢板空腔气体取样装置对空腔中气体取样进行气体成分分析，发现湿硫化氢环境中钢板出现鼓泡的空腔内气体是氢气而不是甲烷，因此可认为目前容器出现的鼓泡是氢鼓泡而不是甲烷鼓泡。

由于该鼓泡是由氢气引起的，在氢鼓泡部位材质必然会发生氢损伤，氢损伤程度与材质失效程度和容器有无修复价值密切相关。因此，需要对干气脱硫吸收塔和低分气分液罐氢鼓泡失效设备进行材质的检验与鉴定。

3.3.3 化学成分分析

为考察氢鼓泡失效设备钢材化学成分是否符合标准要求，从干气脱硫吸收塔和低分气分液罐典型部位取样进行化学成分分析，各试样元素检测结果分别见表 3-3 和表 3-4。

表 3-3 干气脱硫吸收塔化学成分分析结果（质量分数，%）

元素	C	Si	Mn	S	P
干气脱硫吸收塔（20g）	0.15	0.21	0.80	0.008	0.008
GB 713—2014(Q245R)	≤0.20	≤0.35	0.50~1.10	≤0.010	≤0.025

表 3-4 低分气分液罐各元素检测结果（质量分数，%）

元素	C	Si	Mn	S	P
低分气分液罐（20g）	0.18	0.24	0.79	0.004	0.009
GB 713—2014(Q245R)	≤0.20	≤0.35	0.50~1.10	≤0.010	≤0.025

从表 3-3 和表 3-4 各试样中元素检测结果可以看出，加氢装置干气脱硫吸收塔和低分气分液罐氢鼓泡失效部位材料的化学成分未发现任何异常，各化学元素的含量符合 GB 713—

2014《锅炉和压力容器用钢板》中所规定的Q245R钢材化学成分要求。但是S、P作为非金属杂质元素，其含量偏高，在钢材的冶炼轧制过程中，S、P很容易在某些部位偏析形成带状组织。带状组织是氢鼓泡或氢致裂纹形成和扩展的聚集场所。

在钢材冶炼过程中，S在钢中的溶解度远小于在钢液中的溶解度，在凝固时S会在剩余的钢液中富集，而且S和Mn的亲和力远大于S和Fe的亲和力，因此在有合金元素Mn存在的条件下，S优先与Mn结合，以非金属夹杂物MnS的形式析出。非金属夹杂物MnS的热膨胀系数大于基体，在钢材热轧处理时极易被拉长，轧制后沿带状珠光体呈扁平状分布。在钢材中存在的此类夹杂物不仅影响基体的连续性，而且其性质、分布状态、数量及大小等对钢材的各性能也有一定程度的影响，尤其是对钢材的强度、塑性、韧性及耐蚀性的影响很大。当钢材在有腐蚀性介质存在的环境中工作时，非金属夹杂物与基体的界面会成为微裂纹的起裂点。因此，在钢材中S、P、Mn等元素的含量较高时，容易使钢材中出现带状组织及MnS非金属夹杂物，增加氢致开裂和氢鼓泡出现的风险。

3.3.4 宏观和金相组织观察

1. 宏观观察

选取干气脱硫吸收塔内氢鼓泡和低分气分液罐外氢鼓泡为研究对象，用线切割沿氢鼓泡中心将其剖开，氢鼓泡剖开横断面形貌分别如图3-7和图3-8所示。

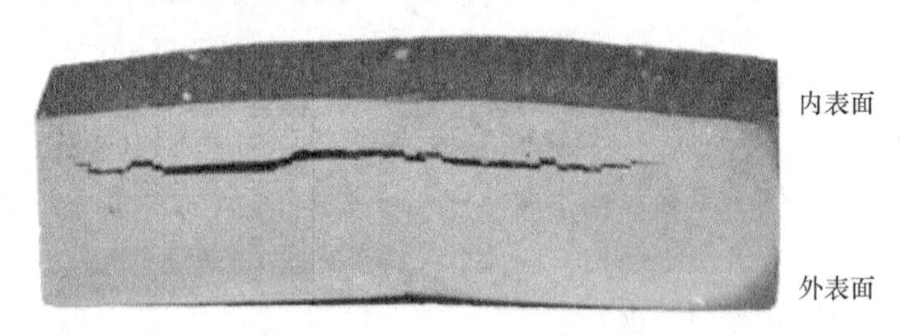

图3-7　干气脱硫吸收塔内氢鼓泡剖开横断面形貌

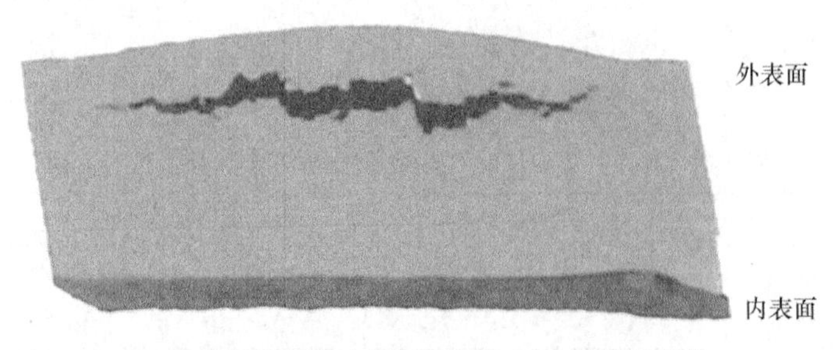

图3-8　低分气分液罐外氢鼓泡剖开横断面形貌

从图3-7中可以看出，干气脱硫吸收塔氢鼓泡主要出现在壳体内表面，经测量，该氢鼓泡凸起厚度为6~8mm，直径约为60mm。在现场，对内鼓泡凸起部位进行检测发现表面有龟裂状裂纹，氢鼓泡内侧钢板发生严重变形。

从图3-8中可以看出，低分气分液罐氢鼓泡主要出现在壳体外表面，经测量，该氢鼓泡凸起厚度为3~4mm，直径约为18mm。在现场，对外鼓泡凸起部位及周边区域进行检测，未发现表面裂纹，氢鼓泡外侧钢板发生严重变形。

对多个氢鼓泡剖开横断面宏观形貌进行观察分析发现，氢鼓泡裂纹与内外表面相平行，它是由于氢原子渗入钢材内部产生高压氢，从而使材料局部发生严重塑性形变形成的。氢鼓泡以起裂点为中心先形成裂纹，再形成分层，最终在巨大氢压作用下向四周呈机械扩展，氢鼓泡裂纹上下表面呈明显的锯齿状形貌，钢板层间间隙由宽变窄。

2. 金相组织观察

为了进一步分析干气脱硫吸收塔内壁氢鼓泡和低分气分液罐外壁氢鼓泡的产生原因，分别在球壳板不同部位截取试样，依次使用不同型号的砂布由粗到细进行打磨并抛光处理后，用酒精清洗吹干，然后用4%（体积分数）的硝酸酒精溶液浸蚀后在显微镜下观察其金相组织，检测结果如图 3-9～图 3-12 所示。

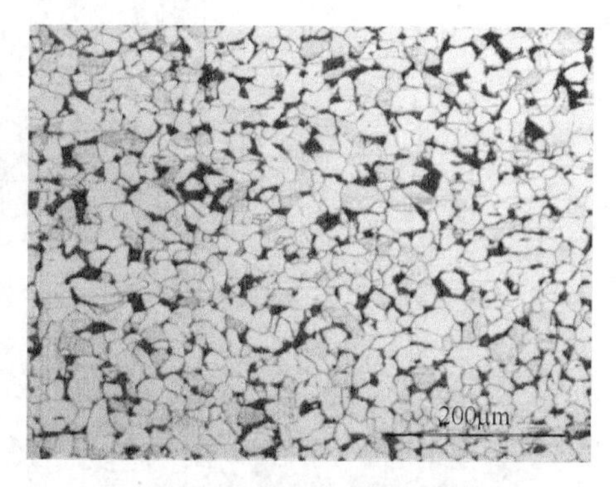

图 3-9 干气脱硫吸收塔壳体内壁远离氢鼓泡部位金相组织（200×）

干气脱硫吸收塔和低分气分液罐的主体材料均为20g 钢，从图 3-9～图 3-12 可以看出，其金相组织均为铁素体+珠光体。图 3-10 和图 3-12 所示的氢鼓泡边缘带状珠光体组织的形成是由于 Mn 的偏析，这是因为在实际冷却过程中，Mn 降低了钢的 Ar_3温度，导致钢材轧制过程中在 Ar_3温度高的偏析带内形成先共析铁素体，Ar_3温度低的偏析带内 C 富集形成珠光体，从而造成铁素体与珠光体的分离，在钢材轧制过程中，珠光体就会以带状形式沿轧制方向出现，因此形成铁素体-珠光体带状组织。带状组织是氢鼓泡和氢致裂纹萌生和扩展的聚集场所。从图 3-9～图 3-12 还可以看出，20g 钢的组织在各个部位并非均匀存在，这种带状珠光体的不均匀性，除了与 Mn 等的偏析有关外，还与钢材热轧后的冷却速度有关。

带状珠光体组织(100×)

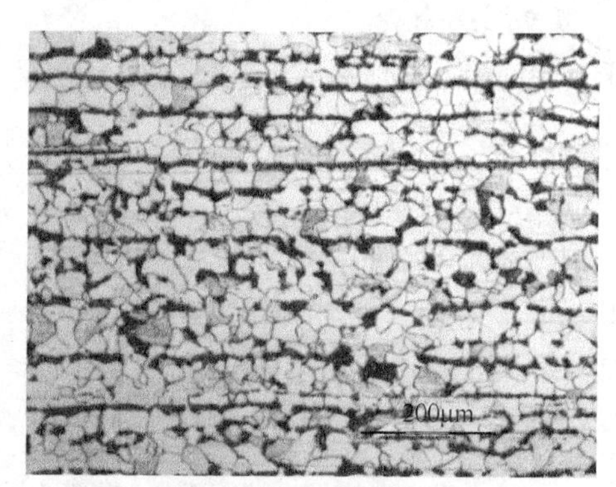

带状珠光体组织放大图(200×)

图 3-10 干气脱硫吸收塔壳体内壁氢鼓泡边缘部位金相组织

从图 3-10 和图 3-12 可以看出，在氢鼓泡边缘附近的组织上存在长条形非金属夹杂物。根据钢材的化学成分和夹杂物的形态可以推断该长条形夹杂物为 MnS。长条形 MnS 夹杂物沿带状珠光体分布，夹杂物嵌入金属基体当中，形成夹杂物与基体界面，为氢原子在钢材中聚集提供了场所，促进氢鼓泡或氢致开裂的产生。

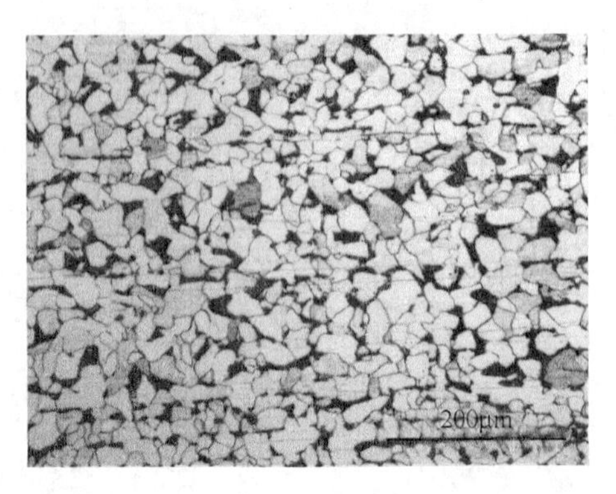

图 3-11　低分气分液罐外壁远离氢鼓泡部位金相组织（200×）

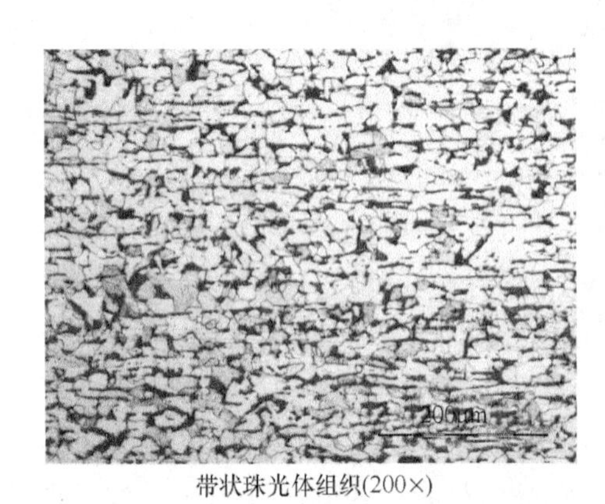

带状珠光体组织(200×)

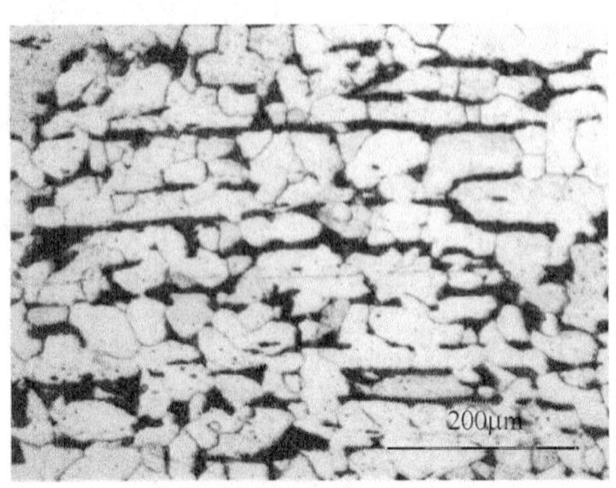

带状珠光体组织放大图(250×)

图 3-12　低分气分液罐壳体外壁氢鼓泡边缘部位金相组织

3. 裂纹形态分析

干气脱硫吸收塔内氢鼓泡和低分气分液罐外氢鼓泡裂纹形貌分别如图 3-13~图 3-17 所示。

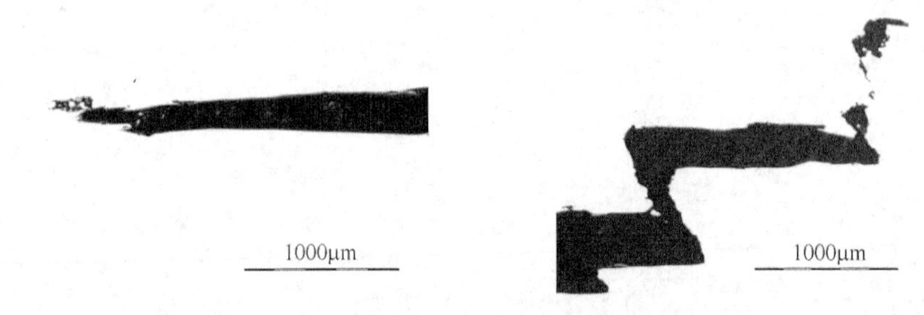

图 3-13　干气脱硫吸收塔内氢鼓泡裂尖形貌（50×）

图 3-13 和图 3-16 分别为内氢鼓泡和外氢鼓泡裂纹的裂尖形貌，很明显裂尖是在高压氢的作用下撕裂而形成的。图 3-15 是在氢压作用下的两条裂纹未间断区域，表明 20g 钢具有一定的韧性。从图 3-14 和图 3-17 可以看出氢鼓泡裂纹上下表面呈锯齿状分层形貌，上下表面凹凸不平，这是发生明显塑性形变的结果。从裂纹特征可以看出，裂纹与内外表面相平行，沿裂纹所在平面向四周扩展，裂纹形成是由于内部压力过高引起的机械扩展，由于 20g 钢塑性较好，不会产生脆性裂纹，因而在内部压力作用下金属发生局部塑性形变而逐渐扩展，使得金属层与层之间的界面分开，层间金属在更大的压力作用下继续发生分离，形成间

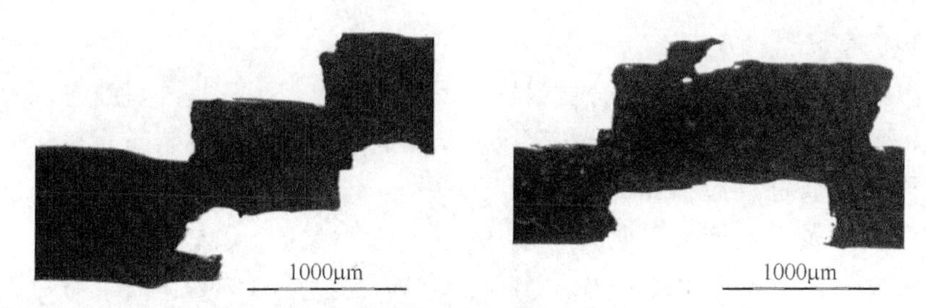

图 3-14　干气脱硫吸收塔氢鼓泡锯齿状断口（50×）

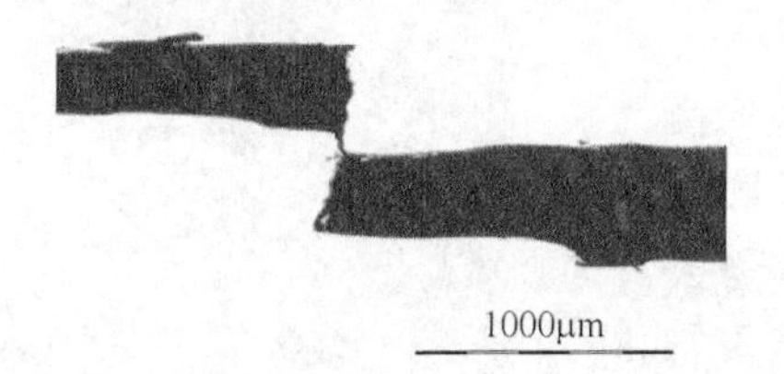

图 3-15　干气脱硫吸收塔氢致裂纹未间断区域（50×）

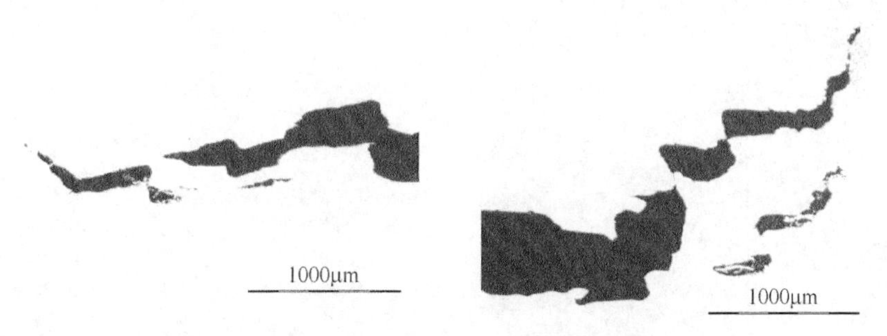

图 3-16　低分气分液罐氢鼓泡裂纹裂尖形貌（50×）

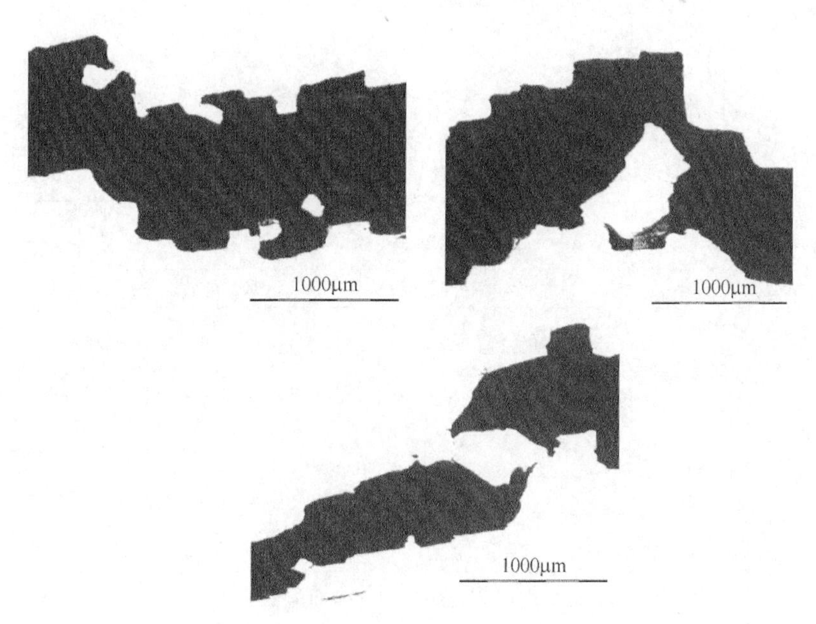

图 3-17　低分气分液罐氢鼓泡裂纹锯齿状分层形貌（50×）

隙宽度不一致的层状结构。

对多个氢鼓泡解剖分析，并结合材料特性及环境特点，不管是外氢鼓泡、内氢鼓泡还是内外氢鼓泡，氢鼓泡起裂位置取决于非金属夹杂物的分布和非金属杂质元素在中心部位的偏析。钢材表面发生腐蚀反应析出的氢原子容易在偏析带及非金属夹杂物处聚集结合成氢分子，从而形成高压氢，促使氢鼓泡或氢致裂纹的形成。

图 3-18 干气脱硫吸收塔内壁氢鼓泡内表面形貌（500×）

3.3.5 氢鼓泡断面观察

为进一步确定鼓泡产生原因，采用机械方法打开干气脱硫吸收塔内壁氢鼓泡和低分气分液罐外壁氢鼓泡的界面，对断口用丙酮和酒精进行超声波清洗去除表面杂质后吹干，然后进行断口形貌分析和能谱分析，如图 3-18~图 3-23 所示。

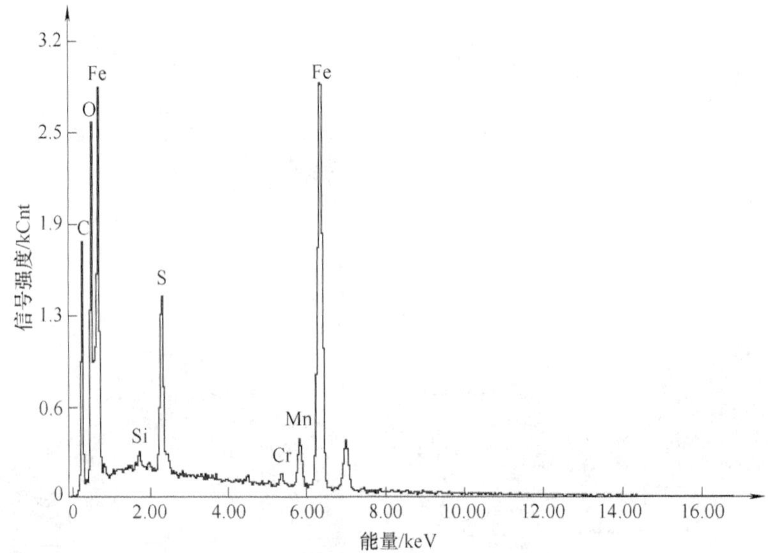

成分	质量分数（%）	摩尔分数（%）
C	17.77	43.03
Fe	61.52	32.04
O	9.4	17.09
Mn	5.66	3
S	4.28	3.88
Cr	0.97	0.54
Si	0.41	0.43

图 3-19 内壁氢鼓泡开裂内表面能谱分析结果

50×

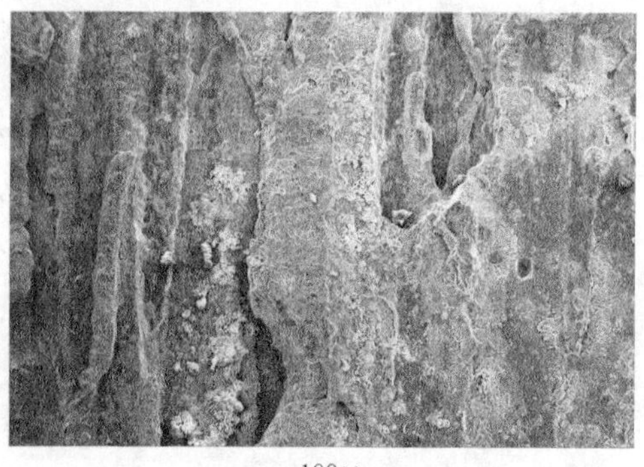

100×

图 3-20　低分气分液罐外壁氢鼓泡内表面撕裂状形貌

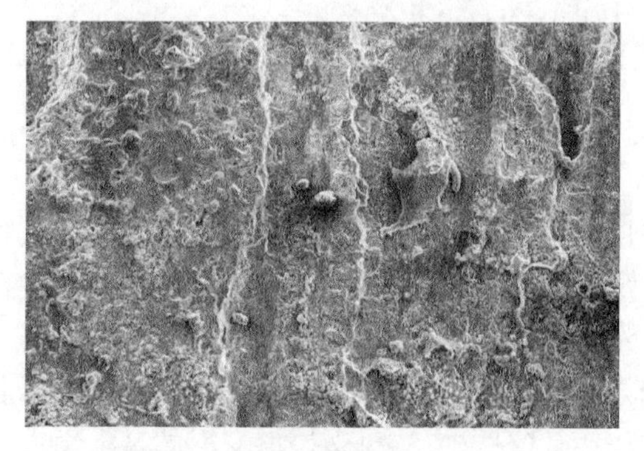

图 3-21　低分气分液罐外壁氢鼓泡内表面颗粒状物质（200×）

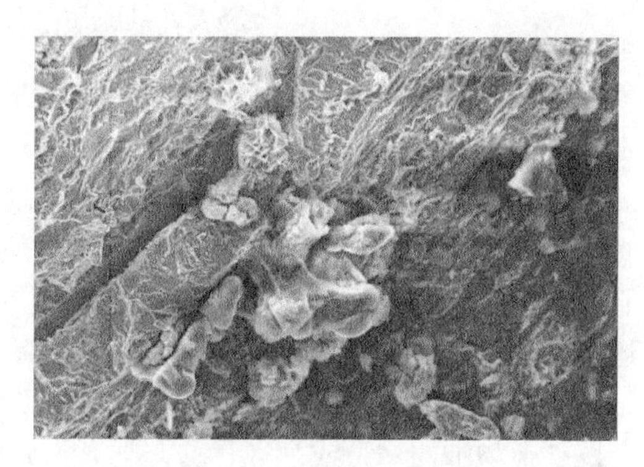

图 3-22　断口上存在的二次裂纹（1040×）

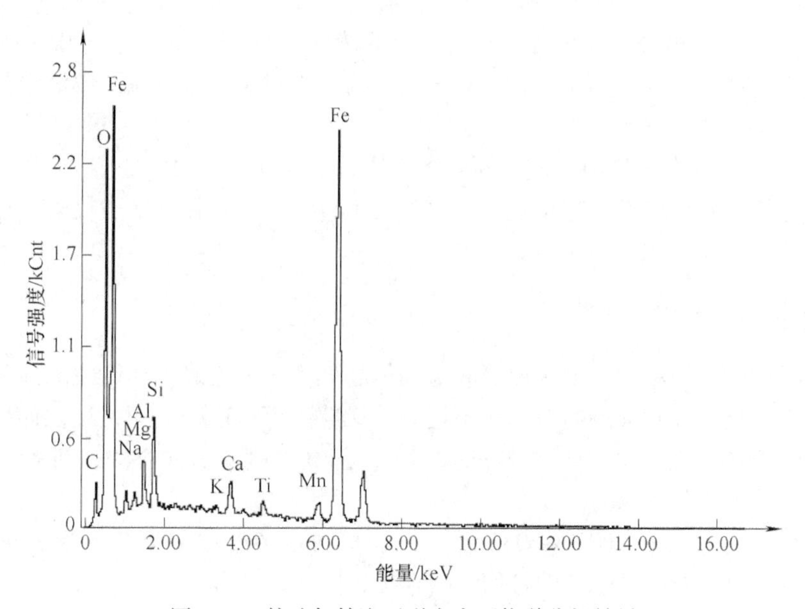

图 3-23　外壁氢鼓泡开裂内表面能谱分析结果

成分	质量分数（%）	摩尔分数（%）
C	4.18	12.92
Fe	72.26	48.04
O	10.73	24.9
Mn	3.08	2.08
Si	2.87	3.79
Al	1.61	2.21
Ca	1.61	1.49
Na	1.33	2.15
Ti	1.3	1.01
Mg	0.74	1.12
K	0.3	0.28

图 3-23　外壁氢鼓泡开裂内表面能谱分析结果（续）

通过对多个氢鼓泡剖开内表面断口形貌观察分析发现，氢鼓泡形成是在氢分压作用下发生严重塑性形变使上下两块金属界面分开，从图 3-20 和图 3-21 可以看出，在界面发生分离的过程中，金属材料发生明显的塑性形变，且存在大量的撕裂痕迹。

从图 3-18 和图 3-21 可以看出，在氢鼓泡分层界面上存在大量直径大小不一的颗粒状物质，这些颗粒状物质并不是在取样过程中受到污染所形成的，是用超声波清洗不掉的，并且这些颗粒状物质在氢压作用下非常容易导致上下两块金属界面的分离。根据图 3-19 和图 3-23 氢鼓泡内壁能谱分析结果和相关文献可知，这些颗粒状物质可能是 FeO、MnO、MnS 等非金属夹杂物中的一种或几种，这些夹杂物是在其周围材料发生严重塑性形变或者材料受力过程中未受到任何影响即发生破裂而保留下来的，它们的存在会使夹杂物与基体界面在高压氢作用下更容易分离。

从图 3-23 外氢鼓泡开裂内表面能谱分析结果发现，该表面 S 元素含量很少，可能是由于在钢材冶炼过程中 S 与 Mn 结合形成 MnS 夹杂物，在对断口进行超声波清洗的过程中，长条形 MnS 夹杂物脱落所致。

如图 3-22 所示，在氢鼓泡内表面断口上存在比较粗大的二次裂纹。二次裂纹是由非金属夹杂物引起的，非金属夹杂物越多，二次裂纹也越多，并且在二次裂纹附近也存在大量的颗粒状物质。

3.3.6　力学性能测试

为了测试产生氢鼓泡的干气脱硫吸收塔壳体和低分气分液罐壳体无缺陷部位材料的力学性能是否发生劣化。针对失效钢板，从不同壳体无缺陷部位取样进行常温拉伸试验。取样按照 GB/T 228—2010《金属材料　拉伸试验　第 1 部分：室温试验方法》进行，线切割拉伸试样的几何尺寸如图 3-24 所示。

常温拉伸试验是在 INSTRON-8032 动态万能材料疲劳试验机上进行的，试验温度为室温，加载速率为 0.5mm/min，拉伸过程中装有引伸计。拉伸曲线分别如图 3-25 和图 3-26 所示。

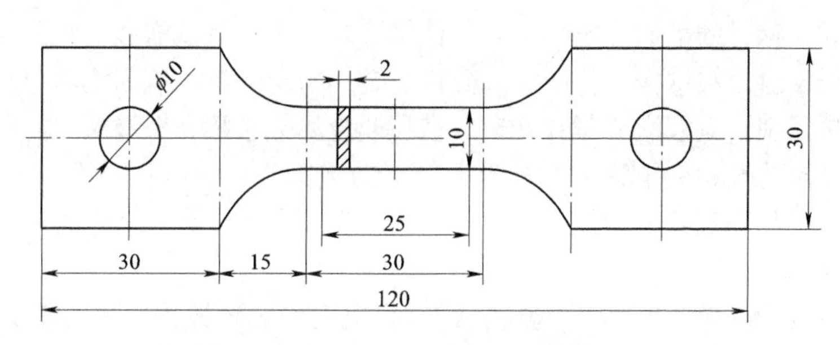

图 3-24 常温线切割拉伸试样几何尺寸

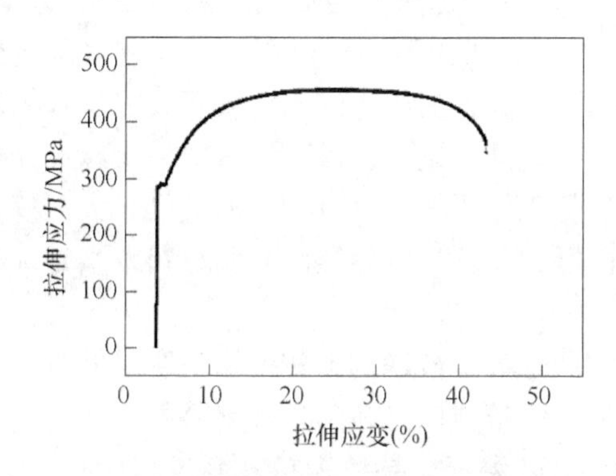

图 3-25 干气脱硫吸收塔材料拉伸应力应变曲线

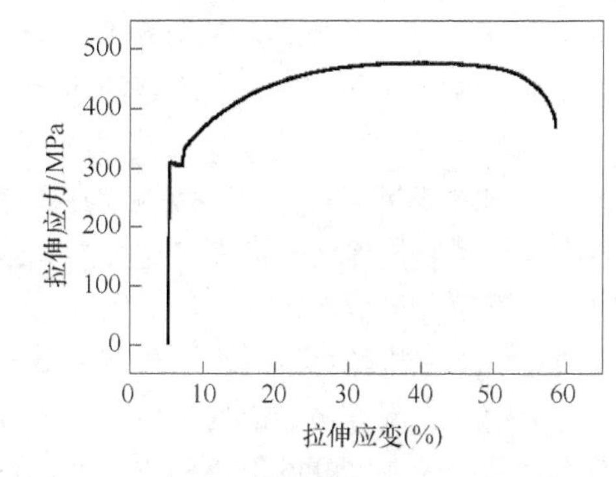

图 3-26 低分气分液罐材料拉伸应力应变曲线

对于标准 20g 钢板，按照 GB 713—2014《锅炉和压力容器钢板》的规定，其力学性能指标为抗拉强度 R_m = 400～520MPa，屈服强度 R_{eL} ≥ 245MPa，断后伸长率 A ≥ 25%。从表 3-5 中可见，干气脱硫吸收塔和低分气分液罐无缺陷部位材料力学性能测试结果与 20g 钢板的正常力学性能指标相比未见异常，符合 20g 钢板的技术要求，说明干气脱硫吸收塔和低分气分液罐壳体无缺陷部位的材料性能没有发生劣化。

表 3-5 拉伸试验分析测试结果

设备名称	材料	最大载荷/kN	R_m/MPa	R_{eL}/MPa	断后伸长率 A(%)	杨氏模量 /GPa
干气脱硫吸收塔	20g	9.42	457.18	286.40	43.29	209.86
低分气分液罐	20g	9.28	463.80	299.06	58.56	231.25

3.4 湿硫化氢损伤机理总结

干气脱硫吸收塔和低分气分液罐主体材料均为 20g 钢，在湿硫化氢腐蚀环境下运行时，金属材料表面与腐蚀性介质接触，发生电化学腐蚀反应，产生的氢离子得到阳极反应释放的电子被还原成氢原子，又由于硫化氢可以阻止氢原子结合成氢分子，因而氢原子吸附在金属材料表面，通过扩散渗入钢材基体内部，进而引发氢鼓泡或氢致开裂等氢损伤。湿硫化氢环境为氢鼓泡或氢致开裂的发生提供了介质条件。

低分气分液罐和干气脱硫吸收塔的操作温度在 40～50℃ 范围内，在该温度范围内，硫化氢的溶解度较高，钢材的氢损伤速率较高，提供了容易发生氢鼓泡和氢致开裂的温度条件。

通过对多个含氢鼓泡试样的化学成分分析、金相组织分析、氢鼓泡断口形貌及能谱分析和相关文献分析发现，氢鼓泡或氢致开裂容易在非金属夹杂物、夹层及严重的带状组织等缺陷处产生，尤其是非金属夹杂物与基体界面是氢的强陷阱。一般情况下钢材中 S、Mn 的含量越高，MnS 夹杂物出现的可能性就越大，并且单位面积上非金属夹杂物越多，氢鼓泡和氢致开裂就越容易产生。

带状 MnS 夹杂物的存在是氢鼓泡或氢致开裂出现的主要原因，一方面是由于氢原子在 MnS 夹杂物中的扩散系数远远大于在钢材基体中的扩散系数，另一方面是由于 MnS 夹杂物的热膨胀系数远大于基体，钢材冷却过程中，在 MnS 夹杂物周围会形成间隙，因此氢原子容易在 MnS 夹杂物与基体界面处聚集，使得 MnS 夹杂物成为氢陷阱。氢原子在这些陷阱处聚集并结合成氢分子，随着氢浓度的增大，氢压不断升高，当产生的氢压大于或等于基体原子结合力时，就会产生微裂纹，成为氢鼓泡和氢致开裂的起裂点，微裂纹一般沿带状珠光体分布，与钢材轧制方向一致。微裂纹在不断增大的氢压作用下在自身平面内扩展长大，使得夹杂物与金属基体界面分离而产生分层，当分层内巨大氢压足以使周围金属材料发生塑性形变时，在近表面形成氢鼓泡。

通过以上分析还可以看出，干气脱硫吸收塔和低分气分液罐的金相组织呈明显的带状组织，是沿钢材轧制方向形成的，以先共析铁素体为主的带与珠光体的带彼此堆叠而成的组织形态，这是因为在实际冷却过程中，Mn 降低了钢的 Ar_3 温度，导致钢材轧制过程中在 Ar_3 温度高的偏析带内形成先共析铁素体，Ar_3 温度低的偏析带内 C 富集形成珠光体，造成铁素体与珠光体的分离，形成铁素体-珠光体带状组织。

S 元素是冷却过程中偏析倾向最大的，S 含量高时，容易产生热脆。P 也是有害元素，容易造成钢的冷脆性，且偏析严重，P 的原子半径大，在 γ-Fe 和 δ-Fe 中的扩散速率很小，因此钢液凝固后 P 不易均匀扩散，会产生高磷区和低磷区。当钢从奥氏体状态缓慢冷却时，由于温度高，高磷区首先析出铁素体，而 C 被浓缩到低磷区转变为珠光体组织，这样就会造成铁素体与珠光体的分离，使得在轧制过程中出现带状组织。带状组织是氢鼓泡和氢致裂纹萌生和扩展的聚集场所。

通过以上分析可知，在湿硫化氢腐蚀环境中钢材出现氢鼓泡或氢致开裂主要有以下几方面原因：一是非金属夹杂物 MnS 等是氢致开裂和氢鼓泡出现的最主要原因；二是带状组织对氢致开裂和氢鼓泡的敏感性有一定影响；三是随着介质中氢浓度的增加，氢致开裂和氢鼓泡的敏感性增加。

综上所述，本章通过设备宏观检查、化学成分分析、金相组织分析、断口扫描电镜及能谱分析、力学性能测试等方法对干气脱硫吸收塔内壁氢鼓泡和低分气分液罐外壁氢鼓泡进行全面分析，发现产生氢鼓泡和氢致开裂可以归纳为以下两方面的原因：

（1）介质方面　两台设备均在典型的湿硫化氢腐蚀环境下工作，具有形成氢鼓泡和氢致开裂的典型介质条件。

（2）钢板材质方面　钢板材质质量差，钢材中 S、P 含量偏高，存在大量的 MnS 非金属夹杂物、夹层及严重的带状组织和其他缺陷等是形成氢鼓泡和氢致开裂的材料因素。

以上两方面原因使得干气脱硫塔和低分气分液罐出现氢鼓泡、氢致开裂等缺陷，导致钢板的有效壁厚减薄，承载能力下降，对设备的正常安全运行具有潜在危害。

第4章

湿硫化氢损伤的快速检测方法

国内相关研究对氢鼓泡及氢致开裂产生的原因分析较多，大多也曾提及预防措施，但是在含氢致损伤压力容器的快速检测、诊断和在役检测方面少有研究。对氢致损伤的检测目前仍无有效手段，大部分氢致损伤都是通过目视宏观检查或者超声密集测厚发现的。针对湿硫化氢环境中压力容器的检验，采用常规方法难以应对以下三方面挑战：

1）对筛选出的数量众多可能存在湿硫化氢损伤的压力容器进行快速有效的检测。

2）对已检出存在湿硫化氢损伤的部位进行精确测量和缺陷诊断。

3）对某些暂时无法返修或更换，需要继续服役一段时间的含湿硫化氢损伤的压力容器进行有效的在役检测。

湿硫化氢环境下服役的压力容器氢致损伤的检出和损伤扩展监控是石化装置长周期运行所急需解决的问题之一。本章和第5章、第6章将针对上述湿硫化氢损伤快速检测、诊断及在役检测的关键技术和难点，综合运用多种无损检测技术进行研究。本章将介绍几种能够实现宏观氢致损伤缺陷的大面积快速检测的方法，为后续氢致损伤的诊断、在役检测和合于使用评价后继续服役的安全性评估提供依据。

4.1 湿硫化氢损伤的特点

在第3章中关于湿硫化氢损伤的机理分析中，通过对湿硫化氢损伤切割试件解剖后得到的宏观横断面形貌及PT结果进行观察，发现鼓泡裂纹与内外表面相平行，它是由于氢原子渗入钢材内部产生高压氢，从而使材料局部发生严重塑性变形的结果。鼓泡以起裂点为中心先形成裂纹，再形成分层，最终在巨大氢压作用下向四周呈机械扩展，鼓泡裂纹上下表面呈明显的锯齿状形貌，钢板层间间隙由宽变窄。

而从裂纹特征可以看出，裂纹与内外表面相平行，沿裂纹所在平面向四周扩展，裂纹形成是由于内部压力过高引起的机械扩展，由于20g钢塑性较好，不会产生脆性裂纹，因而在内部压力作用下金属发生局部塑性变形而逐渐扩展，使得金属层与层之间的界面分开，层间金属在更大的压力作用下继续发生分离，形成间隙宽度不一致的层状结构。

无论氢鼓泡还是氢致开裂均表现为钢板的宏观撕裂或开裂，且主裂方向与母材表面基本平行，所以采用超声技术进行垂直入射检测最为有效。

此外，通过对目前已发生的失效案例进行分析，发现湿硫化氢损伤往往不会仅单个发生，而是一旦发生就会在一定区域内成片出现，且已产生氢鼓泡损伤的容器钢板内部常常会存在氢致开裂。

4.2　湿硫化氢损伤快速检测方法

基于可能存在湿硫化氢损伤的压力容器数量众多，有些还有保温层，有些有内件不宜开罐检查的前提，必须找到一种能快速检测出湿硫化氢损伤的方法，以便在有限的检修时间里高效地检出可能存在损伤的部位，为下一步精确测量和在役检测打下基础。根据湿硫化氢损伤的分布规律和本身特点，考虑现场检测条件，快速检测主要采用声学无损检测技术和目视宏观检测相结合的方式。具体的快速检测方法主要有目视宏观检查以及超声测厚、常规超声检测、超声导波检测、电磁超声、相控阵超声检测、TOFD 检测等声学无损检测方法。

现场检测发现的含湿硫化氢损伤割板中的缺陷尺寸未知，且数量过多容易造成干扰。为方便研究，设计制作了三块试板来模拟氢鼓泡（HB）、氢致开裂（HIC）和倾斜分层缺陷。

1）2 号试板厚度为 16mm，长度为 1600mm，设计了一处内表面鼓泡缺陷，鼓起高度为 10mm，鼓泡外直径为 20mm；同时为了测试检测分辨力，还设计了长度和深度均不同的两个 ϕ4mm的直横孔，如图 4-1 所示。

2）4 号试板厚度为 20mm，长度为 1900mm，设计了与表面成 10°和 20°倾角的线切割线形和空心缺陷来模拟倾斜分层和内部鼓泡缺陷，如图 4-2 所示。

3）5 号试板厚度为 20mm，长度为 350mm，设计了三个人工缺陷，分别为具有台阶状开裂特征的线形槽、水平线形槽、与表面成 8°的倾斜线形槽，模拟钢板内部氢致开裂和分层缺陷，如图 4-3 所示。

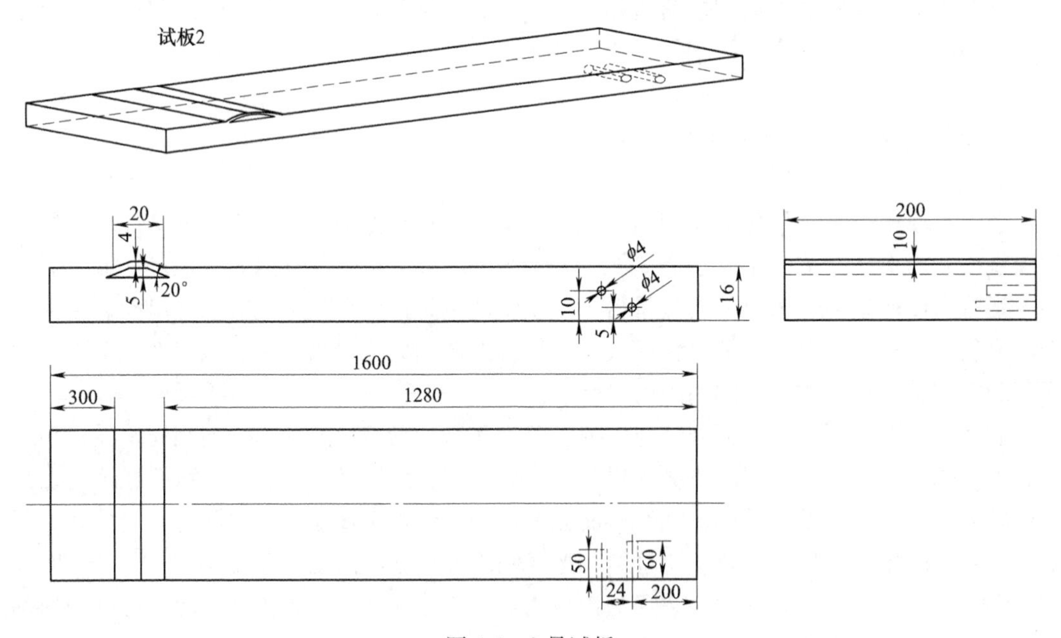

图 4-1　2 号试板

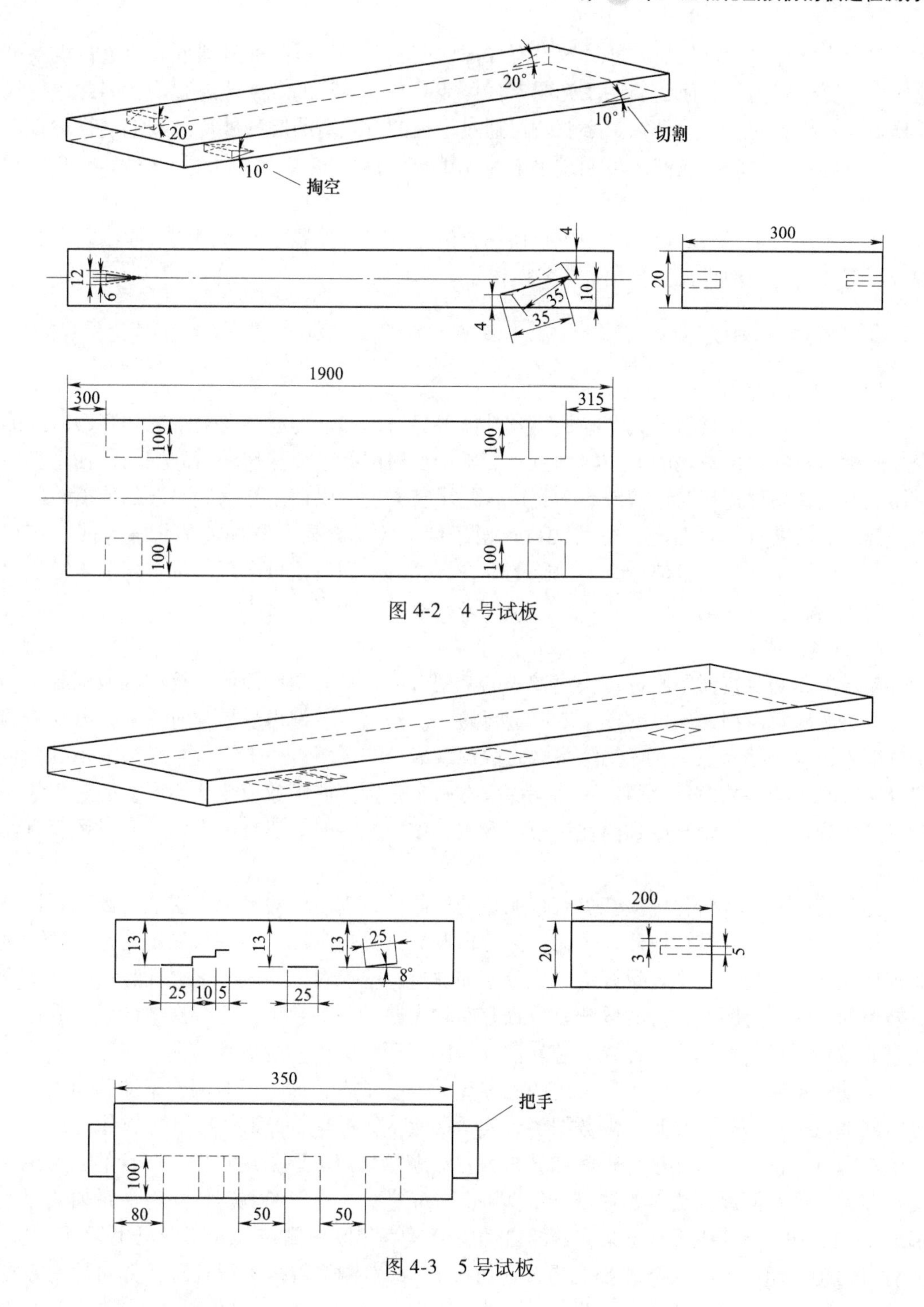

图 4-2 4 号试板

图 4-3 5 号试板

4.2.1 目视宏观检查

目视宏观检查是最常用和最直观的快速检测方法，可对容器内外壁的氢鼓泡进行快速检测，估计出氢鼓泡的大概分布范围和损伤情况。

对于容器外壁的氢鼓泡，通过对没有保温层或者保温层拆除的容器外表面进行观察可快速检出。鉴于容器外表面的油漆及光照条件可能会对氢鼓泡的观察造成影响，因此进行外表面目视宏观检查时应十分仔细。必要时可通过手摸的方式对凸起的外壁氢鼓泡进行检查。

对于容器内壁的氢鼓泡，可通过手电筒光束与筒体内壁成一定角度（一般为 10°~30°）进行观察，如图 1-2b 所示。

目视宏观检查无法对氢致开裂进行快速检测，且对有保温层或者因架子原因而无法靠近的容器部位的氢鼓泡也无法检出。

4.2.2 超声检测技术

1. 超声检测原理

超声检测是利用材料及其缺陷的声学性能差异对超声波的波形反射情况和穿透时的能量变化来检验材料内部缺陷的无损检测方法。脉冲反射法有纵波探伤和横波探伤，在垂直探伤时用纵波，在斜射探伤时用横波。在超声仪的示波屏上，以横坐标代表声波的传播时间，以纵坐标表示回波（即反射波）信号幅度。对于同一均匀介质，脉冲波的传播时间与声程成正比。因此可由缺陷回波信号判断缺陷的存在；又可由回波信号出现的位置来确定缺陷距探测面的距离，实现缺陷定位；通过回波幅度来判断缺陷的当量大小。

2. 超声测厚

超声测厚是对容器壁厚进行快速抽查的常用方法，具有操作简便、检测区域限制小等优点，可对湿硫化氢损伤部位的剩余壁厚进行检测。当壁厚数据出现异常时，往往需要将测厚步进缩小，慢慢移动探头，仔细测量缺陷的深度和分布区域。一般来说，较大面积的钢板内部分层缺陷的测厚数值较为稳定，移动探头在一定范围内测厚数值变化不大；而对于氢鼓泡或者氢致开裂缺陷，则测厚数值往往很不稳定，移动探头时数值也会变化，有时候没有读数显示。

超声测厚对于湿硫化氢损伤也有很明显的局限性，如不能对有保温层或者因架子原因而无法靠近的容器部位进行检测，也无法区分壁厚异常部位是因为存在氢鼓泡还是氢致开裂或者其他缺陷，而且往往把氢致开裂当成分层而放过；检测时需要耦合剂，而且一般需要将容器外壁的油漆层打磨掉；有时候测厚数据存在较大跳动，导致无法记录有效的壁厚数据；一般只能做到对母材壁厚局部抽检，容易漏掉缺陷，而且无法实现成像检测。

自动爬壁超声测厚可以克服常规的测厚仪的一些缺点，如可以对因架子原因而无法靠近的容器部位进行检测，而且检测数据可以实现 B 型超声扫描（简称 B 扫）成像检测，可直观地对母材内部损伤情况进行观察和分析。自动爬壁超声测厚采用水作为耦合剂，利用自动爬行器携带超声测厚探头对容器母材每间隔 20mm 进行一点壁厚测定，并将一系列测厚数据形成 B 扫成像。图 4-4 所示为某容器的自动爬壁超声测厚检测结果（彩图见书后插页），直接对自动爬壁超声测厚结果 B 扫成像，还通过 Excel 对测厚数据进行处理，并对异常数据采用红色进行标示。

3. 常规超声检测

常规超声检测也是湿硫化氢损伤快速检测过程中常用到的方法，一般用于超声测厚抽查发现大面积的疑似湿硫化氢损伤时对损伤的深度和具体分布情况进行粗略的测量。采用超声波纵波直探头对母材中疑似湿硫化氢损伤进行检测，由于常规超声检测用纵波直探头较超声

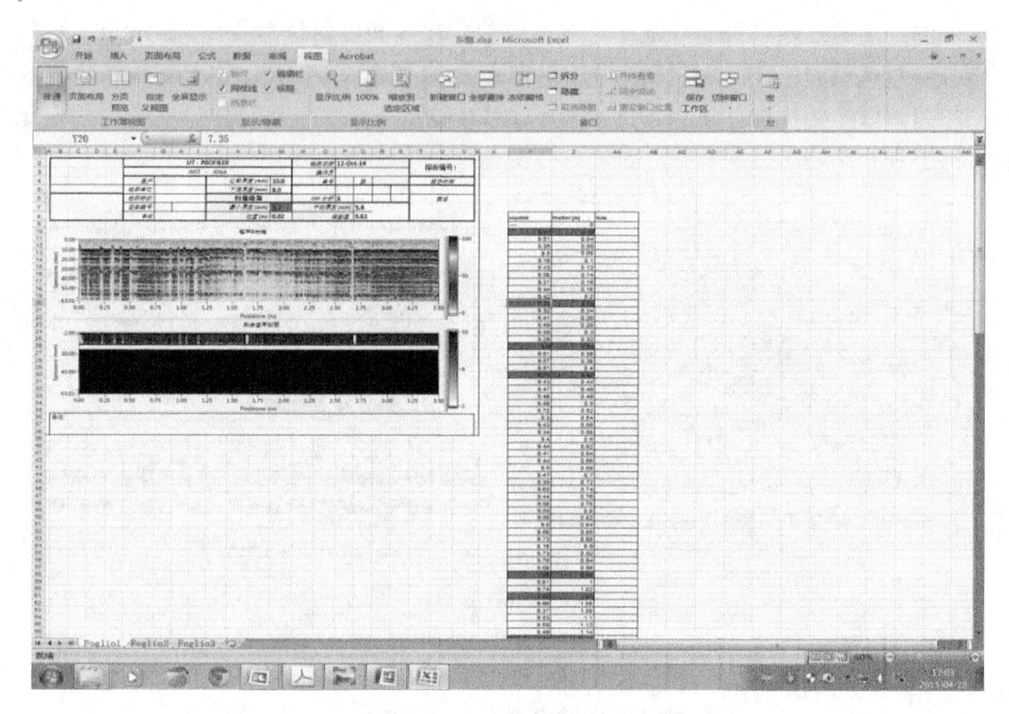

图 4-4 某容器的自动爬壁超声测厚检测结果

注：彩图见书后插页。

测厚仪的探头直径大很多，因而能量更大，对超声测厚仪的测厚数据跳动问题也可较好地解决。而且能够方便地获得 A 型超声扫描（简称 A 扫）波形，便于观察缺陷回波和底面回波的形貌和变化，有利于缺陷性质的判定。此外采用横波斜探头也可对具有台阶状开裂特征的氢致开裂缺陷进行检测，一般采用 K1 斜探头，会有较强的端角回波。对母材内部存在的与母材表面基本平行的氢致开裂，甚至是表面氢鼓泡均会有一定幅度的回波显示。

因原理类似，显然常规超声检测对于湿硫化氢损伤的快速检测也具有与超声测厚相似的一些缺点。

4.2.3 基于超声衍射时差法的快速检测

超声衍射时差法（time of flight diffraction，TOFD）采用一发一收两个探头进行检测，探头相对于焊缝中心线对称布置。发射探头产生波束以一定角度入射到被检工件中，其中部分波束沿近表面传播，另一部分波束经底面反射，最终都被接收探头接收，并通过接收缺陷尖端的衍射信号及其时差来确定缺陷的位置和自身高度。

TOFD 检测技术主要用于焊缝缺陷的检测，具有检测灵敏度高、缺陷自身高度测量精度高等优点，已在承压特种设备领域广泛使用。对于承压设备壳体母材来说，一般缺陷较少，若采用 TOFD 进行检测，正常部位的图像则会是这样的：直通波和底面回波均平直且波幅较大，直通波与底面回波之间无缺陷信号，如图 4-5a 所示。若壳体母材产生了湿硫化氢损伤，则进行 TOFD 检测时，直通波与底面回波以及二者之间的波形信号均可能会产生异常，如图 4-5b 所示。对于壳体母材内部的氢致开裂缺陷，直通波应该变化不大，直通波与底面回波之间应该会有缺陷信号产生，同时底面回波幅值可能会降低；对于内壁氢鼓泡缺陷则会发生底面回波提前的现象（因氢鼓泡内壁的反射信号较底面反射信号提前）；对于外壁氢鼓泡缺陷则会导致直通波信号发生明显变化。对于母材检测来说，TOFD 技术还具有检测效率较高、扫描图谱清晰的优点。总之，可以采用 TOFD 技术对承压设备壳体母材进行一定比例的抽查，通过观察 TOFD 图谱来对湿硫化氢损伤进行快速检测和筛查。

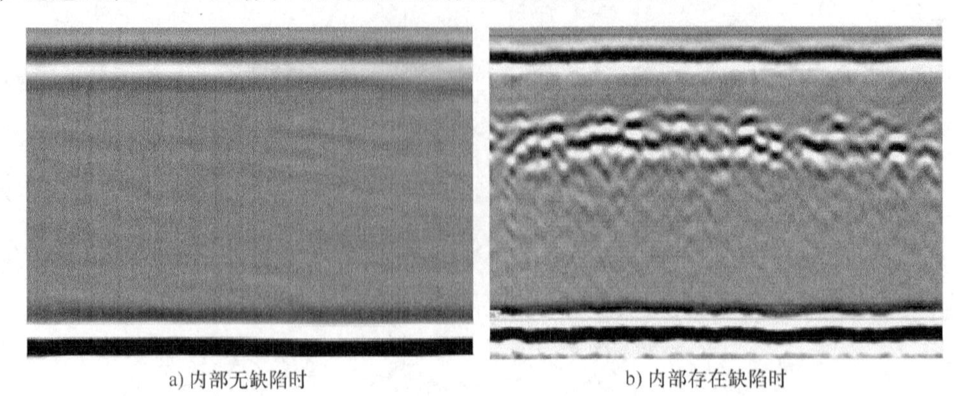

a) 内部无缺陷时　　b) 内部存在缺陷时

图 4-5　壳体母材的 TOFD 图谱

4.2.4　相控阵超声检测

1. 相控阵超声检测原理

超声检测时，如需要对物体内某一区域进行成像，必须进行声束扫描。相控阵超声检测技术是利用电子方式控制相控阵探头合成的声束来实现超声波发射、接收的超声检测方法。基本原理是通过控制阵列换能器中各个阵元激励（或接收）脉冲的时间延迟，改变由各阵元发射（或接收）声波到达（或来自）物体内某点时的相位关系，实现聚焦点和声束方位的变化，从而完成相控阵波束合成，形成成像扫描线的技术，可得到 A 型、B 型、C 型、D 型、S 型及 3D 扫描成像。

相控阵超声检测技术可以利用纵波、横波、界面波和导波多种波形进行检测，且穿透能力强，具有检测灵敏度高，检测结果直观、重复性好的突出优点，探头不与工件直接接触，操作灵活简便，可实时成像显示，可实现复杂工件的检测等。与其他无损检测方法对比，相控阵超声检测具有以下所述的优势。

（1）检测速度快　采用电子方法控制声束聚焦和扫描，检测速度成倍提高。具体特点如下：

1）超声波束方向可自由变换。

2）焦点可以调节甚至实现动态聚焦。

3）探头固定不动便能实现超声波扇形扫描或者线性扫描。

4）相控阵超声检测技术可进行电子扫描，比通常的光栅扫描快一个数量级。

（2）可达性好　具有良好的声束可达性，能对复杂几何形状的工件进行探查。具体特点如下：

1）用一个相控阵探头，就能涵盖多种应用，而普通超声探头应用单一。

2）对于某些检测来说，可接近性是“拦路虎”，而对相控阵超声检测，只需用一个小巧的阵列探头，就能完成多个单探头分次往复扫描才能完成的检测任务。

（3）检测性能提高　通过优化控制焦点尺寸、焦区深度和声束方向，可使检测分辨力、信噪比和灵敏度等性能得到提高。

（4）操作灵活简便且成本低　通常不需要辅助扫描装置，探头不与工件直接接触，数据以电子文件格式存储。

（5）真实几何结构成像技术　解决复杂几何构件检测难题；现场实时生成几何形状图像；轻松指出缺陷真实特征位置；成像由各声束 A 扫数据生成；实际检测结合工艺轨迹追踪；可用于所有形式的焊缝检测；同步显示 A、B、S、C、D、P、3D 扫描数据。

但是，相控阵超声检测要求操作者具有超声检测的高级知识且操作非常熟练；探头昂贵、生产周期较长，这些都是需要考虑的问题。

2. 相控阵超声检测仿真研究

本节主要对压力容器母材中的典型氢损伤（如氢鼓泡、氢致开裂）进行相控阵超声检测 CIVA 仿真研究。采用的仿真软件为 CIVA 2017 超声模块。

（1）氢鼓泡的相控阵超声检测仿真　如图 4-6 所示，在 CIVA 软件中建立氢鼓泡缺陷模型，用两个直径为 6mm 的球形气孔模拟氢鼓泡，一个位于钢板（板厚为 20mm）的中间（埋深为 10mm），模拟内部氢鼓泡，另一个接近钢板的底面，模拟内表面氢鼓泡。仿真采用阵列超声纵波垂直入射法，聚焦点设置在钢板的底部（聚焦深度 20mm），激励阵元数为 12 个，阵元宽度为 0.7mm，阵元间距为 0.8mm，探头频率为 5MHz。

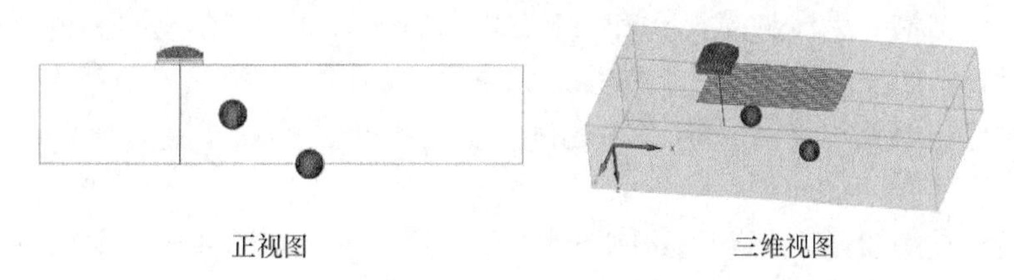

图 4-6　氢鼓泡缺陷建模

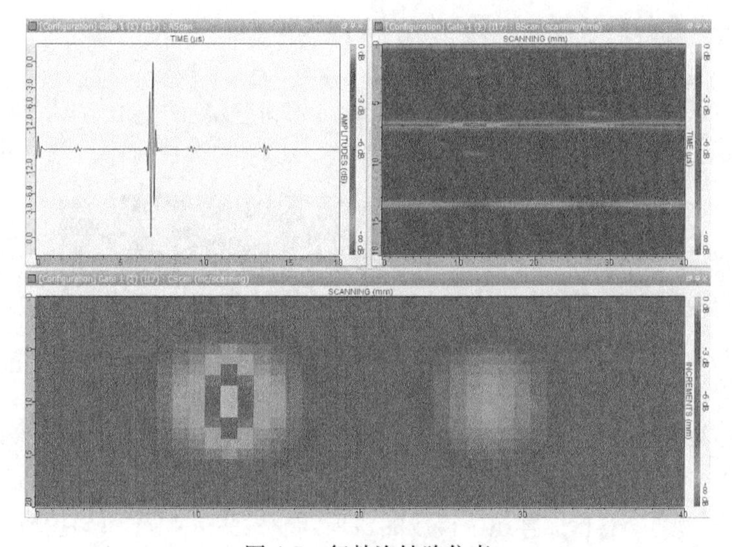

图 4-7　氢鼓泡缺陷仿真

图 4-7 的左上角、右上角、下方分图分别为两个氢鼓泡的仿真 A 扫图像、B 扫图像和 C 扫图像。由仿真结果可见，CIVA 软件可以仿真得到氢鼓泡缺陷图像，其直径、埋藏深度以及回波幅值均可以准确测量。分析仿真结果得到如下结论：

1）受球面回波发散的影响，钢板内部氢鼓泡的回波幅值高于内表面氢鼓泡。

2）氢鼓泡的存在会使鼓泡区域的底面回波降低。

3）氢鼓泡越靠近下表面，底面回波的降低量越大。

（2）氢致开裂的相控阵超声检测仿真

如图 4-8 所示，在 CIVA 软件中建立板厚为 14mm 的碳钢模型，分别建立两个氢致开裂缺陷模型。图中，左边的缺陷模拟的是腐蚀较轻的氢致开裂，其尺寸为 10mm × 4mm（长×宽），缺陷埋藏深度为 6mm；右边的缺陷模拟的是腐蚀比较严重的情况，即缺陷在厚度方向上已经形成台阶状连续开裂，氢致开裂上表面台阶的尺寸为 10mm×4mm（长×宽），下表面台阶的尺寸为 10mm×4mm（长×宽），两个台阶连续处为 45°的斜面。利用纵波直探头和斜探头扇形扫描两种方式分别进行扫描。纵波直探头垂直入射法对平行于表面的缺陷有很高的灵敏度，斜探头扇形扫描法对倾斜的缺陷有很高的灵敏度。仿真采用相控阵超声纵波垂直入射法，聚焦点设置在钢板的底部（聚焦深度 14mm），激励阵元数为 8 个，阵元宽度为 0.9mm，阵元间距为 1.0mm，探头频率为 5MHz。

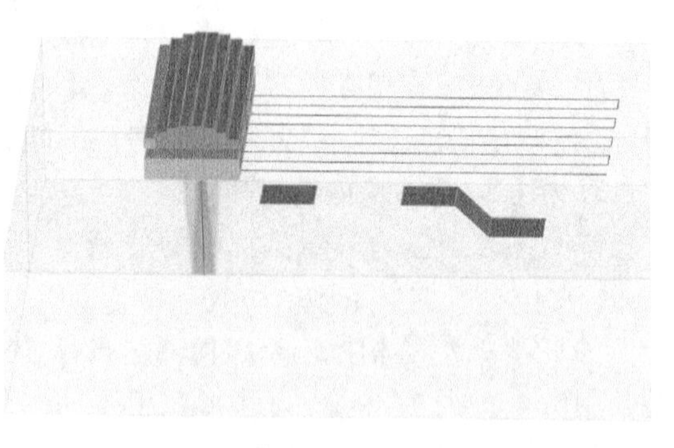

图 4-8　氢致开裂缺陷响应模型

根据上述建立的模型，在 CIVA 中进行仿真计算，得到如图 4-9 所示纵波直探头垂直入射法的缺陷响应。从图中可以得知，该方法对氢致开裂缺陷中的 45°斜面的灵敏度很低，在实际检测中若仅采用该方法则无法判断缺陷在壁厚方向上是否已经连续开裂。因此还要采用横波斜入射扇形 S 型扫描（简称扇形 S 扫）进行区分。

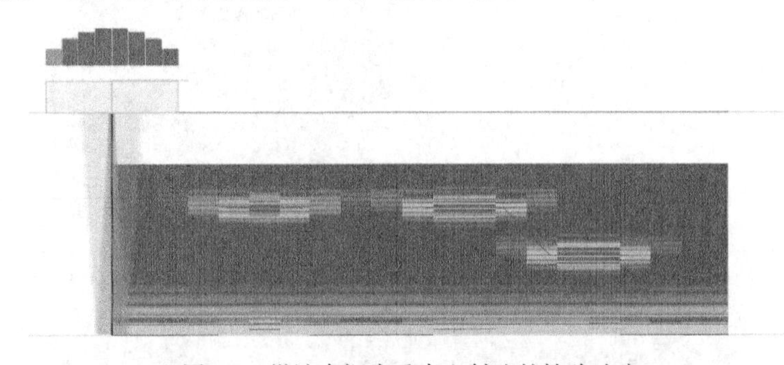

图 4-9　纵波直探头垂直入射法的缺陷响应

全聚焦相控阵超声检测对氢致开裂的检测能力优于常规的相控阵超声检测。该方法不仅能检测出平行于母材表面的氢致开裂，还可以满足台阶状氢致开裂（45°斜面）的检测需求。图 4-10 所示为全聚焦相控阵超声检测的氢致开裂检测 B 扫图和 3D 视图（仅针对图 4-8 中右侧台阶状氢致开裂缺陷的仿真），从图中可以看出，该方法可以实现对台阶状氢致开裂的检测。

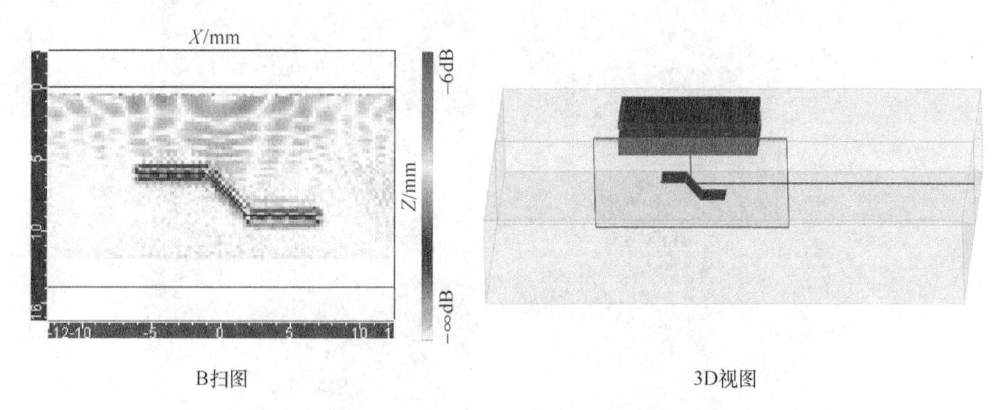

图 4-10　全聚焦相控阵超声的氢致开裂检测

3. 相控阵超声检测工程实例

虽然有机玻璃直楔块相控阵探头的检测灵敏度高，成像检测质量好，但是检测效率低，对检测对象表面粗糙度要求高。此外大面积扫描时有机玻璃直楔块容易磨损，检测成本较高。相比较而言，轮式相控阵探头的检测效率可以大大提高，同样可以实现 A 扫、B 扫、C 扫成像检测，灵敏度也能满足检测需求。

轮式相控阵探头检测试验采用多浦乐公司生产的 Phascan 相控阵超声检测仪，搭配 5MHz 轮式相控阵探头。对钢板背面腐蚀坑进行检测（见图 4-11a），通过 D 扫和 C 扫成像可以很直观地检测出钢板背面存在腐蚀坑（见图 4-11b）；对加氢装置干气脱硫吸收塔 T-306 失效割板进行检测（见图 4-11c），同样能够检测出板中氢致开裂和氢鼓泡缺陷，灵敏度与采用有机玻璃直楔块相控阵探头相比下降不大（见图 4-11d）。因此轮式相控阵探头完全可以用于石化装置承压设备湿硫化氢损伤的快速检测和筛查。

4.2.5　电磁超声检测

1. 电磁超声检测原理

电磁超声检测技术是指在永磁场中，强大脉冲电压在线圈中产生脉冲电流，并在周围产生强电磁场，辐射到被检测体表面的电磁场会在被测体的表面产生涡流，涡流受到洛伦兹力作用，洛伦兹力的方向与涡流垂直，并指向涡流的中心，表面会产生电磁超声波。若被检测体为铁磁性材料，还会有磁致伸缩力，洛伦兹力和磁致伸缩力两种效应具体哪种起主要作用是由外加磁场的大小及激励电流的频率决定的。接收效应与激励效应为互逆过程，返回声压使质点的振动在磁场作用下也会使涡流线圈两端的电压发生变化，可以通过接收装置进行接收并放大显示。不同于常规超声波基于压电−逆压电效应，采用这种电磁耦合方法激励和接收的超声波称为电磁超声波。电磁超声和常规超声的检测机理如图 4-12 所示。

电磁超声检测技术是一种基于电磁感应原理的新型超声检测技术，该技术利用电磁耦合方式激励和接收超声波。与常规压电超声相比，其在检测过程中不需要耦合剂，可以实现高温、带油漆层等条件下的非接触测厚和探伤，在无损检测领域越来越受到重视。相对于常规超声检测，电磁超声检测技术除了具有不用耦合剂非接触检测（最大提离高度可达 5mm）、能适应的温度较高（可达 600℃）等优势外，还具有可连续记录测厚数据并实时成像这一优

a) 检测钢板背面腐蚀坑

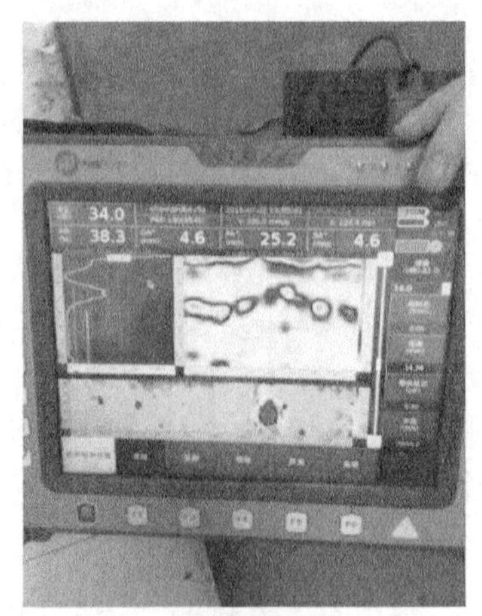

b) 检测成像1

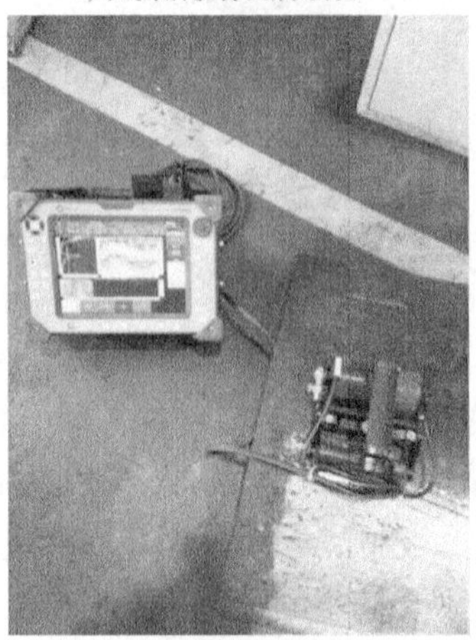

c) 检测失效的割板

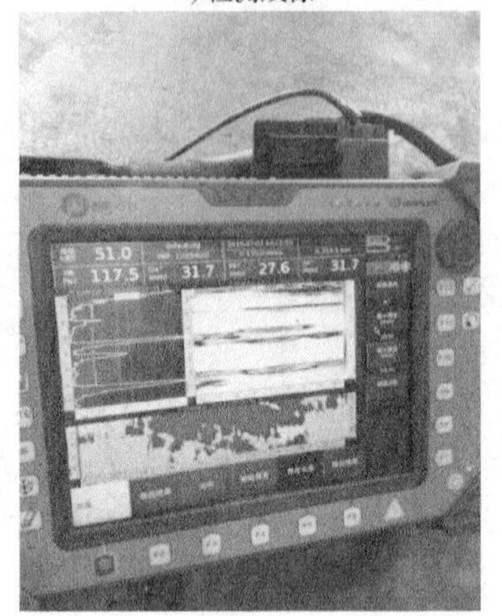

d) 检测成像2

图 4-11　轮式相控阵探头检测

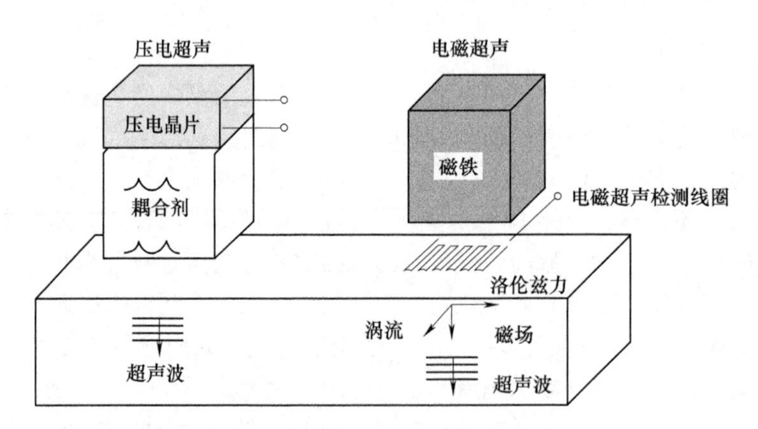

图 4-12　电磁超声和常规超声的检测机理

点，因而非常适合高温设备不停机状态下的检测及监控。

2. 电磁超声检测工程实例

（1）检测仪器及检测对象概况　检测仪器采用美国 innerspec 公司生产的 PowerBox H 型

便携式电磁超声检测仪，检测探头采用直入射检测线圈探头搭配滚轮式手动编码器，以及单点式测厚探头，测厚数据连续记录且可进行 B 扫、D 扫成像。

检测对象为加氢装置循环氢脱硫塔 T-1103 壳体割板，材质为 20g（新标准牌号为 Q245R），壁厚为 54mm，内部目视宏观检查时发现其变径锥段下第一个筒节内壁存在大量氢鼓泡，直径为 40~300mm，鼓起高度为 5~25mm，有部分氢鼓泡已经开裂，如图 4-13a 所示。返修时将该筒节整体更换后切割下一块氢鼓泡最为严重的割板进行检测。在割板的外表面先画好扫描轨迹线，如图 4-13b 所示，采用直入射检测线圈探头搭配滚轮式手动编码器进行电磁超声 D 扫成像检测；在割板的内表面比较明显的氢鼓泡部位画好网格线，如图 4-13c 所示，采用单点式测厚探头进行电磁超声测厚检测。

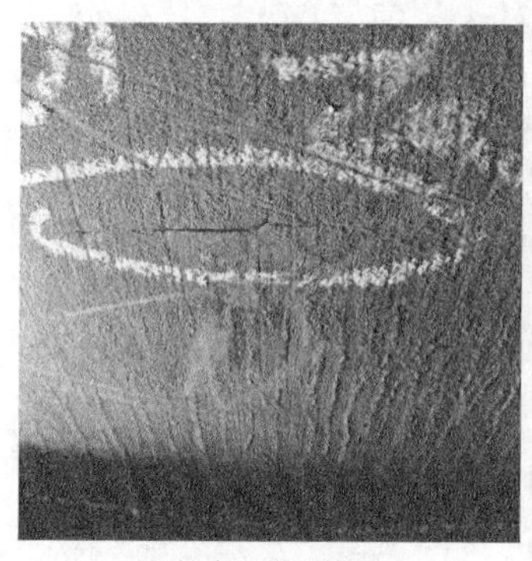

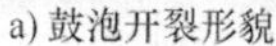

a) 鼓泡开裂形貌

b) 外壁电磁超声扫描轨迹

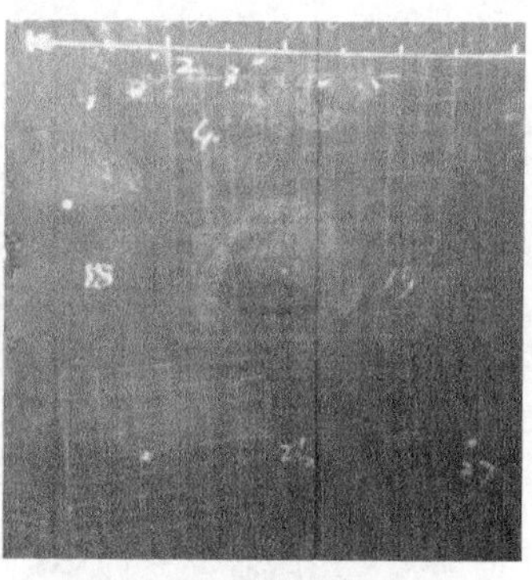

c) 内壁氢鼓泡测厚网格

图 4-13　循环氢脱硫塔 T-1103 壳体割板内壁氢鼓泡

（2）电磁超声检测结果分析　从外壁进行电磁超声检测 D 扫成像检测时，检测区域大小为 1600mm×1350mm，直入射检测线圈探头沿着 64 条扫描轨迹线逐条进行扫描。其中某条 PBH 实时扫描带状图（A 扫+D 扫成像）如图 4-14 所示。由 PBH 实时扫描带状图可知，若是被检板材中无缺陷即板厚正常，其 D 扫窗口会显示成一条直线，直线对应的深度为板厚；若是板中存在缺陷，则 D 扫窗口的正常直线会立即断开，并下沉到一定位置，这个位置即缺陷的埋藏深度。因此在检测过程中，可以很方便地从 PBH 实时扫描带状图中对检测对象中是否存在缺陷及缺陷的深度、长度信息做出判断。每条扫描轨迹线包含约 7000 个数据，可将 64 条扫描轨迹上的 40 多万个数据导入 Excel 进行合成分析，即可粗略得到检测区域中缺陷的 3D 尺寸。通过对检测数据分析发现割板内部存在着大量类似于开裂或分层的缺陷，深度集中在 30~40mm 范围。

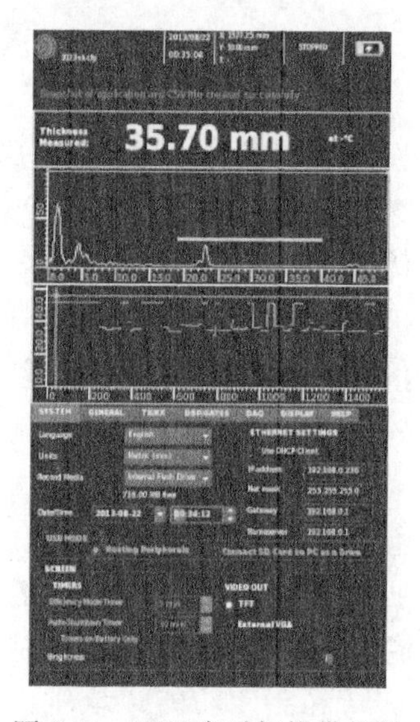

图 4-14　PBH 实时扫描带状图

从内壁对划分网格后的鼓泡部位进行单点式探头电磁超声测厚，一共对 11 块氢鼓泡区域进行了检测。将测厚值与筒体外壁同一部位的 D 扫成像连续测厚值进行了比较，理论上二值之和应小于或等于壳体总厚度。因为壳体可能存在腐蚀或内部存在多个开裂或分层缺陷，还可能因内壁氢鼓泡鼓起造成金属拉伸从而导致厚度减薄。另外，在无湿硫化氢损伤的部位从内外壁测得的厚度值应基本一致。以内壁 3 号氢鼓泡为例，内外壁实测厚度符合上述理论分析结果，详见表 4-1。

表 4-1　3 号氢鼓泡从内壁和外壁测厚得到的数据结果

内壁测厚/mm	外壁测厚/mm	两者之和/mm	和与公称壁厚之差/mm	内壁测厚/mm	外壁测厚/mm	两者之和/mm	和与公称壁厚之差/mm
11.8	38.463	50.263	−3.737	53.4	52.436	—	—
53.5	52.532	—	—	13.6	36.523	50.123	−3.877
54.0	53.118	—	—	17.7	32.451	50.151	−3.849
16.5	34.332	50.832	−3.168	16.5	32.677	49.177	−4.823
54.1	53.654	—	—	11.8	37.285	49.085	−4.915
12.0	39.814	51.814	−2.186	14.4	33.529	47.929	−6.071
16.0	32.382	48.382	−5.618	53.5	52.170	—	—
11.8	37.891	49.691	−4.309	53.6	52.384	—	—
17.8	31.483	49.283	−4.717	13.4	37.413	50.813	−3.187
17.6	30.915	48.515	−5.485	17.4	30.682	48.082	−5.918
18.0	29.372	47.372	−6.628	18.9	29.091	47.991	−6.009
54.0	53.210	—	—	11.8	36.560	48.360	−5.640

3. 带有自动爬行装置的电磁超声检测实例

直入射检测线圈探头搭配滚轮式手动编码器具有体积小、使用灵活、可连续记录壁厚数据等优点，采用它可有效地对各种承压设备的壳体进行湿硫化氢损伤检测。在不方便检测的部位可以搭配采用单点式测厚探头。

但是上述电磁超声手动检测方式也存在较大缺点，不利于大范围进行湿硫化氢损伤快速检测。由于电磁超声检测探头和编码器均采用磁耦合方式吸附在设备筒体上，检测时移动探头和编码器比较困难，劳动强度较大，同时对检测人员无法达到的部位无法进行检测。所以要采用带有自动爬行装置的电磁超声检测设备，才能满足现场湿硫化氢损伤快速大范围的检测需要。该自动爬行装置通过磁耦合吸附于设备上，搭载有电磁超声探头和编码器，检测人员通过遥控，可在设备上下、左右自由运动，具备 360°转弯和制动功能。承压设备上往往会有焊缝存在，其余高一般不会磨平，因此还需要该自动爬行装置具有跨过焊缝的能力。

采用带有自动爬行装置的电磁超声检测仪器对循环氢脱硫塔 T-1103 壳体割板和某新建设的加氢裂化装置中两台卧式和立式压力容器进行了测试试验，效果良好。该自动爬行器操作灵活，能够轻松跨越焊缝，电磁超声检测仪可以实时记录数据。测试过程如图 4-15 所示。

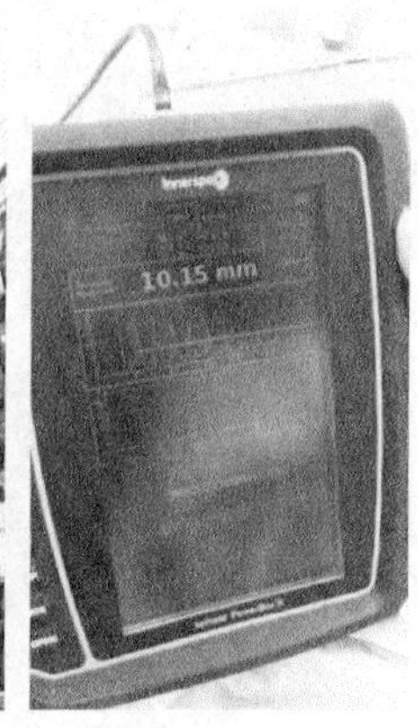

图 4-15　带有自动爬行装置的电磁超声快速检测

4.2.6　基于超声导波的快速检测

1. 超声导波检测原理

超声波在固体介质中传播通常存在横波和纵波两种形式。当超声波传播介质被局限在一定的边界内时，边界就会对超声波产生反复不断的反射，这样就能形成超声导波。它是超声波的一类特殊应用，主要利用波长与声波角度、工件厚度的特殊关系，由多个不同类型的波组成波群，此波群中包括爬波、纵波、横波等，以及各波形在工件表面反射时相互转换所产生的变形波。

超声导波机理比较复杂，至今仍有不少问题未得到解决，这制约了它的应用。但是它在大面积板材，尤其是壁厚 30mm 以下板材缺陷的快速检测中具有其他方法无法比拟的优点，只需沿板材直线移动探头即可对探头前方 2m 左右板材中所有的缺陷（无论表面还是内部缺陷）进行快速全面的检测。

2. 超声导波检测仿真研究

超声导波与常规超声波最大的不同是具有频散性及多模式性，且每种模式的传播速度即群速度均不相同。采用 Disperse 软件计算出 20mm 厚度的钢板材料中的超声导波相速度和群速度曲线（见图 4-16，彩图见书后插页）。其中红色曲线为对称模式 S mode，蓝色曲线为反对称模式 A mode。检测前应先进行仿真研究，以确定最优检测模式，从而选择最佳的探头频率和入射角度。

从图 4-16b 中可以看出，Lamb 波的对称模式群速度一般比反对称模式的群速度大，尤其在频厚积不大的情况下最为明显。实际检测中我们主要关注的是缺陷回波的波幅，所以一般采用对称模式作为检测模式更为合理，这主要是因为 Lamb 波模式遇到障碍物反射后一般会发生模式转换，只有选择群速度最大的模式才能在众多复杂回波模式中首先被接收，有利于信号处理和结果分析。

1）针对 2 号试板中氢鼓泡缺陷，使用 Wave2000 软件建立的仿真模型如图 4-17 所示，模拟在钢板外侧检测钢板内侧的氢鼓泡，因此建立的模型中超声发射和接收端在试板上表面，氢鼓泡在试板下表面。鼓泡缺陷到接收换能器的距离为 1200mm，鼓起高度为 10mm，鼓泡直径为 20mm。

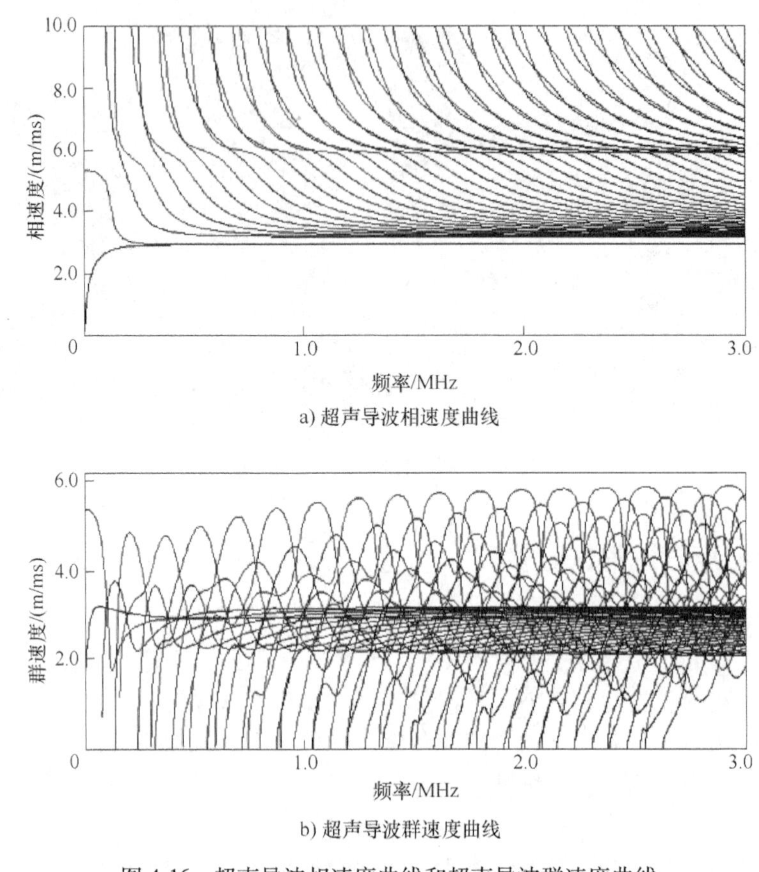

a) 超声导波相速度曲线

b) 超声导波群速度曲线

图 4-16　超声导波相速度曲线和超声导波群速度曲线

注：彩图见书后插页。

图 4-17　内壁氢鼓泡缺陷仿真建模

内壁氢鼓泡缺陷超声导波检测仿真信号如图 4-18 所示。根据仿真结果，采用探头中心频率为 0.375MHz、入射角度为 24.9°的导波探头，检测到的内壁氢鼓泡回波高度最高，能够清晰分辨出氢鼓泡的两端反射信号。该频率和角度下的 S2 模式非常适合试板中内壁氢鼓泡缺陷的检测。

2）针对 2 号试板中两个不同长度的横孔缺陷，使用 Wave2000 进行超声导波检测分辨力仿真，横孔缺陷距离接收换能器的距离大于 1m。两个横孔缺陷直径均为 4mm，长度分别为 50mm 和 60mm，孔中心间距为 24mm，孔中心与表面的距离分别为 10mm 和 5mm，超声导波检测灵敏度仿真建模如图 4-19 所示。

S2 模式检测两个横孔缺陷超声导波检测仿真信号如图 4-20 所示，根据仿真结果，与没有缺陷时的仿真信号相比，两个横孔缺陷的存在使得端面回波下降明显，且第一个横孔缺陷的 S2 模式回波幅度较大，第二个横孔比第一个横孔的回波幅度下降明显，但是依然能够分辨。

3）针对 4 号试板中两种不同张角空心缺陷，使用 Wave2000 软件建立的仿真模型如图

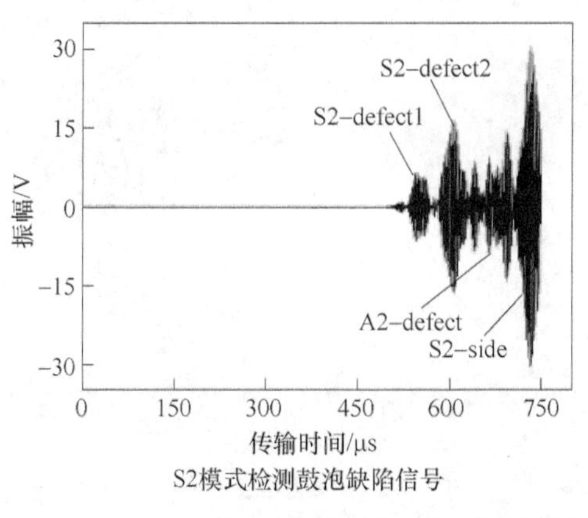

S2模式检测鼓泡缺陷信号

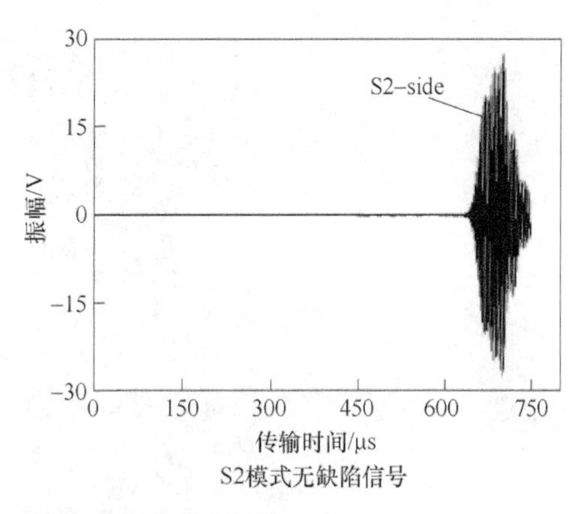

S2模式无缺陷信号

图 4-18 内壁氢鼓泡缺陷超声导波检测仿真信号

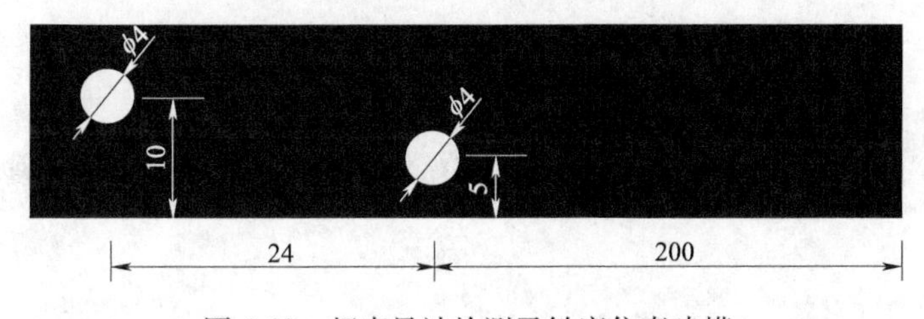

图 4-19 超声导波检测灵敏度仿真建模

4-21 所示，三角形缺陷张角分别为 10°和 20°，缺陷到接收换能器的距离大于 1m。

两个不同张角空心缺陷的超声导波检测仿真信号如图 4-22 所示，根据仿真结果，两种张角的 S2 模式缺陷回波均很明显，张角为 20°时缺陷回波更大，可见 S2 模式的超声导波检测对于这种缺陷也能较好地检出，缺陷张角越大越容易检出。

4）针对 4 号试板中两种不同倾角线形缺陷，使用 Wave2000 软件建立的仿真模型如图 4-23 所示，线形缺陷倾角分别为 10°和 20°，缺陷到接收换能器的距离大于 1m。

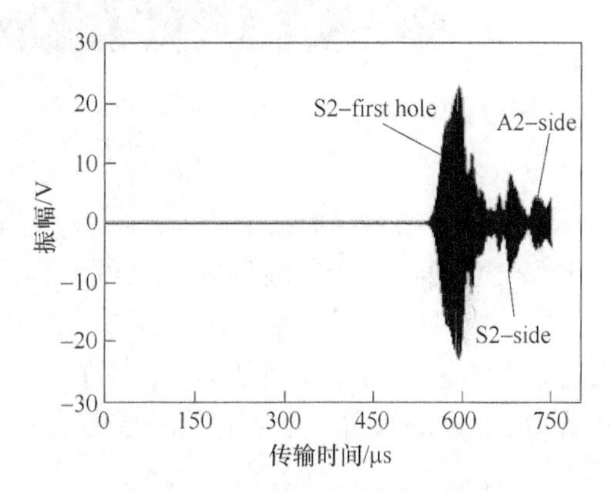

图 4-20 S2 模式检测两个横孔缺陷超声导波检测仿真信号

10° 三角形空心缺陷

20° 三角形空心缺陷

图 4-21 三角形空心缺陷仿真建模

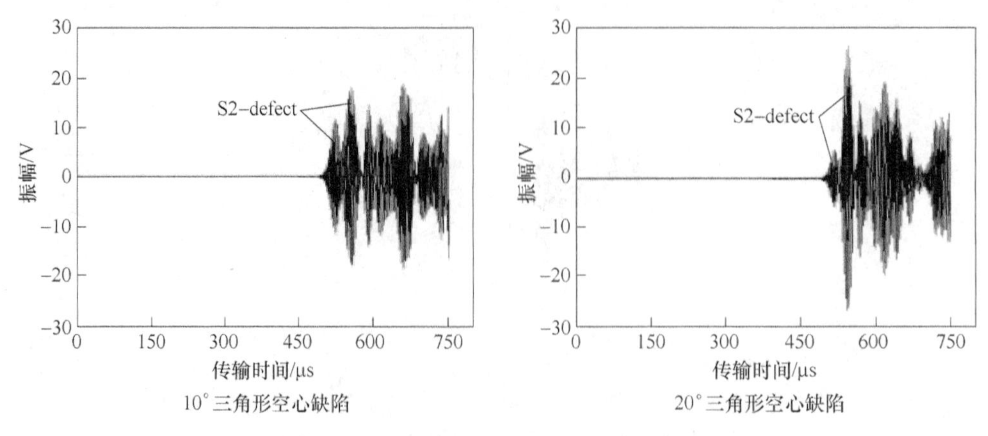

图 4-22　激发为 S2 模式的超声导波检测仿真信号

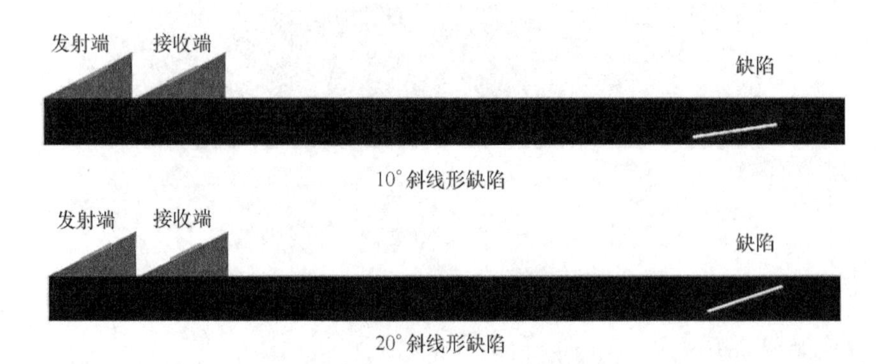

图 4-23　斜线形缺陷仿真建模

两个不同倾角线形缺陷的超声导波检测仿真信号如图 4-24 所示，根据仿真结果，可以看出 S2 模式经过 20°斜线形缺陷后的回波幅值比经过 10°斜线形缺陷后的回波幅值要大很多，幅值大约相差了 2 倍，这是因为 20°斜线形缺陷在垂直方向上的反射接触面更大，所以反射回来的 S2 回波能量更加集中，幅值也更大。而对于 10°斜线形缺陷，因为反射面小，所以随着 Lamb 波的入射，不断有信号反射回来，就会形成图 4-24 左图那样的草状信号。

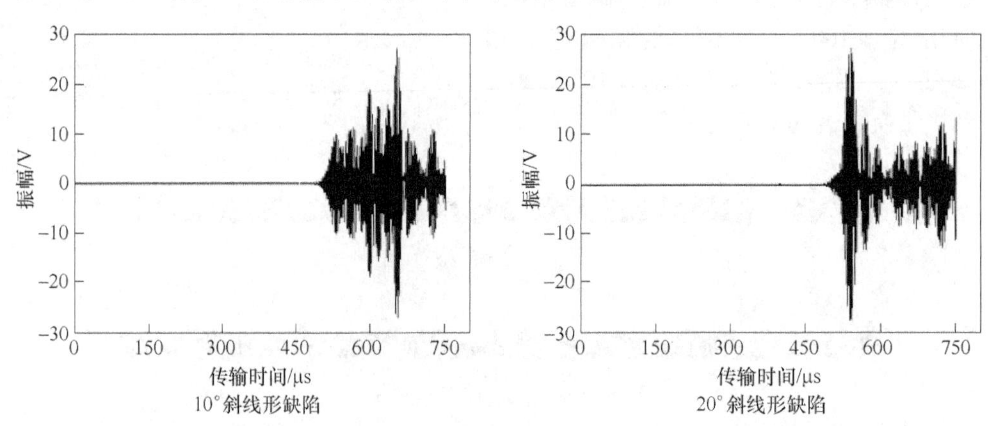

图 4-24　激发为 S2 模式的超声导波检测仿真信号

5）针对 5 号试板中一处台阶状线形槽（模拟具有台阶状开裂特征的钢板内部氢致开裂缺陷），其特征为水平方向上长度分别为 5mm、10mm、25mm，深度方向上形成 3mm 和 5mm 两个台阶。使用 Wave2000 软件建立的仿真模型如图 4-25 所示，缺陷到接收换能器的距离大于 1m。

图 4-25　台阶状缺陷仿真建模

超声导波检测仿真信号如图 4-26 所示，根据仿真结果可以发现 S2 模式对于台阶状缺陷非常敏感，不仅使得端面回波明显下降，而且在缺陷的各个台阶处产生了多个较强的反射信号，有利于缺陷的判别。

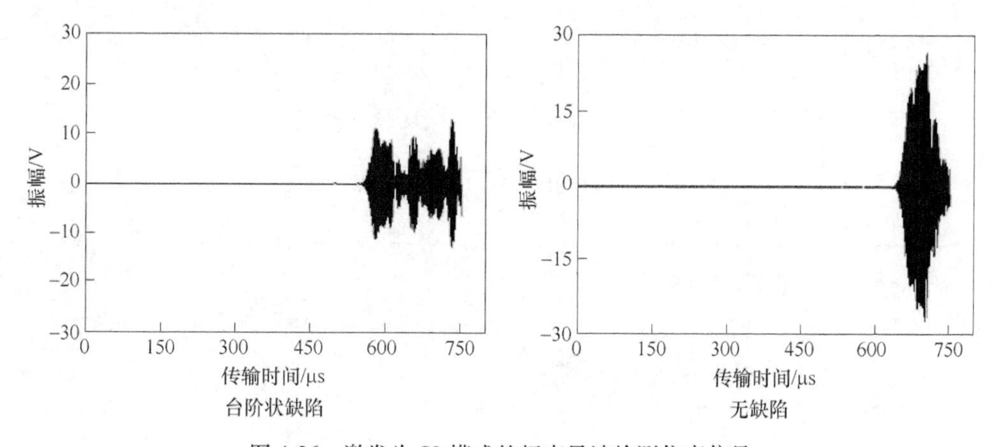

图 4-26　激发为 S2 模式的超声导波检测仿真信号

3. 超声导波检测试验研究

（1）2 号试板超声导波检测试验　根据 Wave2000 软件仿真结果，采用中心频率为 0.375MHz、入射角度为 24.9°的超声导波探头，激发产生主要模式为 S2 的超声导波从外部对 2 号试板中的内壁氢鼓泡缺陷（ϕ20mm 鼓泡，鼓起高度为 10mm，长度为 200mm，如图 4-27 中椭圆部位所示）进行超声导波检测试验。检测仪器采用以色列 SONOTRON NDT 公司生产的 ISONIC 2010 型便携式高频超声导波检测仪。

检测时，在距离氢鼓泡缺陷 100～1000mm 范围处进行超声导波检测，氢鼓泡缺陷的回波均较大，氢鼓泡后面的板端面回波较无缺陷时均明显下降，如图 4-28 所示，可见超声导波对于 ϕ20mm 的内壁鼓泡缺陷有很好的检出能力。

其中，当探头前端距离试板左端为 900mm 沿直线扫描时，扫描距离为 149mm，探头前端距离 ϕ20mm 氢鼓泡最高处的距离为 590mm，距离氢鼓泡表面左右轮廓的距离范围为 580～600mm，距离氢鼓泡内部左右轮廓的距离范围为 578～602mm，其超声导波检测结果如图 4-28a 所示，数据分析见表 4-2。由表可见，超声导波对 ϕ20mm 内氢鼓泡缺陷的检测定位精度较高，误差小于 10.5mm，误差率小于检测距离的 1.8%。

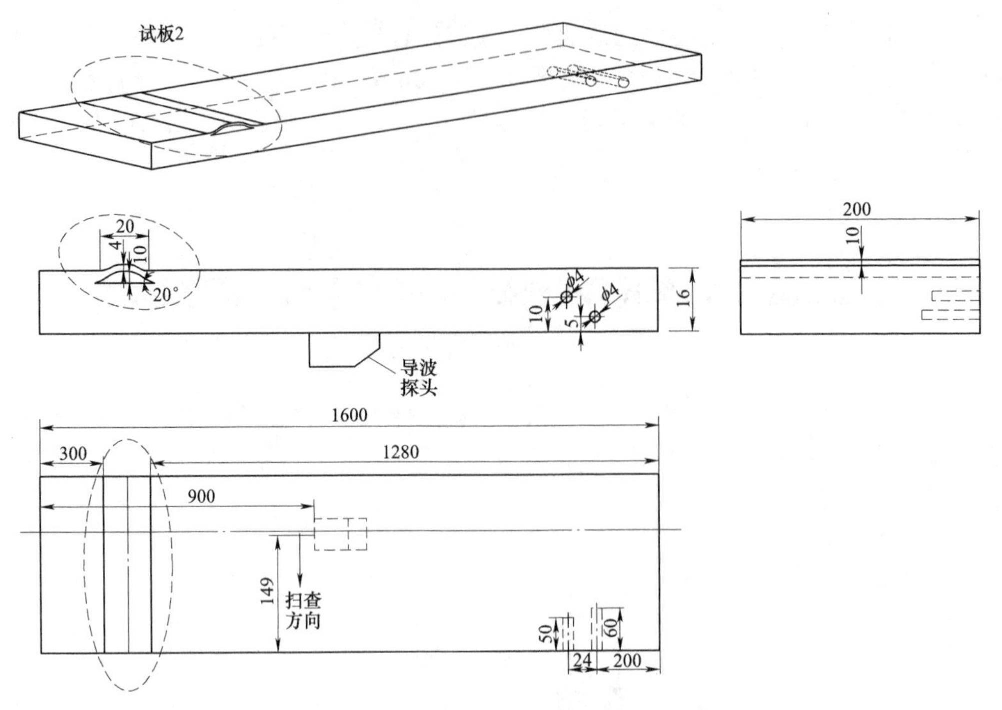

图 4-27　2 号试板内壁氢鼓泡超声导波检测

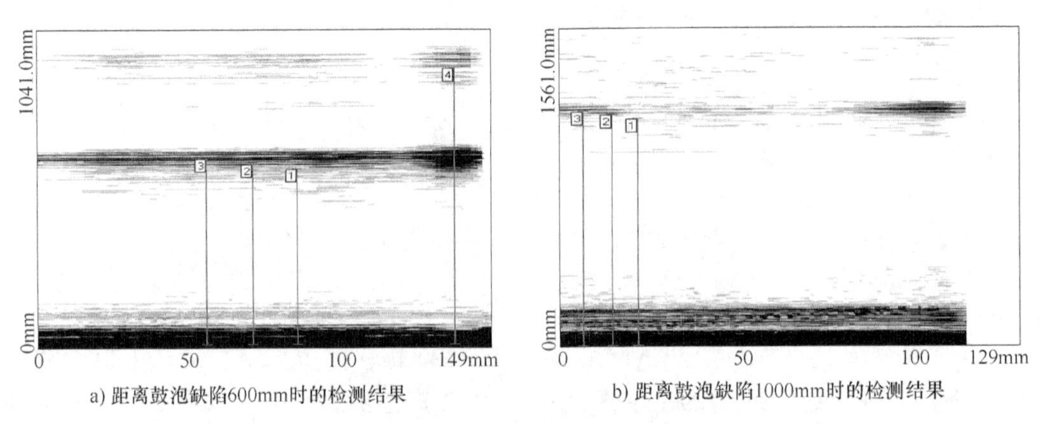

a) 距离鼓泡缺陷600mm时的检测结果　　b) 距离鼓泡缺陷1000mm时的检测结果

图 4-28　2 号试板内壁氢鼓泡不同检测距离时的超声导波检测结果

表 4-2　内壁氢鼓泡缺陷超声导波检测结果

检测对象	探头前端距最近反射体的距离	探头前端距最强反射体的距离	探头前端距最远反射体的距离	探头前端距试板左端面的距离
实际测量值/mm	外部：580 内部：578	590	外部：600 内部：602	900
超声导波检测数据/mm	576.6	592.2	610.5	905.3
误差/mm	外部：-3.4 内部：-1.4	2.2 —	外部：10.5 内部：8.5	5.3 —
误差率（%）	外部：-0.6 内部：-0.2	0.4 —	外部：1.8 内部：1.4	0.6 —

对 2 号试板中的两个不同长度的直横孔缺陷（两个 ϕ4mm 直横孔，间距为 20mm，长度分别为 50mm 和 60mm，如图 4-29 中椭圆部位所示）进行超声导波检测试验。

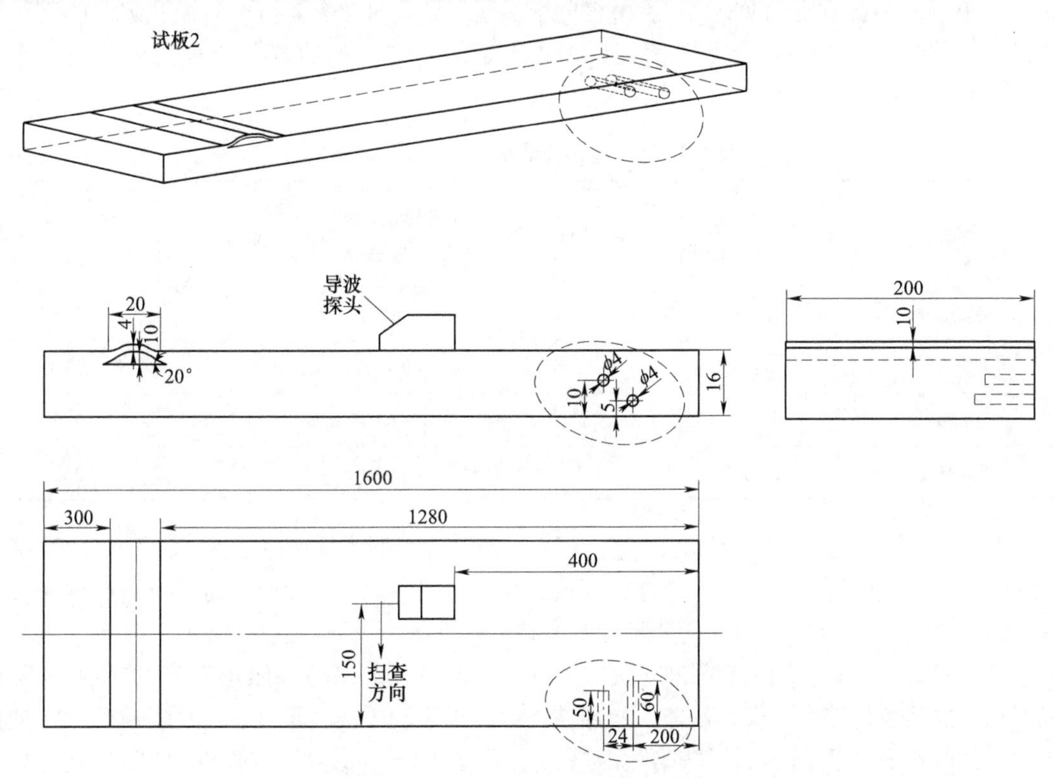

图 4-29　2 号试板两个直横孔缺陷超声导波检测

检测时，分别从距离两个间距为 20mm 的 ϕ4mm 直横孔缺陷 100~1200mm 处进行超声导波检测。两个直横孔缺陷的回波较为明显，氢鼓泡后面的板端面回波减弱到几乎不可见，如图 4-30 所示。可见超声导波对于 ϕ4mm 直横孔缺陷有很好的检出能力，而且能够较好地分辨两个直横孔缺陷，检测距离越近越容易分辨。

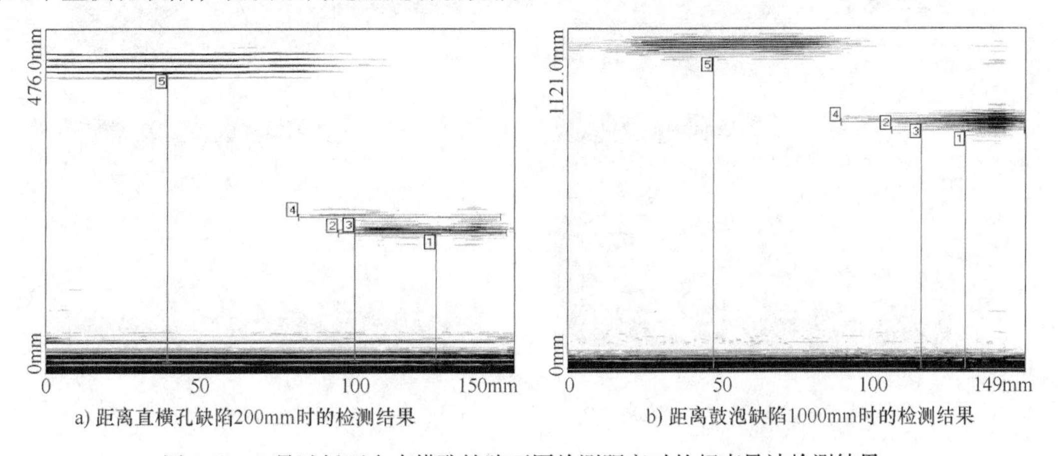

a) 距离直横孔缺陷200mm时的检测结果　　b) 距离鼓泡缺陷1000mm时的检测结果

图 4-30　2 号试板两个直横孔缺陷不同检测距离时的超声导波检测结果

检测时探头前端距离试板右端400mm沿直线扫描，扫描距离为150mm，实测探头前端与50mm长孔中心的距离为176mm，与60mm长孔中心的距离为200mm。超声导波检测结果如图4-30所示，数据分析见表4-3。由表可见，超声导波对两个ϕ4mm直横孔缺陷的定位精度很高，误差小于0.6mm，误差率小于检测距离的0.3%；对直横孔长度的测量精度也较高，误差小于4.7mm，误差率小于直横孔长度的7.8%。

表4-3 两个直横孔缺陷超声导波检测结果

检测对象	探头前端距50mm长孔中心的距离	50mm直横孔长度	探头前端距60mm长孔中心的距离	60mm直横孔长度	探头前端距试板右端的距离
实际测量值/mm	176	50	200	60	400
导波检测数据/mm	176.6	53.8	200.4	64.7	400.8
误差/mm	0.6	3.8	0.4	4.7	0.8
误差率（%）	0.3	7.6	0.2	7.8	0.2

（2）4号试板超声导波检测试验　根据Wave2000软件仿真结果，采用中心频率为0.3MHz、入射角度为24.9°的超声导波探头，激发产生主要模式为S2的超声导波对4号试板中的与表面成10°和20°倾角的线形和空心缺陷进行超声导波检测试验。

试验发现，当缺陷距离探头较近时（小于或等于500mm处），倾角为10°的空心缺陷和线形缺陷的回波均较大，但是缺陷一次回波之后有很多较强的变形波，容易对缺陷判定造成干扰，如图4-31a、b所示。当缺陷距离探头较远时（1000mm处），倾角为10°的空心缺陷和线形缺陷的回波均很小，基本不能检测出。

当缺陷与表面倾角为20°时，无论是空心缺陷还是线形缺陷的反射回波均非常高，而且回波清晰，无变形波的干扰，如图4-31c、d所示。

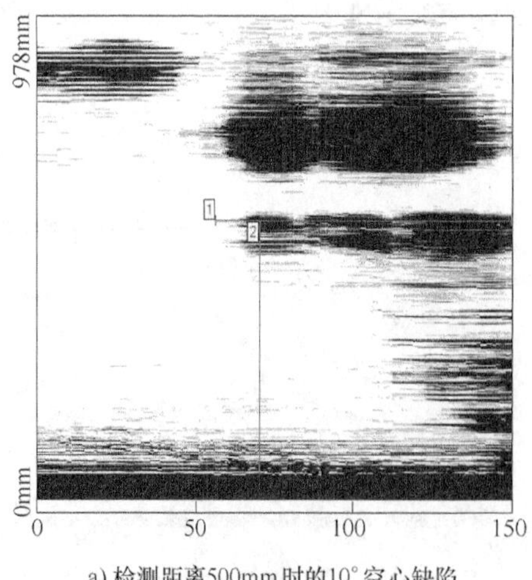

a) 检测距离500mm时的10°空心缺陷

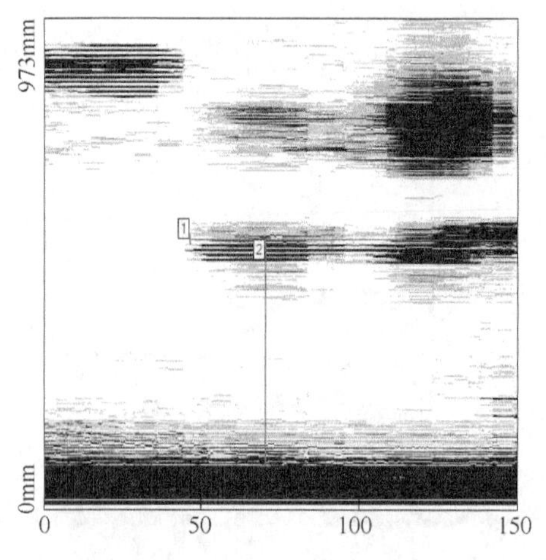

b) 检测距离500mm时的10°线形缺陷

图4-31　4号试板不同倾角的空心和线形缺陷在不同检测距离时的超声导波检测结果

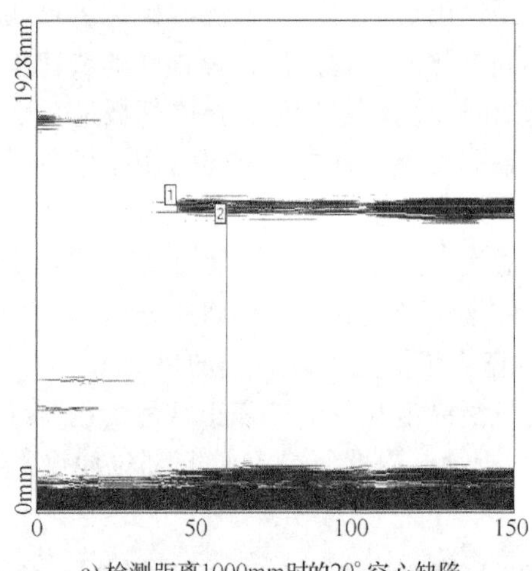

c) 检测距离1000mm时的20°空心缺陷

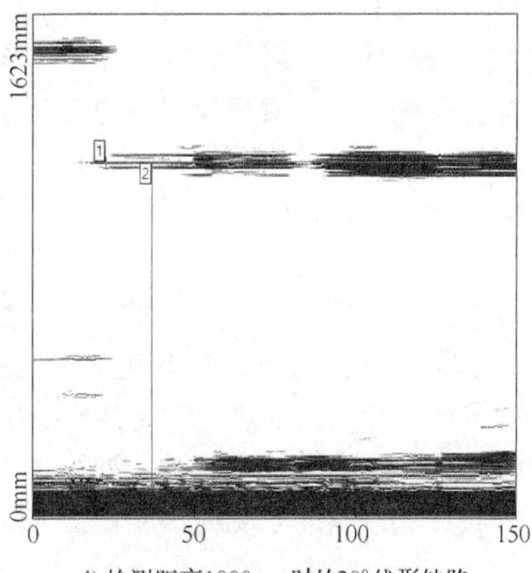

d) 检测距离1000mm时的20°线形缺陷

图 4-31　4 号试板不同倾角的空心和线形缺陷在不同检测距离时的超声导波检测结果（续）

4. 超声导波快速检测小结

对上述人工模拟缺陷试板进行超声导波检测仿真和试验研究，试验采用了仿真得到的最优参数，得到的检测结果与仿真结果吻合很好。在没有保温层或者拆除部分保温层，设备表面打磨除锈，耦合良好的情况下，可以采用超声导波进行快速检测湿硫化氢损伤。

1）超声导波检测可以作为一种适合现场湿硫化氢设备的高效检测方法，可以检测板厚范围为 10~30mm，单次有效扫描覆盖范围达到 1m 的要求。

2）对于氢鼓泡缺陷，超声导波有较高的检测灵敏度，检测距离为 1m 时，能够发现内壁 ϕ20mm 的氢鼓泡缺陷。对于钢板内部与表面成 10°以上倾角的线形缺陷能够很好地检出，对于钢板内部台阶状裂纹也能够很好地检出。

3）检测距离为 1m 时，在超声波传播方向（纵向）上，能够分辨出相距 20mm 的两个 ϕ4mm 直孔缺陷；在探头移动方向（横向）上，能够分辨出两个长度相差 10mm 的 ϕ4mm 直孔缺陷。即超声导波的检测分辨力可以满足横向分辨力达到 30mm，纵向分辨力达到 50mm 的要求。

4.3　其他快速检测方法

为了更好地适应现场快速检测的需求，我们还尝试采用了很多其他快速检测方法，如红外热成像检测和磁记忆检测。通过测试发现这些方法的应用效果均不佳，无法满足现场设备的湿硫化氢损伤快速检测。

4.3.1　红外热成像检测

红外热成像检测是基于测量被检对象温度场的变化来对其状况进行判断的技术，被检对象细微的温度变化能被探测并成像显示，具有使用方便、检测速度快、结果直观等优点。湿硫化氢损伤的特点是由于壳体内部缺陷部位不断积聚的氢气产生氢压使得钢板内部产生开裂或者靠近表面的撕裂及鼓起。损伤部位因有氢气存在，与母材其他正常部位相比温度会存在差异，但差异可能非常微小。理论上来说可以采用红外热成像技术检测湿硫化氢损伤，尽管氢鼓泡部位与母材正常部位温度场存在细微的不同，从而实现湿硫化氢损伤的快速检测。

在常温条件下（检测环境温度为26℃）对循环氢脱硫塔T-1103壳体割板进行了内壁和外壁红外热成像检测，如图4-32a所示。检测效果非常差，基本不能识别出内壁的氢鼓泡，对于壳体割板内部存在的氢致开裂缺陷更是无法检出。分析原因：可能是由于壳体割板在常温状态下早已达到温度平衡状态，即缺陷部位的温度与正常部位几乎无变化，或者变化太小红外热成像仪无法探测出。为了使二者产生较大的温度场差异，我们将割板中一个较大的内壁氢鼓泡部位（直径150mm）和正常部位进行外壁火焰加热处理，均加热到150℃。采用相同的加热参数、相同的加热时间，然后分别对内壁氢鼓泡缺陷部位和正常部位进行红外热成像检测，发现二者存在较大差异，如图4-32b、c所示，内壁氢鼓泡缺陷部位温度场较正常部位低，且加热区域内温度场梯度较正常部位紊乱。

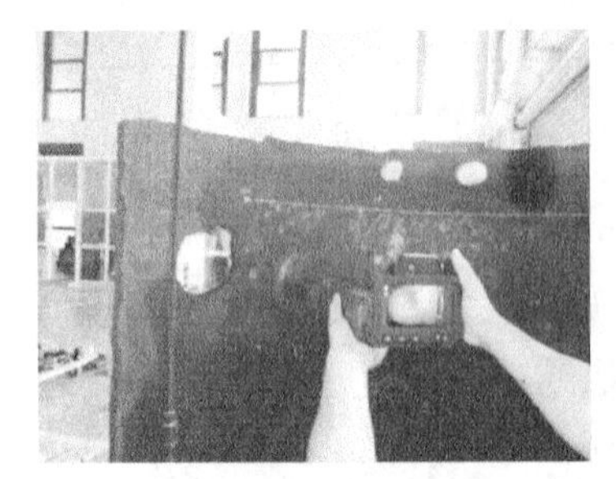
a) 内壁红外热成像检测

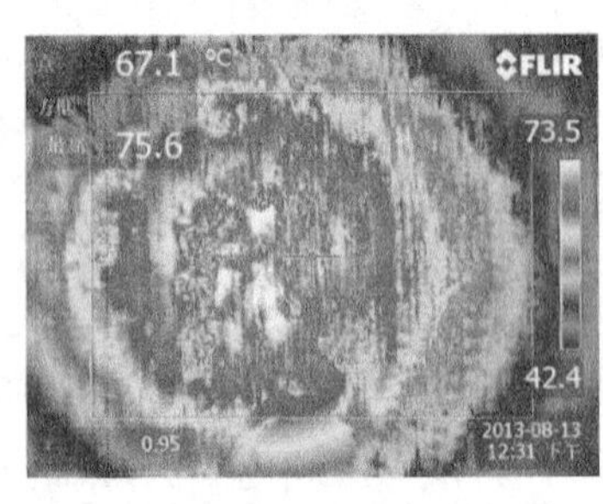

b) 内壁氢鼓泡缺陷部位

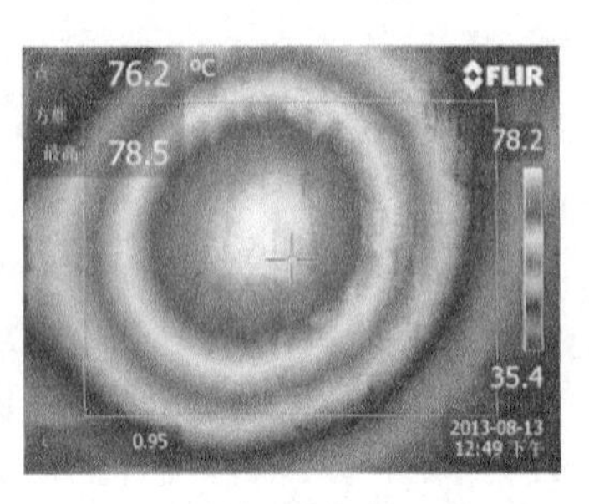

c) 内壁正常部位

图4-32 割板红外热成像检测试验结果

分析原因：由于氢鼓泡内部氢气的存在，使得内壁氢鼓泡缺陷部位的温度升温较正常部位慢，因而温度较正常部位低；同时由于氢鼓泡是钢板靠近表面产生的撕裂和鼓起，氢鼓泡内部不光滑、不规则，呈锯齿形和台阶形形貌，因而在外壁火焰加热时，虽然整体上符合火焰枪加热中心点温度最高，向四周圆形扩散温度逐渐降低的规律，但是氢鼓泡内部的温度变化就比较杂乱。而正常部位的钢板均匀无缺陷，因此加热过程中其温度场符合理论分布特征。可见在温度较高时（75℃以上），直径较大的氢鼓泡的温度场与正常部位的温度场存在肉眼可以识别的红外热成像差异。

为了测试湿硫化氢损伤容器运行状况下的红外热成像检测效果，对某炼油装置中一台已产生外壁氢鼓泡的压力容器进行检测。该容器为一台卧式容器，公称壁厚为10mm，工作温度为常温，在某个筒节大约400mm×500mm的区域内发现测厚异常，壁厚异常值为3~6mm，外壁已有几处明显的小鼓泡可用手的触觉感知，直径约为20mm，该区域中油漆层有部分被破坏。在距离异常区域1.5m左右的地方对其进行红外热成像检测试验，发现该区域的温度场杂乱无章，不能区分哪些地方存在氢鼓泡，如图4-33a所示。将大拇指和食指放到一个氢鼓泡的上下边缘作参考进行检测，基本也无法发现，如图4-33b所示。

由于条件限制，目前的试验表明红外热成像技术对于湿硫化氢损伤的检测效果较差，无法达到工程应用要求。未来采取一些改进措施如设备外部短暂加热激励及采用更高灵敏度和分辨力的红外热成像设备等的检测效果，仍有待进一步试验和研究。

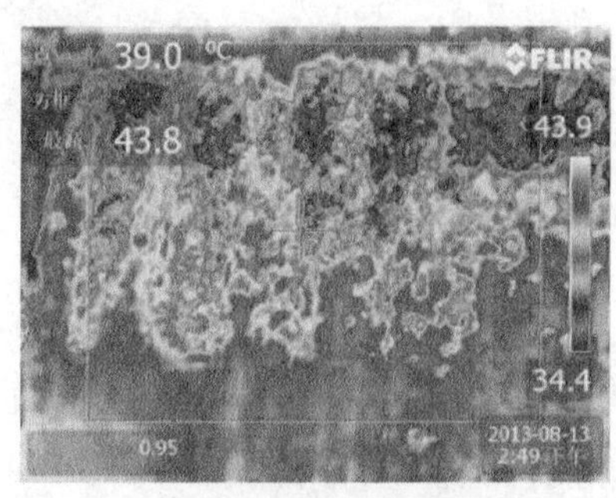

a) 外壁红外热成像检测成像结果

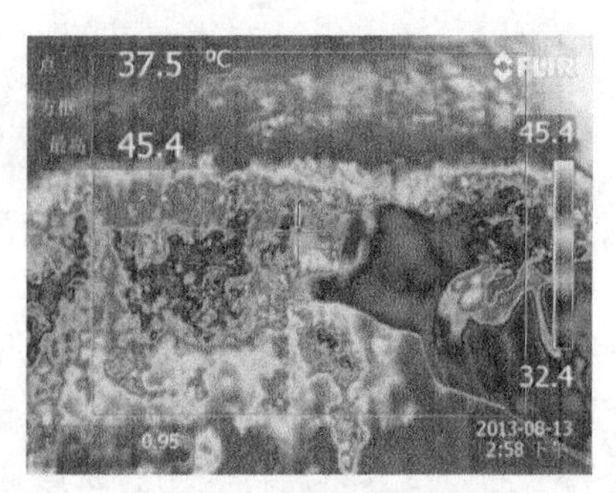

b) 人手作为参考时的成像结果

图 4-33 在用压力容器红外热成像检测试验结果

4.3.2 磁记忆检测

金属磁记忆检测技术是一种利用金属磁记忆效应来检测部件应力集中部位的快速无损检测方法。克服了传统无损检测的缺点，能够对铁磁性金属构件内部的应力集中区，即微观缺陷、早期失效和损伤等进行诊断，防止突发性的疲劳损伤，是无损检测领域的一种新的检测手段。

理论上讲，钢板的湿硫化氢损伤尤其是内外壁的氢鼓泡部位存在较大的应力集中，通过在钢板表面进行磁记忆检测可以发现。为此，我们进行了一项测试，如图 4-34 所示，循环氢脱硫塔 T-1103 壳体割板取下后，从内壁对其中的氢鼓泡及附近区域进行了正交两个方向的磁记忆检测。效果较差，未能检测出大的氢鼓泡附近存在应力集中情况，反倒是小的氢鼓泡附近存在轻微的应力集中。

图 4-34 循环氢脱硫塔 T-1103 壳体割板磁记忆检测

分析原因：可能是因为循环氢脱硫塔 T-1103 壳体割板切割下来后，应力集中得到了释放，也可能是由于大的氢鼓泡处于扩展末期，已达到平衡，没有继续扩展的动力，因而应力集中很小。而小的氢鼓泡处于扩展初期或中期，存在一定的应力集中。对于钢板表面的氢鼓泡缺陷，尤其是尺寸比较大的，肉眼宏观检查就能发现，进行磁记忆检测意义不大，仅在缺陷评估时有用；对于钢板内部的氢致开裂缺陷，由于肉眼无法观察到，因此对它的检测更具有意义。

4.4 各种快速检测方法的适用性

（1）目视宏观检查 目视宏观检查的优点是检测效率高，不受设备条件限制，配合手电筒、触摸等可对内外壁氢鼓泡进行检测。缺点是只能发现表面氢鼓泡，对母材内部的氢致开裂无法检出；而且每次可检测的区域较小，需要拆保温层、搭架子，进入容器内部检查等。

（2）超声测厚　超声测厚的优点是使用方便、灵活，常用来对局部怀疑部位进行壁厚抽检。缺点是检测效率低，容易漏检，壁厚数据不稳定，也无法成像，需要打磨、拆保温层、搭架子，温度不宜过高。

（3）常规超声检测　常规超声检测也用于对怀疑部位进行壁厚抽检，优点是探头比超声测厚探头直径大，测厚数据跳动问题得到较好解决；能够方便获得 A 扫波形，便于观察缺陷回波和底面回波特征和变化，有利于缺陷性质的判定；采用常规纵波直探头可以检测出母材内外壁氢鼓泡及内部与母材表面基本平行的氢致开裂；采用 K1 横波斜探头可以对具有台阶状开裂特征的氢致开裂进行检测。缺点是检测效率较低，容易漏检，也无法成像，需要打磨、拆保温层、搭架子，温度不宜过高。

（4）TOFD 检测　TOFD 检测的优点是检测灵敏度高，可以实现成像检测；检测效率较高。缺点是需要打磨、拆保温层、搭架子，温度不宜过高。

（5）相控阵超声检测　相控阵超声检测的优点是检测结果直观，精度高，可以实现成像检测；搭配轮式相控阵探头可以实现母材的成像检测，检测效率较高。缺点是需要打磨、拆保温层、搭架子，温度不宜过高。

（6）电磁超声检测　电磁超声检测湿硫化氢损伤的优点有很多，如可以在不打磨、不用耦合剂、高温的情况下进行检测，可以实现成像检测；搭配自动爬行装置可以在不搭架子的情况下实现母材大面积检测，检测效率高。缺点是需要拆保温层。

（7）超声导波检测　超声导波检测的优点是检测效率高，可以少拆保温层，少搭架子，可以实现成像检测。缺点是不能区分缺陷在壁厚方向上的位置，不能区分缺陷是氢鼓泡还是氢致开裂，无法对与母材表面基本平行（夹角小于 10°）的氢致开裂进行检测，检测温度不宜过高，且内部有液态介质时衰减较大。

综上所述，考虑现场检测条件，湿硫化氢损伤的快速检测主要采用带自动爬行装置的电磁超声检测方法，同时进行目视宏观检查。必要时采用其他方法，如检测装置不可到达或希望少拆保温层时可采用超声导波检测；局部可疑部位可采用超声测厚、常规超声检测、TOFD 检测等方法。

第 5 章

湿硫化氢损伤的现场诊断

在第 4 章中已经提到，针对湿硫化氢环境中压力容器的检验，其中一个难点是如何对已检出湿硫化氢损伤的部位进行精确测量和缺陷诊断。湿硫化氢环境下服役的压力容器氢致损伤的诊断是石化装置长周期运行所急需解决的问题之一。本章将针对湿硫化氢损伤的诊断技术，主要以相控阵超声检测为主，提供对氢致损伤缺陷的诊断方案，为后续湿硫化氢损伤的在役检测和安全性评估提供支持。

本章先从对人工模拟缺陷试板中已知尺寸的模拟缺陷进行相控阵超声检测入手，测试相控阵超声检测灵敏度和精度，确定检测工艺，总结湿硫化氢损伤的相控阵超声成像图谱规律，然后对内表面含有氢鼓泡和内部氢致开裂的压力容器割板进行相控阵超声检测，最后对现场发现问题的压力容器采用相控阵超声检测进行缺陷诊断。

5.1 人工模拟缺陷的相控阵超声检测

为方便试验检测，设计了三块人工模拟缺陷试板，具体尺寸详见 4.2 节。

试验采用以色列 SONOTRON NDT 公司生产的 ISONIC 便携式 32 通道相控阵超声检测仪，以垂直线性扫描和扇形扫描检测方式对损伤部位进行检测。

垂直线性扫描（简称垂直线扫）检测方式采用 5MHz 的 32 晶片相控阵探头、直楔块和 ODI 编码器，检测参数设置：入射角度为 0°，垂直线扫，激发晶片数量为 8，开始晶片为 14，聚焦深度为 20mm，探头与楔块参数如图 5-1a 所示。

扇形扫描检测方式采用 5MHz 的 32 晶片相控阵探头、斜楔块和 ODI 编码器，检测参数设置：入射角度为 54°，扇形扫描最小角度为 35°，最大角度为 70°，角度步进为 1°，激发晶片数量为 10，开始晶片为 12，聚焦深度为 20mm，探头与楔块参数如图 5-1b 所示。

5.1.1 2 号试板检测试验

图 5-2a 所示为 2 号试板内表面氢鼓泡缺陷检测结果，图中左上方的端面图显示出缺陷的深度信息，右上方的俯视图显示出扫描方向上缺陷的长度和宽度信息，俯视图下方的侧视图显示出扫描方向上缺陷的深度和长度信息，侧视图下方的 B 扫截面图显示出某一扫描位置的缺陷深度信息。检测时相控阵探头位于缺陷背面，模拟从外表面检测内表面氢鼓泡，探头横跨缺陷上方放置，扫描方向与缺陷长度方向平行。图 5-2b 所示为两个直横孔缺陷检测结果，探头横跨缺陷上方放置，扫描方向与缺陷长度方向平行。

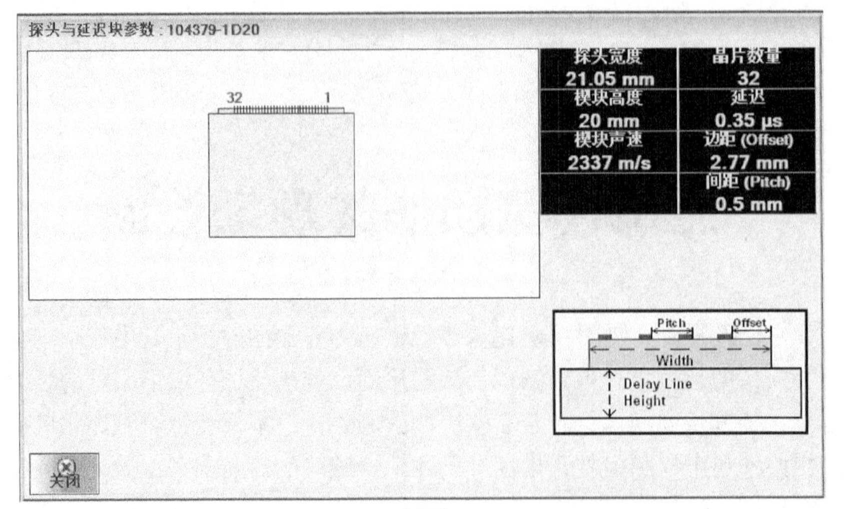

a) 直楔块

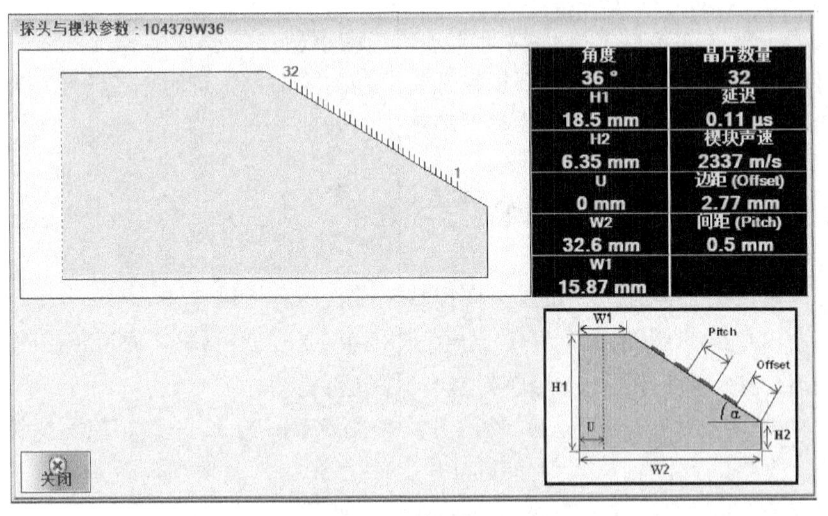

b) 斜楔块

图 5-1　探头与楔块参数设置

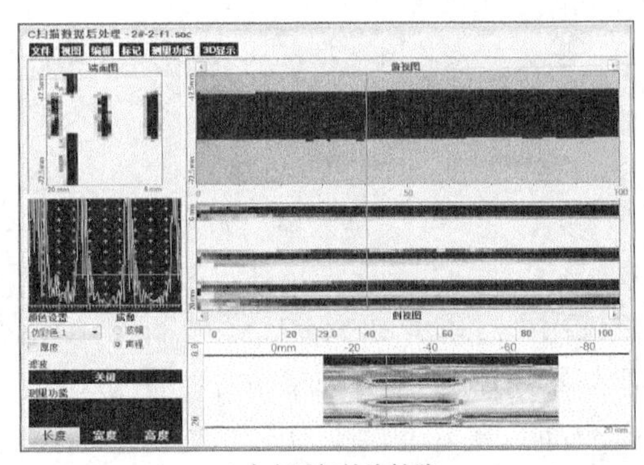

a) 内表面氢鼓泡缺陷

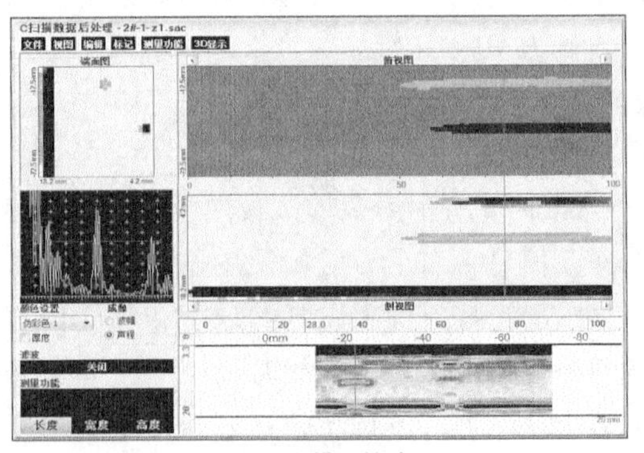

b) 两个直横孔缺陷

图 5-2　2 号试板相控阵超声检测结果

2 号试板中表面氢鼓泡缺陷空腔的上表面为平面，下表面向外鼓起一定高度。所以理论上超声波反射回来的第一个较强的回波信号即为空腔的上表面反射信号，而且应该为平直的回波图像，之后还会有该回波信号的多次回波图像显示。从图 5-2a 的相控阵超声缺陷图谱中可以很直观地观察到空腔的上表面反射信号显示，无论在端面图、侧视图中，还是在 B 扫截面图中均显示为平直线，之后还有空腔上表面反射信号的二次和三次回波显示。同时由于缺陷空腔上表面的阻隔，探头接收不到底面回波信号，因此端面图、侧视图及 B 扫截面图均显示钢板底面回波完全断开了。而直横孔缺陷主要为了测试相控阵超声检测分辨力，通过图谱分析发现相控阵超声检测对于孔型缺陷三维分辨力也很高，孔型缺陷部位钢板的底面回波仅减弱，没有消失。

对 2 号试板相控阵超声检测的精度进行分析，结果见表 5-1。可见对于规则人工缺陷，相控阵超声检测的精度相当高，缺陷的三维尺寸测量精度误差不超过 1.5mm。

表 5-1　2 号试板相控阵超声检测精度　（单位：mm）

缺陷名称	缺陷尺寸			
	缺陷深度		缺陷长度	缺陷宽度
表面鼓泡缺陷	加工值	6.8	200	25.0
	图谱测量值	6.5	198.5	25.2
直孔缺陷	加工值	5/10	60/50	$\phi4/\phi4$
	图谱测量值	4.8/10.3	60.5/49.2	3.9/4.0

5.1.2　4 号试板检测试验

4 号试板中缺陷的检测结果如图 5-3 所示。图 5-3a、c 分别为与表面成 10°倾角的线形和

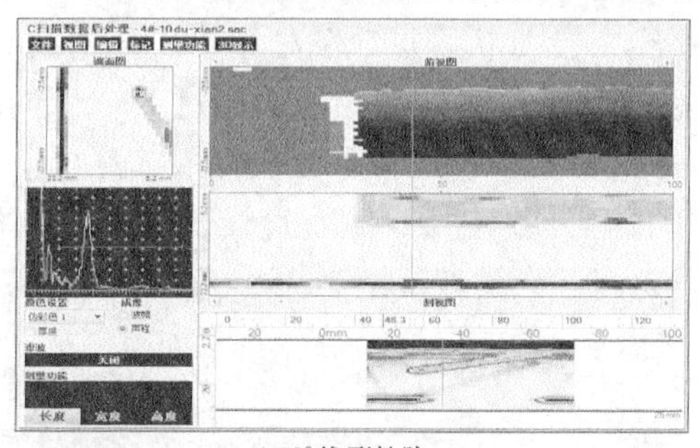

a) 10°线形缺陷

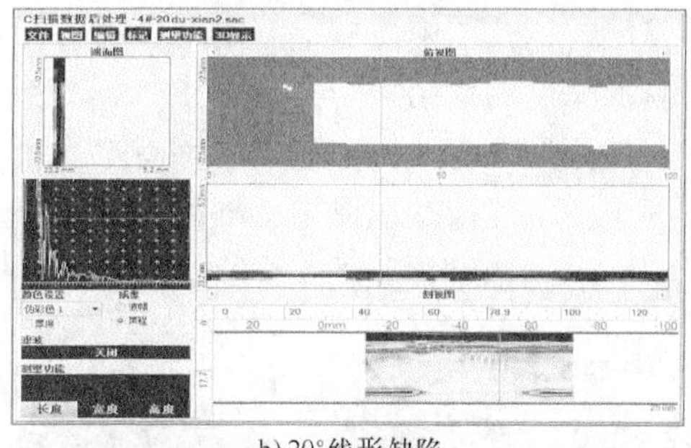

b) 20°线形缺陷

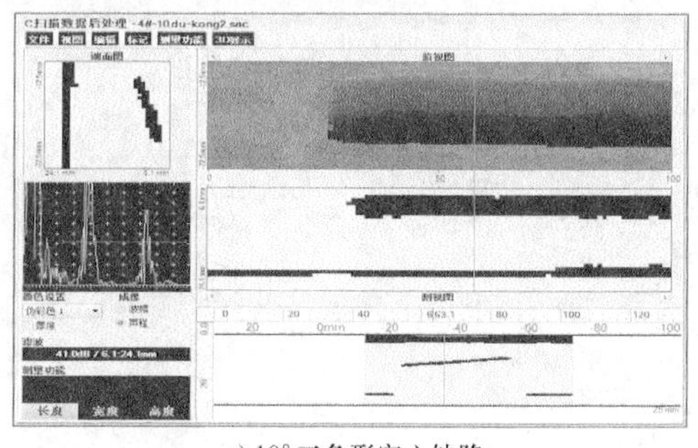

c) 10°三角形空心缺陷

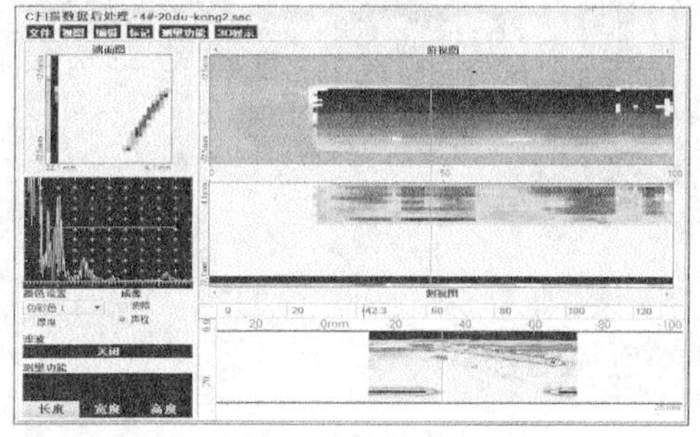

d) 20°三角形空心缺陷

图 5-3　4 号试板相控阵超声检测结果

三角形空心缺陷检测结果，检测时探头横跨缺陷上方放置，扫描方向与缺陷切割深度方向平行。图 5-3b、d 分别为与表面成 20°倾角的线形和三角形空心缺陷检测结果，探头横跨缺陷上方放置，扫描方向与缺陷切割深度方向平行。经测量和计算得到图 5-3a、c、d 中缺陷相对于试板表面的倾角分别为 10. 5°、10. 3°、19. 8°。图 5-3b 因探头没有接收到缺陷回波，故无法测量缺陷倾角。

可见相控阵超声检测对于倾斜线形缺陷的检测也是非常适合的，检测精度也很高，能够清晰显示出缺陷的分布情况。当倾角为 10°时，缺陷回波较高，钢板底面回波完全断开，缺陷的倾角也可方便地从端面图中测量计算得到。当倾角为 20°时，因倾角较大，缺陷回波基本不能被探头接收到，钢板底面回波完全断开。可以通过观察底面回波和缺陷回波的情况对缺陷的倾角和走向进行判断。

5. 1. 3　5 号试板检测试验

为了得到钢板内部具有台阶状开裂特征的氢致开裂及钢板内部分层缺陷的检测相控阵超声检测图谱特征，设计制作了 5 号试板，图样详见图 4-3。在 13mm 深度处加工了三处缺陷，分别为台阶状线形槽（台阶长度分别为 25mm、10mm、5mm，台阶高度分别为 5mm 和 3mm）、水平线形槽（长度为 25mm）、与表面成 8°的倾斜线形槽（长度为 25mm），试板照片如图 5-4 所示。

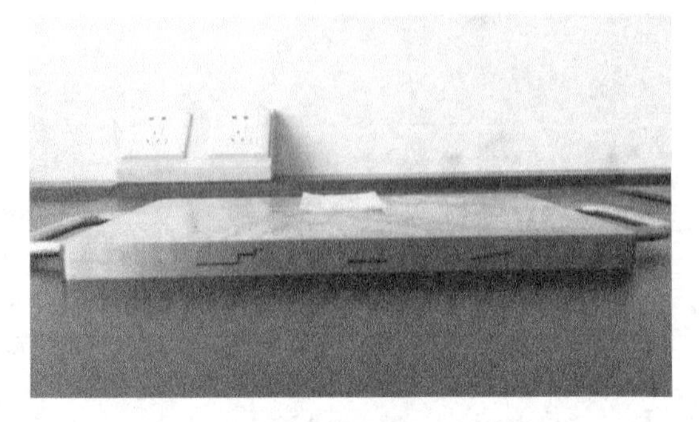

图 5-4　5 号试板照片

垂直线扫检测结果如图 5-5 所示。图 5-5a 所示是缺陷数据后处理图谱，可见对于台阶状线形缺陷，侧视图中可以很清楚地显示出三个平台，台阶状线形缺陷处钢板底面回波断开，各平台的深度测量结果与实际加工数据相差不超过 0. 5mm，长度相差不超过 1mm，同时发现较浅的两个平台一次回波之后均有二次甚至三次回波信号。水平线形槽和与表面成 8°的倾斜线形槽均能清楚地成像，缺陷处底面回波断开。图 5-5b 所示是垂直线扫得到的缺陷 3D 显示。扇形扫描结果如图 5-6 所示，扇形扫描时超声波束角度范围为 35°～70°，因此在氢致

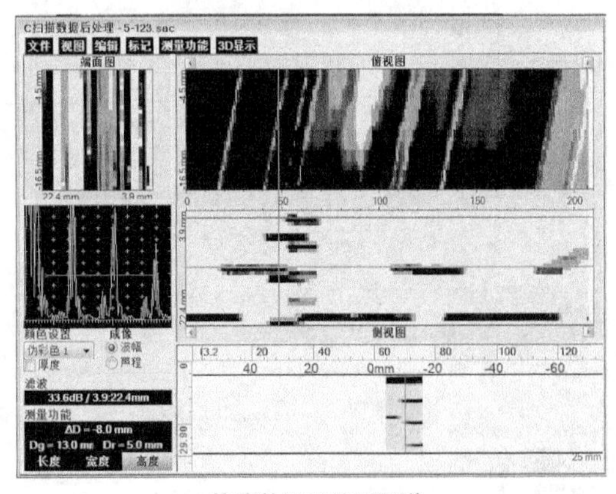

a) 缺陷数据后处理图谱

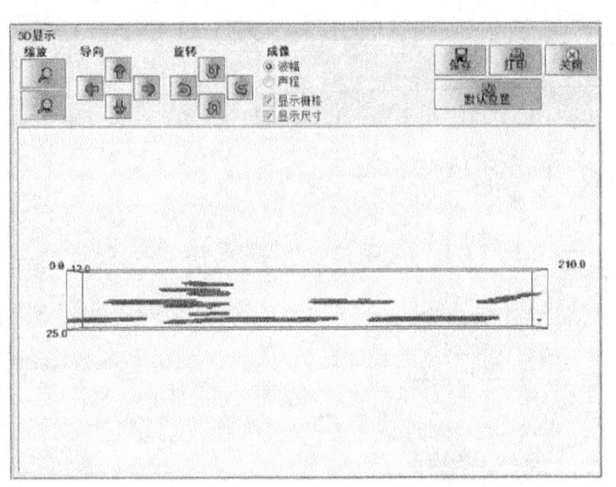

b) 缺陷3D显示

图 5-5　5 号试板相控阵超声垂直线扫检测结果

开裂的台阶状裂纹部位产生很强的端角回波，倾斜线形槽的回波次之，水平线形槽的回波最小。

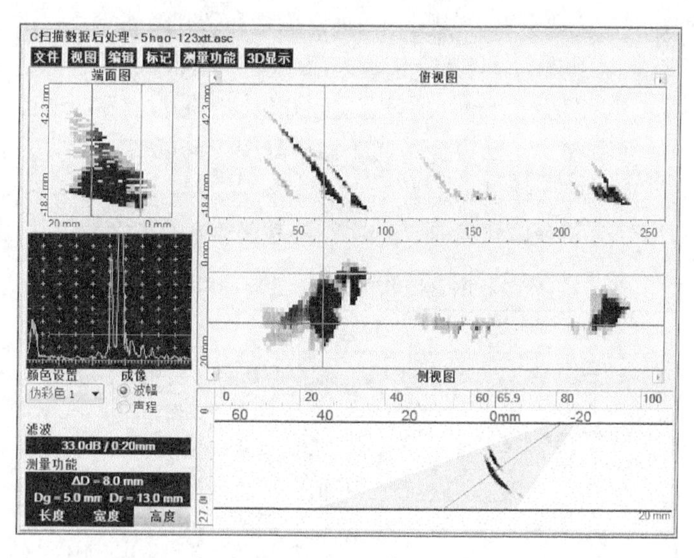

图 5-6　5 号试板相控阵超声扇形扫描检测结果

综上，通过对三块人工模拟缺陷试板中多个人工缺陷进行相控阵超声检测试验，发现相控阵超声检测技术可以对人工氢致损伤形貌进行精确测量，能够 3D 成像，且检测精度很高，缺陷 3D 尺寸的检测精度均不超过 1.5mm。

5.2　湿硫化氢损伤的相控阵超声检测图谱特征

在 5.1 节中，人工模拟缺陷的相控阵超声检测图谱特征已经获得。真实的湿硫化氢损伤往往比较复杂，不是单纯的线形、规则的缺陷，因此必须结合实际缺陷的成因和真实形貌来总结湿硫化氢损伤的相控阵超声检测图谱特征。湿硫化氢宏观损伤主要包括氢鼓泡、氢致开裂，这应该区分于分层这一钢板中的原始缺陷。

分层是钢板坯料中缩孔、夹渣等在轧制过程中未熔合而形成的缺陷，一般分布于钢板中部或者偏中部，大多平行于钢板表面。分层破坏了钢板的整体连续性，影响了钢板厚度方向的抗拉强度。不仅如此，分层部位还容易造成扩散到钢板中的氢原子积聚，从而非常容易诱发氢鼓泡或氢致开裂等严重损伤。

根据经典超声波理论，超声波通过异质薄层时的声压反射率和透射率不仅与介质声阻抗和薄层声阻抗有关，而且与薄层厚度同其波长之比有关。对于均匀介质中的异质薄层，当薄层厚度为其半波长的整数倍时，超声波全透射，几乎无反射，好像不存在异质薄层一样；当薄层厚度为其四分之一波长的奇数倍时，声压透射率最低，声压反射率最高。一般情况下，钢板中自然分层缺陷的间隙非常小，可以看成钢-空气-钢的均匀介质中的异质薄层，因此超声检测分层缺陷时，分层的间隙直接决定着超声波透过分层空气间隙的声压透射率，也就是决定着钢板底面回波高度。

当分层间隙极小时，可能同时有分层回波和钢板底面回波；当分层间隙较大时，只有分层回波而没有钢板底面回波。当间隙较大的分层缺陷距离探头检测面较近时，还会形成该分层缺陷的多次回波信号。

钢板中的氢致开裂缺陷要分两种情况，一种情况是开裂间隙非常小，类似于极薄的分层缺陷，不仅有氢致开裂缺陷回波，而且还有钢板底面回波，底面回波减弱但是没有断开；另一种情况是开裂间隙较大，已经形成空腔，则只有氢致开裂缺陷回波，钢板底面回波会断开。

氢鼓泡空腔中的间隙较大，已完全不同于钢板分层中的薄层，因此一般情况下只有氢鼓泡空腔上部的回波，钢板底面回波会断开。

综上可以总结出分层和湿硫化氢损伤的相控阵超声检测图谱特征，见表 5-2。

表 5-2　分层和湿硫化氢损伤的相控阵超声检测图谱特征

		缺陷回波情况				底面回波情况
		A 扫波形	B、D 扫成像	C 扫成像	扇形 S 扫	
分层	间隙非常小	波幅较高，毛刺较少	平直	较大面积、连续、成像颜色均匀	无	降低
	间隙较大	波幅很高，毛刺较少	平直，多次回波	较大面积，连续，成像颜色均匀	反射信号很小	断开
氢致开裂	间隙非常小	波幅不高，毛刺较多	不直，分布于靠近钢板中部不同深度	分散，不规则，成像颜色不均匀	较弱的端角反射信号	降低
	间隙较大	波幅较高，毛刺较多	不直，分布于靠近钢板中部不同深度	分散，不规则，成像颜色不均匀	很强的端角反射信号	断开
氢鼓泡	尺寸较小，密集	波幅较高，毛刺较多	不直，分布于靠近钢板表面不同深度	分散，不规则，成像颜色较均匀	较强的端角反射信号	断开和正常底面回波交替出现
	尺寸较大，单个	波幅很高，毛刺较多	不直，分布于靠近钢板表面不同深度	一定面积，连续，成像颜色较均匀	很强的端角反射信号	断开

5.3　湿硫化氢损伤压力容器割板的相控阵超声检测

真实的湿硫化氢损伤检测研究更有意义，因此从多台已经发现氢鼓泡和氢致开裂的压力容器上割取一部分典型的损伤部位开展相控阵超声检测试验。

1. 以钢丝为导向对循环氢脱硫塔 T-1103 割板的检测

因割板面积较大，为了研究的精确度和便于定位，在割板的内外壁分别标注好 X 轴、Y 轴直角坐标系，且二者的 0 点对应，如图 5-7 所示。检测时根据 X 轴、Y 轴直角坐标系在压力容器上安置一条扫描路径导向钢丝，确保探头沿着钢丝进行扫描。

试验采用以色列 SONOTRON NDT 公司生产的 ISONIC 2009 型便携式 64 通道相控阵超声检测仪，搭配 64 晶片的 5MHz 相控阵探头、直楔块和 ODI 编码器，以垂直线性扫描方式对循环氢脱硫塔 T-1103 壳体割板损伤部位外壁进行 A+B+D+C 扫描成像检测。相控阵探头覆

外壁直角坐标系

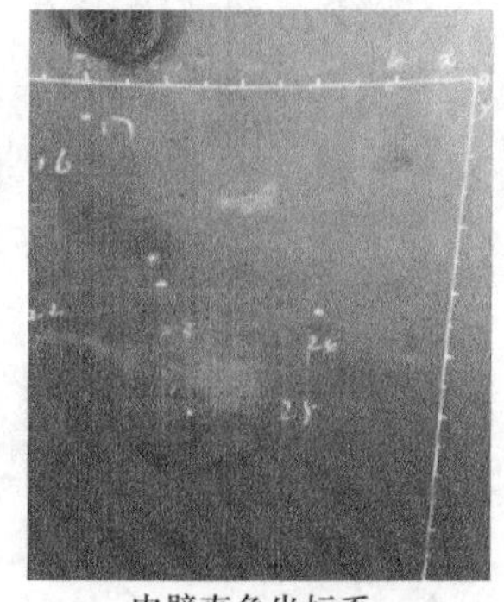

内壁直角坐标系

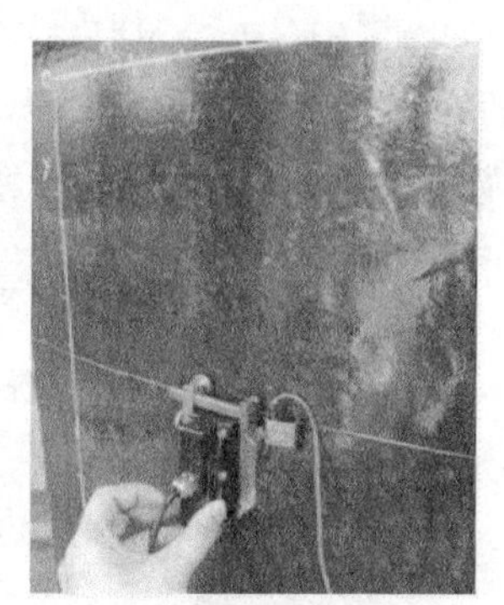

探头沿导向钢丝扫描

图 5-7 循环氢脱硫塔 T-1103 割板相控阵超声检测试验

盖的宽度为 60mm，从上往下依次扫描了 14 条数据，每条数据长度约为 1500mm，即整个检测范围为 840mm×1500mm。

从原始数据中看出，该割板整个扫描范围内存在着大量严重的缺陷，缺陷的 A 扫波幅较高、毛刺较多；B、D 扫成像中分布着较多、不直、分布于钢板中部靠近内壁不同深度的缺陷；C 扫成像中分散着大量不规则、成像颜色不均匀的缺陷，底面回波时而断开，时而减弱；进行扇形 S 扫时发现某些部位还存在很强的端角反射信号。综合诊断认为钢板中存在大量氢致开裂缺陷，基本可以排除缺陷为钢板内部分层的可能性。某个局部区域的原始 C 扫数据如图 5-8 所示，色差与缺陷回波当量对应。

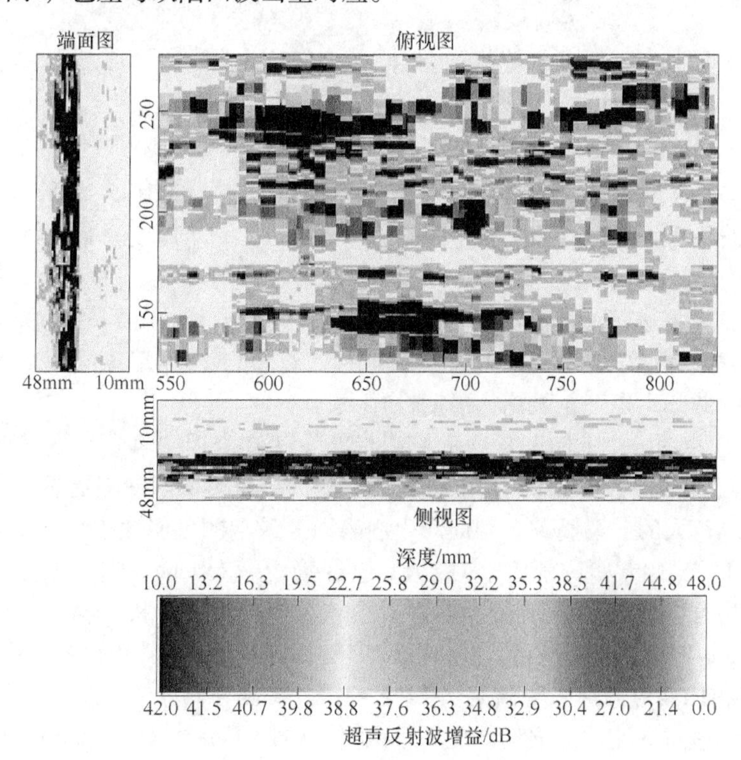

图 5-8 原始 C 扫数据（截取范围 175mm×275mm）

进一步对原始C扫数据进行当量滤波（滤波等级为40dB）分析，如图5-9所示，色差与缺陷回波当量对应。从滤波数据中看出，该割板中存在较多间隙较大的氢致开裂（回波当量非常大），在靠近内壁的氢致开裂密集区域很容易形成内壁氢鼓泡。

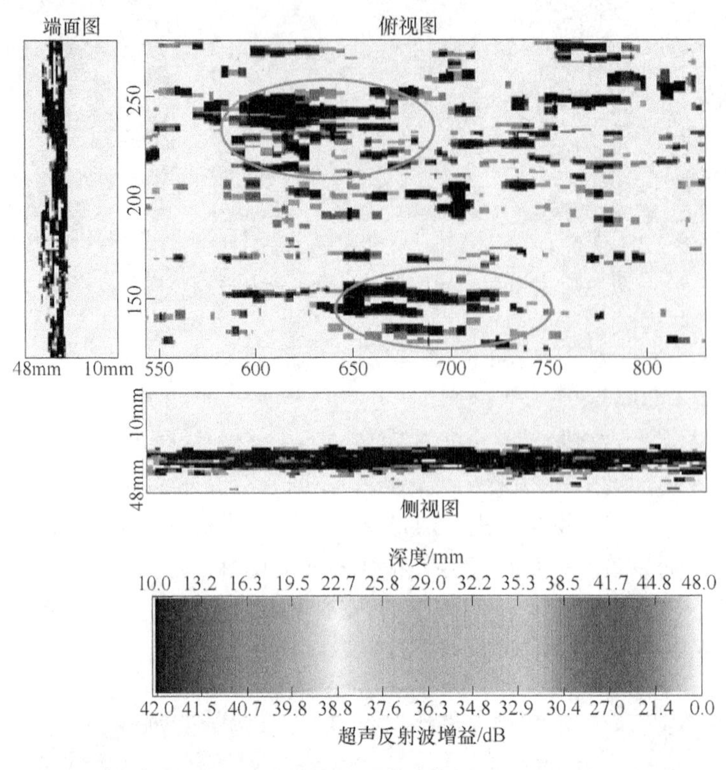

图5-9　当量滤波C扫数据（截取范围175mm×275mm）

对原始C扫数据进行深度滤波（滤波等级为0~27mm），如图5-10所示，色差与缺陷深度对应。从滤波数据中看出，该割板中距离外壁27mm（一半厚度）以内的氢致开裂较少且不密集，因此产生外壁氢鼓泡的可能性不大。

对原始C扫数据进行深度滤波（滤波等级为27~54mm），如图5-11所示，色差与缺陷深度对应。从滤波数据中看出，该割板中距离内壁27mm（一半厚度）以内的氢致开裂缺陷很多且密集，因此产生内壁氢鼓泡的可能性很大。

对B扫和D扫图像中的缺陷深度进行测量，发现该割板中氢致开裂深度分布范围主要为20~45mm，集中在30~40mm，与电磁超声检测的结果类似。缺陷更靠近内壁，有些密集的区域已经形成较大的分离间隙，因而产生内表面氢鼓泡的可能性非常大。实际上，割板内壁已经形成了11处不同大小的较大氢鼓泡，直径为50~260mm，这与相控阵超声检测数据的分析结果相吻合。将14条检测数据通过拼图软件进行合并分析，合成为一幅整板超声相控阵C扫数据，再进行缺陷分析得到整板缺陷分布的3D图像，如图5-12所示。

2. 用数控扫描架对循环氢脱硫塔T-1103割板的检测

为了更精确地对湿硫化氢损伤部位进行测量，研制了一个*X*、*Y*双轴数控扫描架，相控阵探头通过夹持机构固定在扫描架上，通过四个磁性滚轮吸附在筒体上，其*Y*轴沿丝杠运动，可调节的最大行程为300mm，最小步进为0.5mm，通过转动手轮完成*Y*轴方向上的扫

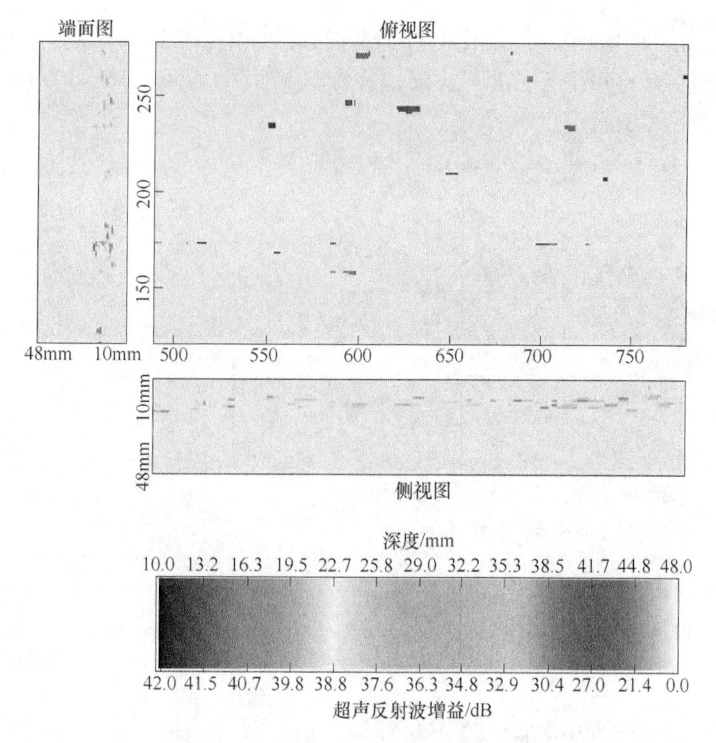

图 5-10 深度滤波（0~27mm）C 扫数据（截取范围 175mm×275mm）

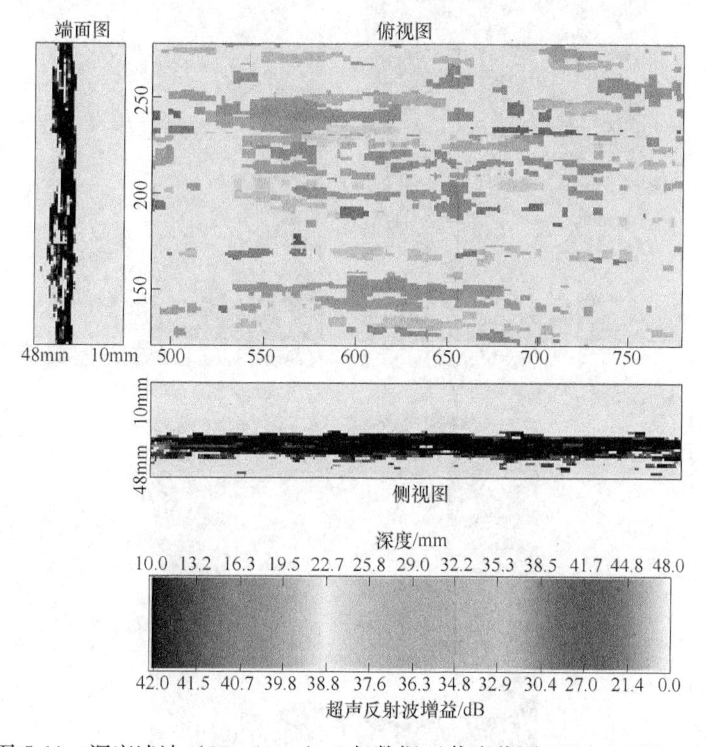

图 5-11 深度滤波（27~54mm）C 扫数据（截取范围 175mm×275mm）

描步进；*X* 轴为扫描方向，通过电动机驱动或手动推行进行扫描，多条检测数据通过专门的拼图软件进行拼图处理后再进行分析。

采用这种扫描架对循环氢脱硫塔 T-1103 割板进行相控阵超声检测，对割板内壁一处较大的氢鼓泡部位进行外壁相控阵超声检测，检测区域大小为 400mm×305mm，共扫描五条数据，检测部位如图 5-13 所示。

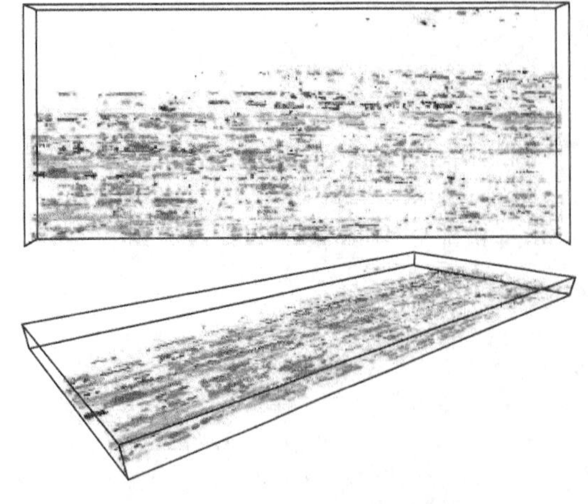

图 5-12　整板缺陷分布的 3D 图像

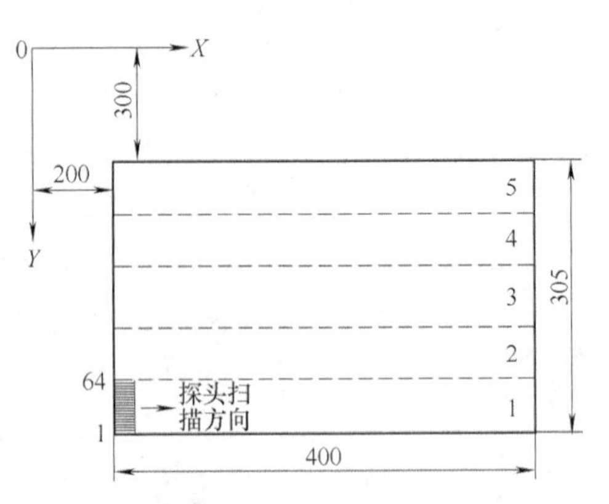

图 5-13　用数控扫描架时循环氢脱硫塔 T-1103 割板外壁相控阵超声检测部位

检测过程如图 5-14 所示。由图 5-14b 可知，扫描架检测部位基本包含一个完整的大氢鼓

a) 检测过程

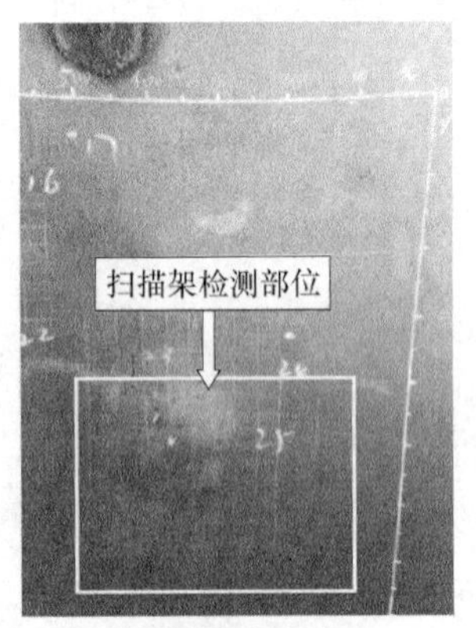

b) 检测部位(内壁)

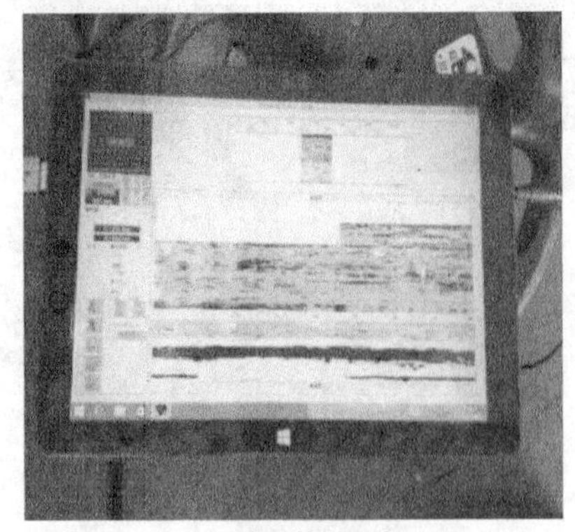

c) 检测数据图像

图 5-14　循环氢脱硫塔 T-1103 割板数控扫描架相控阵超声检测

泡，检测部位的上部位于氢鼓泡上边缘以上一段距离，下部刚好与氢鼓泡下边缘相切，这样是为了更好地对大氢鼓泡的形貌特征进行全面检测。对检测数据采用专门的拼图软件拼图后分析，结果如图 5-15 所示（彩图见书后插页）。进一步得到检测区域内缺陷的 3D 图像，如图 5-16 所示。

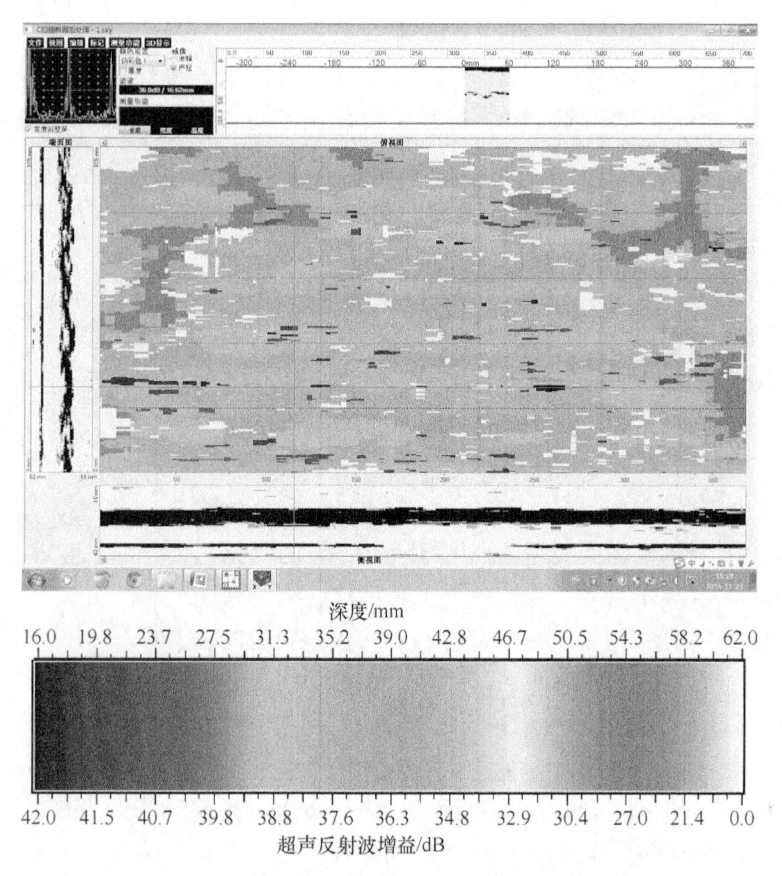

图 5-15　循环氢脱硫塔 T-1103 割板数控扫描架相控阵超声检测拼图结果

注：彩图见书后插页。

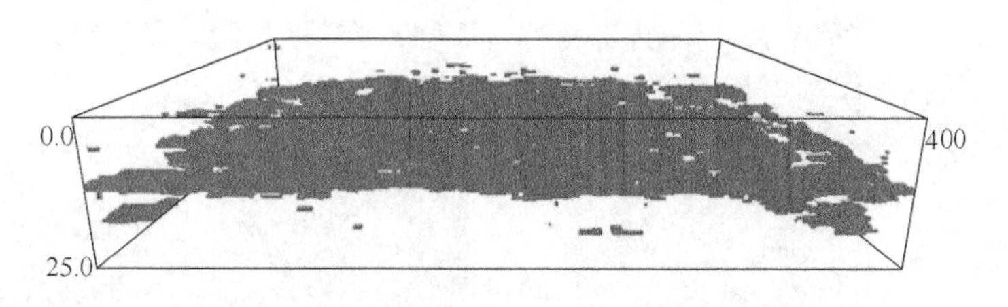

图 5-16　T-1103 割板检测区域内缺陷的 3D 图像

由图 5-15 中俯视图（C 扫）可知，缺陷分布占整个检测区域的比例很大，深度集中在 32~40mm（绿色区域），红色区域表示壁厚正常位置，很少的蓝色区域表示缺陷深度较浅（20mm 左右），还有一些白色区域，表示缺陷回波和底面回波均很低，说明钢板内部存在着一些倾斜角度较大（大于 20°）或台阶状的缺陷。

C 扫图像中红色区域主要分布于检测区域的上部边缘，为大氢鼓泡的上边界区域。

在检测区域的下部基本为绿色，很少出现红色，说明下部主要为大氢鼓泡缺陷内部的宏观撕裂，未到达大氢鼓泡的下边界区域。这些特征与图 5-14b 中的内壁大鼓泡照片相符。

检测区域下部基本为缺陷回波显示区域，说明此区域内缺陷已形成了较大的间隙，导致底面回波不可见。同时缺陷回波 C 扫成像中缺陷具有一定面积，连续，成像颜色较均匀；B、D 扫成像不直，分布于靠近钢板内表面不同深度；A 扫波形波幅较高、毛刺较多，说明氢鼓泡内部为宏观的撕裂，其表面存在较多的台阶状开裂。这些特征与大氢鼓泡的特征非常吻合。

3. 用数控扫描架对干气脱硫吸收塔 T-306 割板的检测

采用扫描架对干气脱硫吸收塔 T-306 割板进行外壁相控阵超声检测，检测区域大小为 200mm×244mm，共计扫描 4 条数据，检测部位如图 5-17 所示，检测过程如图 5-18a 所示。

对检测数据采用专门的拼图软件拼图，如图 5-19 所示（彩图见书后插页）。进一步得到检测区域内缺陷的 3D 图像，如图 5-20 所示。

由图 5-19 中俯视图（C 扫）可知，缺陷分布占整个检测区域的比例大约为 50%，深度集中在 10～15mm（绿色区域）；红色区域表示壁厚正常的位置；还有一些白色区域，表示缺陷回波和底面回波均很低，说明钢板内部存在着一些倾斜角度较大（大于 20°）或台阶状的缺陷。

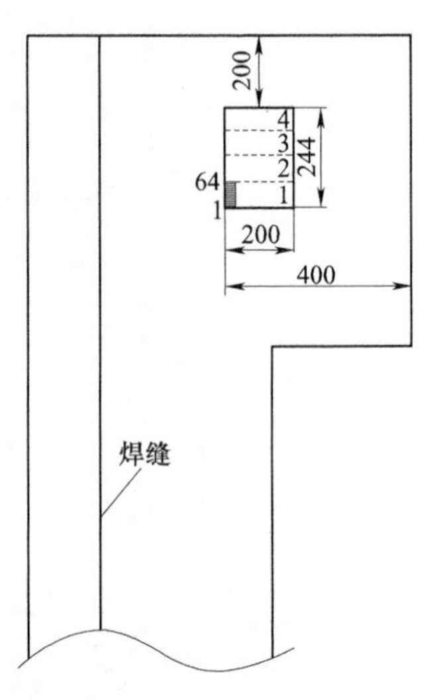

图 5-17　用数控扫描架时干气脱硫吸收塔 T-306 割板外壁相控阵超声检测部位

分析发现缺陷 A 扫波形的波幅较高，毛刺较多；B、D 扫成像中缺陷不直，分布于钢板中部靠近内表面不同深度；C 扫成像中缺陷分散，不规则，成像颜色较均匀，C 扫图像中红色区域和绿色区域交替出现，说明底面回波时而断开，时而正常；在检测区域内进行扇形 S 扫发现较强的端角反射信号且波幅变化较大。上述特征与该容器钢板存在内壁大量密集的较小尺寸氢鼓泡和钢板中部氢致开裂的特征相符。

a) 检测过程

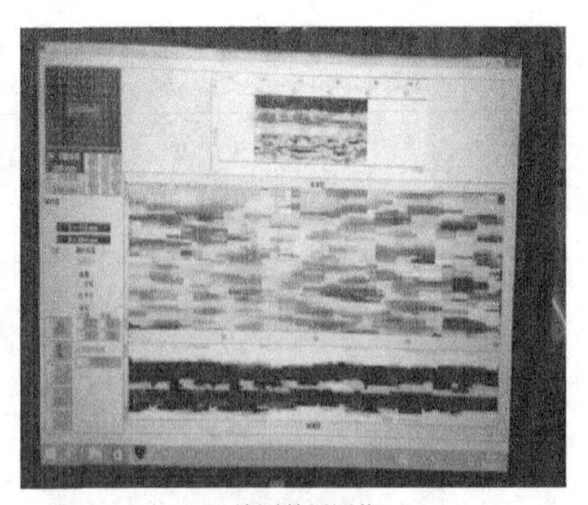
b) 检测数据图像

图 5-18　干气脱硫吸收塔 T-306 割板数控扫描架相控阵超声检测

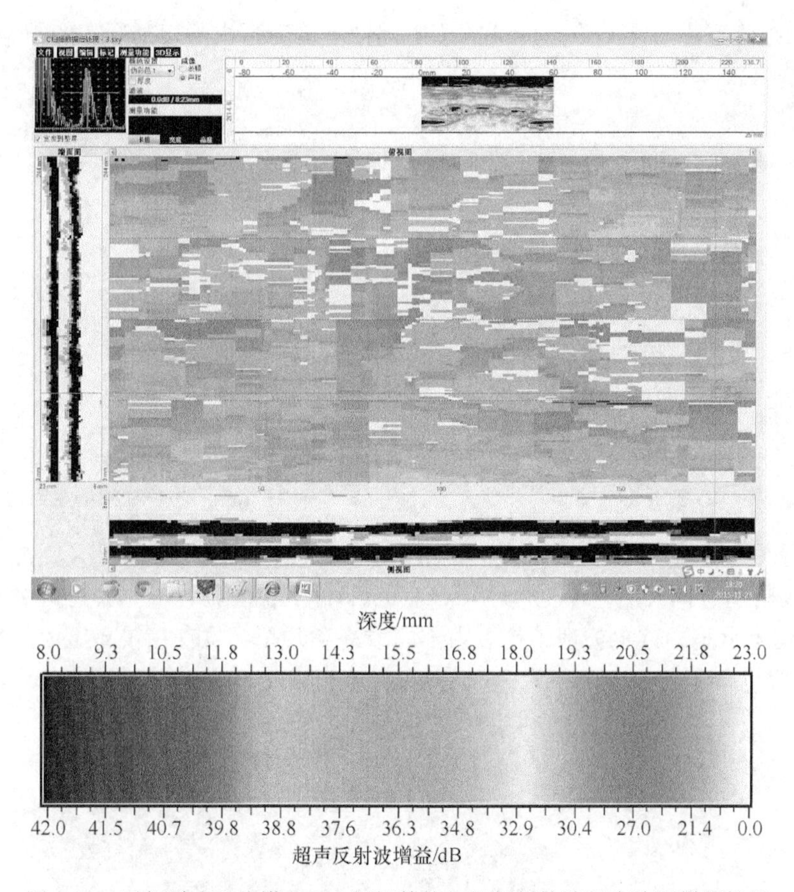

图 5-19　干气脱硫吸收塔 T-306 割板数控扫描架相控阵超声检测拼图结果

注：彩图见书后插页。

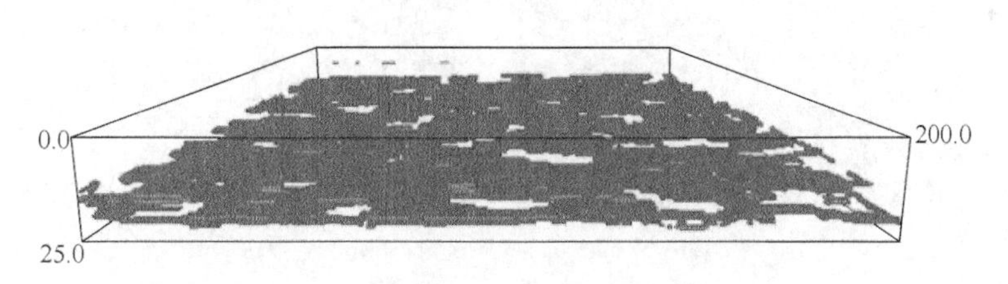

图 5-20　T-306 割板检测区域内缺陷 3D 图像

5.4　湿硫化氢损伤失效容器切割验证

为了最终验证湿硫化氢损伤检测和诊断技术的可靠性和准确性，在完成检验、检测任务之后对失效容器割板进行切割验证。首先根据各个失效割板的情况定好切割方案，原则是选择有代表性部位进行切割观察，为了直观地显现出损伤的形貌，在采用火焰切割方式切割掉多余部分后，尽可能地采用线切割方法进行切割。下面是各块失效容器割板的切割验证过程。

1. T-1103 切割验证

1）切割前用记号笔画线分割，如图 5-21 所示。

2）对相控阵超声检测的重点验证部位用记号笔精确画线，切割方案如图 5-22 所示。

图 5-21　T-1103 割板切割前画线分割

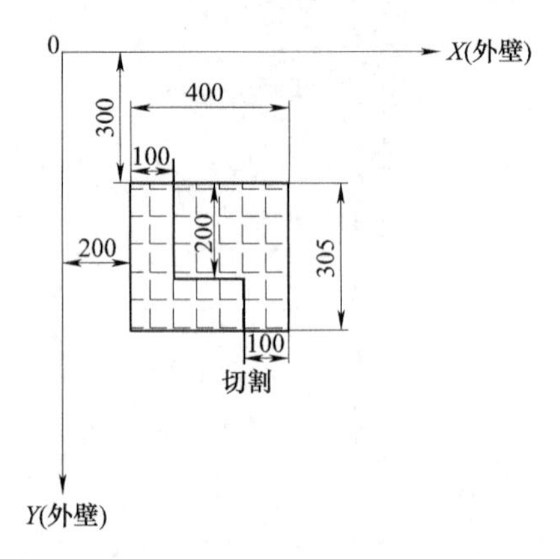

图 5-22　T-1103 相控阵超声检测的重点验证部位切割方案

3）采用火焰切割方式沿着分割线去除掉多余部位，如图 5-23a 所示。火焰切割时，时不时窜出 1m 高的蓝色火焰，伴有爆鸣声，有的部位很难切割下去，感觉到钢板内部有一股气体抵抗着切割火焰，这也佐证了钢板内部的鼓泡和开裂部位存在较高压力的氢气。接着沿画好的分割线进行线切割，如图 5-23b 所示。

a) 火焰切割

b) 线切割

图 5-23　火焰切割和线切割

4）T-1103 割板切割后的照片如图 5-24 所示，对每块切割试样的截面进行观察，对相控阵超声检测的重点验证部位的切割截面进行仔细观察、测量和拍照记录。

图 5-24　T-1103 割板切割后的照片

图 5-25 是 T-1103 割板切割后发现的典型湿硫化氢损伤的截面照片。其中图 5-25a、b 所示为两个较大的内壁氢鼓泡切割截面照片，大氢鼓泡的中部已形成 10mm 左右的中空间隔，内部粗糙不平，呈锯齿状分离特征，氢

鼓泡边缘开裂间隙逐渐减小，最终变成台阶状的尖端裂纹向四周延伸，因此氢鼓泡开裂区域的大小比表面所见的鼓泡尺寸要大。如图 5-25b 所示，氢鼓泡边缘的裂纹尖端大致朝着与鼓凸表面成 45°夹角的方向发展，说明若是大氢鼓泡内部氢气压力继续增大的话，有从鼓凸方向撕裂飞脱的危险，因此大尺寸氢鼓泡缺陷具有相当大的危险性。

图 5-25c、d 所示为钢板内部氢致开裂切割截面照片，呈现明显的台阶状开裂特征，中部已形成一定间隙的开裂，表明是发展到一定程度的氢致开裂。氢致开裂的内部也是粗糙不平的，呈锯齿状分离特征，开裂尖端的裂纹非常尖锐，说明应力集中现象明显。开裂尖端延伸方向上还存在其他的萌生和发展阶段的氢致开裂，它们有进一步连通的趋势。由于氢致开裂在钢板厚度方向上不断沿台阶状扩展，大大降低了钢板的承载能力，因此也是十分危险的缺陷。

图 5-25e、f 所示为钢板内部处于萌生和发展阶段的氢致开裂横截面照片，尽管有些仍旧结合紧密还未发展成明显的开裂间隙，但是其具有的台阶状开裂和尖锐的裂纹尖端特征，表明随着时间的推移其必将会继续扩展成为严重的氢致开裂。处于萌生和发展阶段的氢致开裂在进行相控阵超声检测时，缺陷回波之后仍存在底面回波，只是底面回波会减弱。

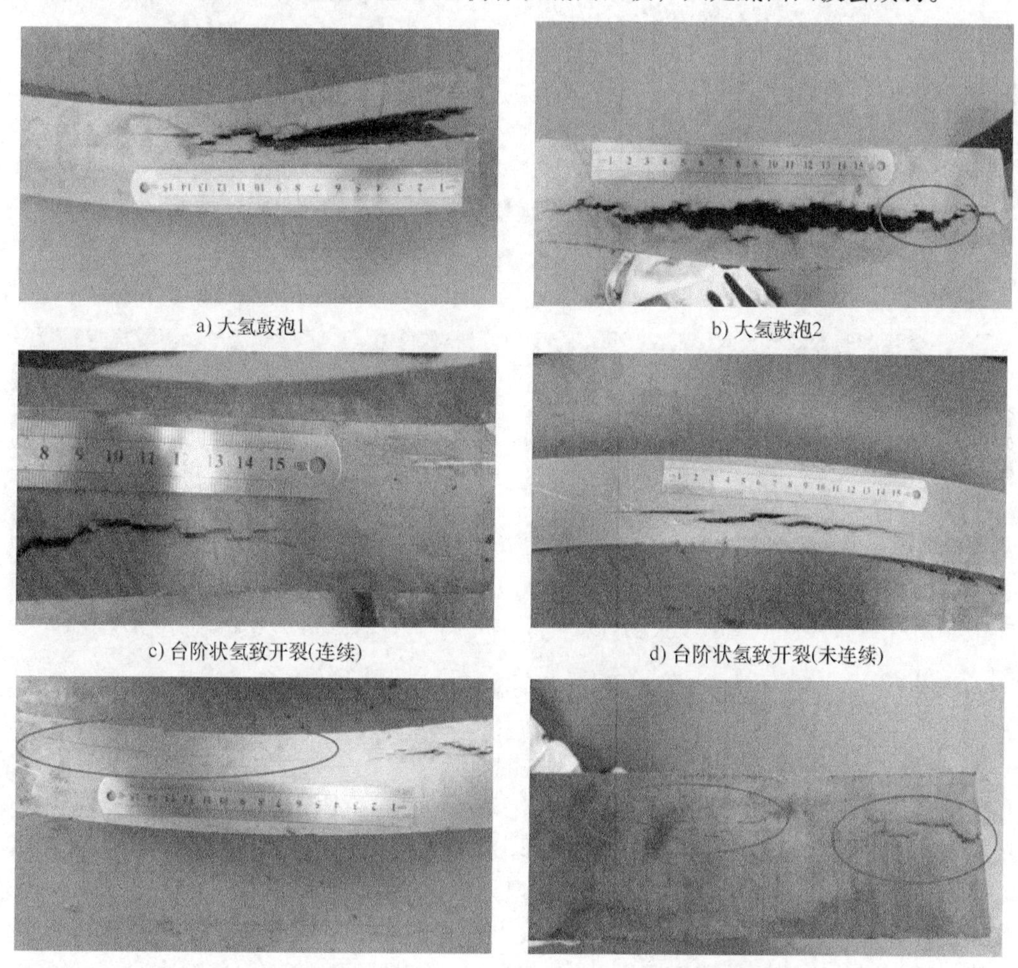

a) 大氢鼓泡1　　b) 大氢鼓泡2

c) 台阶状氢致开裂(连续)　　d) 台阶状氢致开裂(未连续)

e) 氢致开裂萌生期(间隙非常小)　　f) 氢致开裂发展期(间隙较小)

图 5-25　T-1103 割板切割后发现的典型湿硫化氢损伤的截面照片

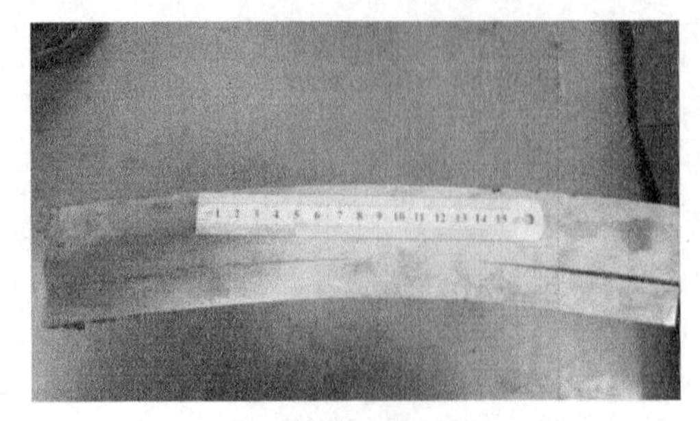

g) 类似于分层的氢致开裂(一个方向直线状)

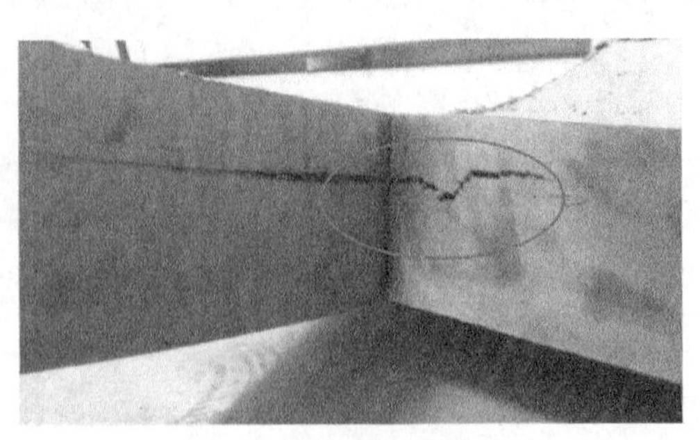

h) 氢致开裂(一个方向直线状，另一个方向台阶状)

i) 二维方向上的氢致开裂

j) 同一深度方向上的多个氢致开裂

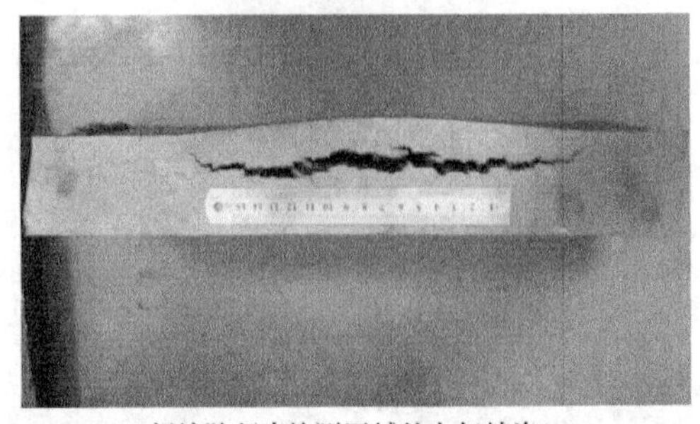

k) 相控阵超声检测区域的大氢鼓泡1

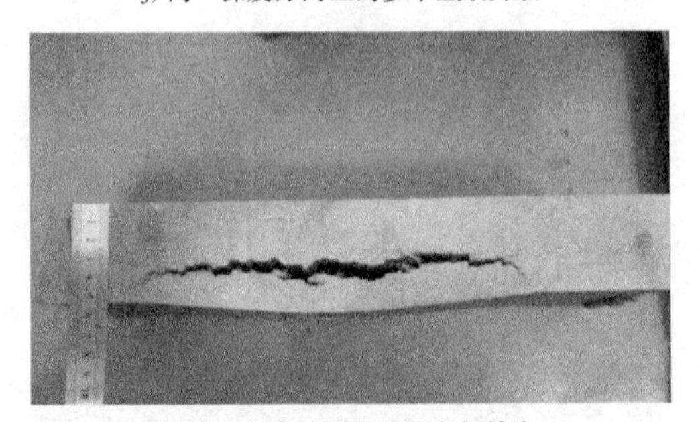

l) 相控阵超声检测区域的大氢鼓泡2

图 5-25　T-1103 割板切割后发现的典型湿硫化氢损伤的截面照片（续）

图 5-25g、h 所示为钢板内部类似于分层的氢致开裂，它的产生可能是由于轧制过程中钢板内部形成了分层，但是钢板服役在湿硫化氢环境下，氢原子不断地在这些分层部位集聚形成氢气，随着氢气压力的不断增大，导致了钢板分层部位的继续撕裂扩展。图 5-25h 和 i 中均显示一个较大的氢致开裂在一个方向呈现分层直线状，但在其扩展的另一个方向出现台阶状撕裂的特征。图 5-25j 显示的是同一厚度方向上的多个氢致开裂，既有台阶状开裂，也有直线状开裂，这说明原始钢板质量不佳，在这一厚度上不致密，可能存在分层和长条形非金属夹杂物。

图 5-25k、l 所示为采用数控扫描架进行相控阵超声检测区域的中大氢鼓泡切割后的截面照片，氢鼓泡内部开裂的形貌、尺寸大小和深度等都与相控阵超声检测数据的分析结果吻合得很好。

综上可以发现，T-1103 割板切割验证后发现的氢鼓泡、氢致开裂的许多特征都证实了前文中 T-1103 割板的相控阵超声检测分析结果。

2. T-306 切割验证

1）切割前用记号笔画线分割，如图 5-26 所示。

2）对相控阵超声检测的重点验证部位用记号笔精确画线，切割方案如图 5-27 所示。

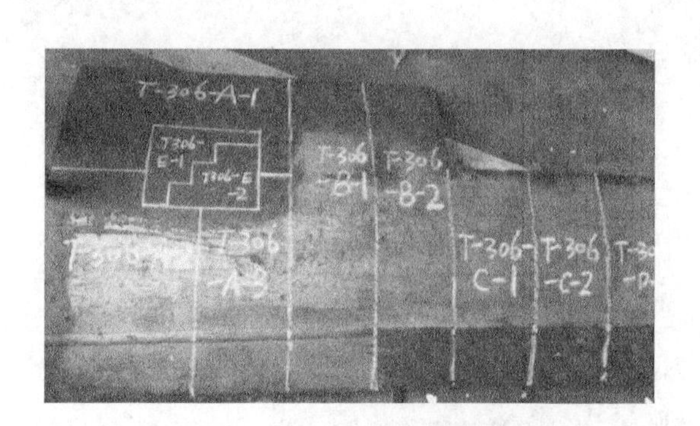

图 5-26 T-306 割板切割前画线分割

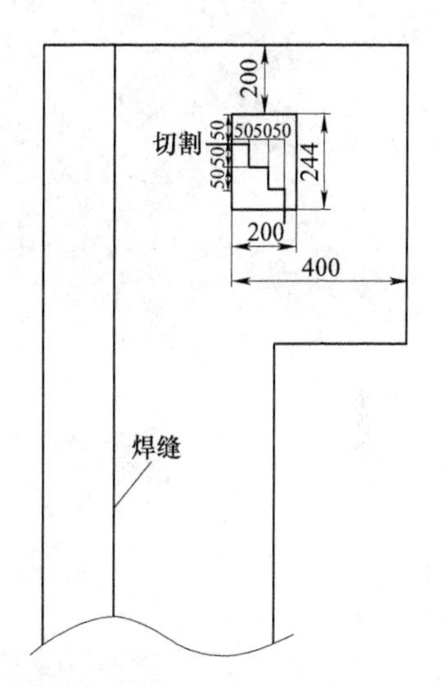

图 5-27 T-306 相控阵超声检测的重点验证部位切割方案

3）采用火焰切割方式去除多余部位，沿着分割线进行线切割。T-306 割板切割后拼接的照片如图 5-28 所示，对每块切割试样的截面进行观察，对相控阵超声检测的重点验证部位的切割截面进行仔细观察、测量和拍照记录。

图 5-28 T-306 割板切割后拼接的照片

图 5-29 所示为 T-306 割板切割后发现的典型湿硫化氢损伤照片，由图 5-29a 可知这些氢致开裂基本分布在钢板 12mm 深度（从外表面看）附近，同时在延伸方向上具有台阶状开裂特点。氢鼓泡尺寸较小，而且鼓起高度非常小，其横截面照片与氢致开裂很相似，只是分离间隙稍大，且在鼓泡边缘呈现 45°开裂扩展趋势，可能是因为切割后氢鼓泡内氢气逃逸，压力释放后在材料本身应力作用下导致鼓起高度变小。图 5-29b 中的氢致开裂已延伸至焊缝。

图 5. 29a 为 5. 3 节中采用数控扫描架进行相控阵超声检测的部位中，密集的小尺寸氢鼓泡和氢致开裂切割后的截面照片，氢鼓泡、氢致开裂的内部形貌、尺寸大小、分布和深度等都与相控阵超声检测数据的分析结果吻合得很好。

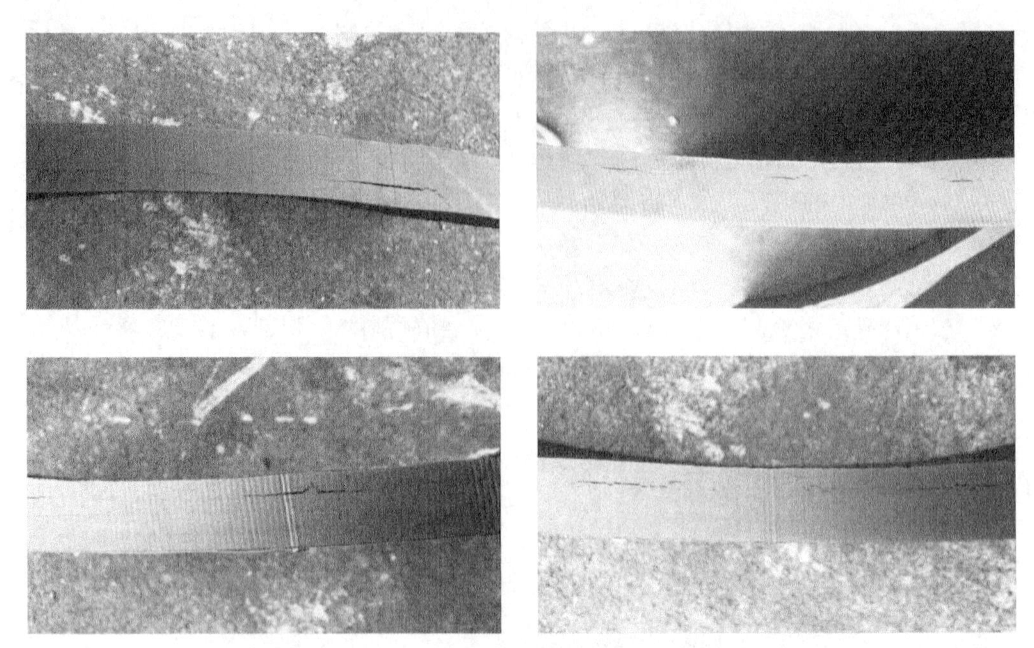

a) 内壁密集氢鼓泡切割后的形貌

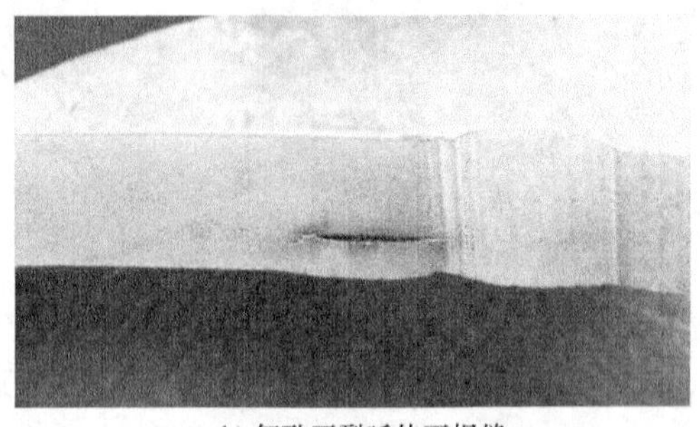

b) 氢致开裂延伸至焊缝

图 5-29　T306 割板切割后发现的典型湿硫化氢损伤照片

3. V-338 切割验证

1）切割前用记号笔画线分割，如图 5-30 所示。

2）采用线切割沿着分割线进行切割。V-338 割板切割后拼接的照片如图 5-31 所示，对每块切割试样的截面进行观察、测量和拍照记录。

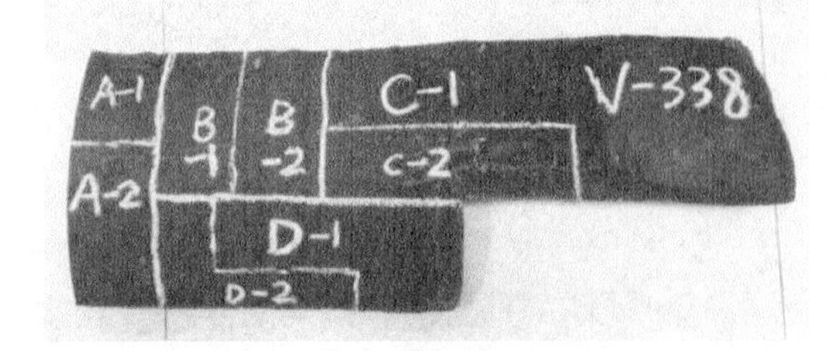

图 5-30　V-338 割板切割前画线照片

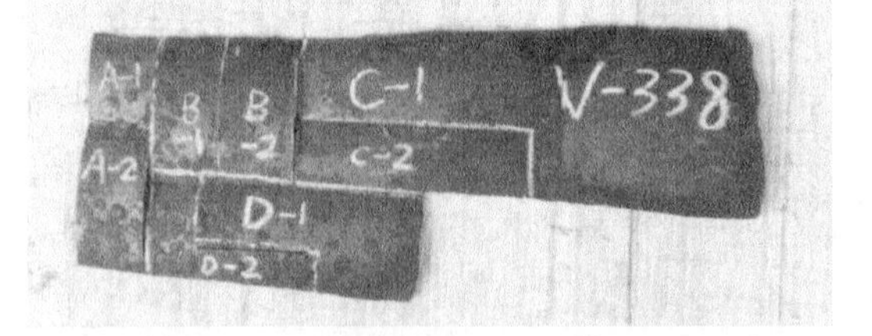

图 5-31　V-338 割板切割后拼接的照片

图 5-32a 所示为 V-338 割板切割后其中一块试样外表面密集小氢鼓泡照片，图 5-32b～d

所示为切割后典型的小氢鼓泡横截面照片，可见小氢鼓泡发生于靠近外表面的位置，深度为 3mm 左右，与大氢鼓泡具有同样的开裂特征，如鼓泡内部粗糙、呈锯齿形、具有台阶状撕裂、在鼓泡边缘呈现 45°开裂扩展趋势等。

a) 外表密集小氢鼓泡

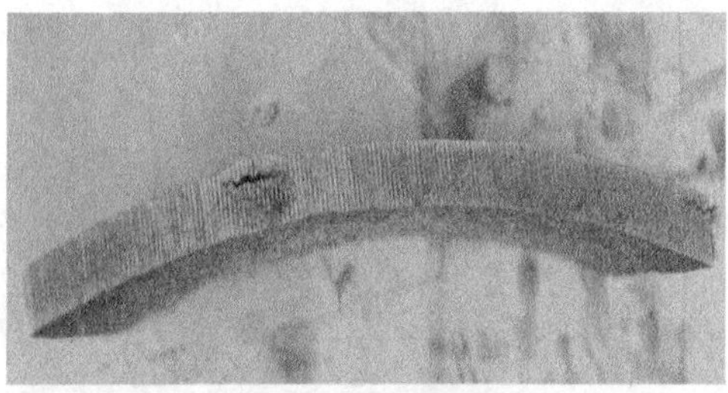

b) 典型的小氢鼓泡截面1

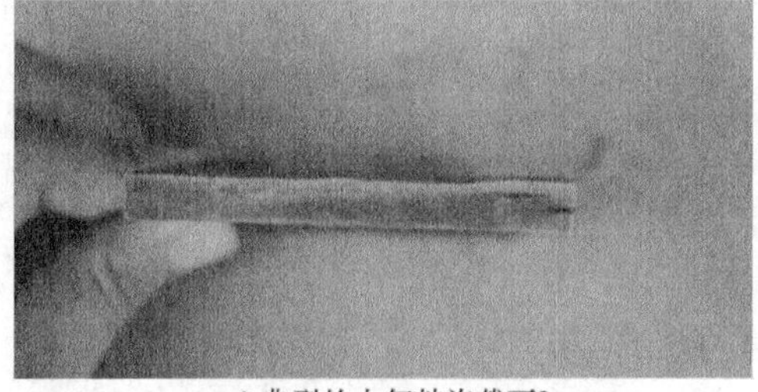

c) 典型的小氢鼓泡截面2

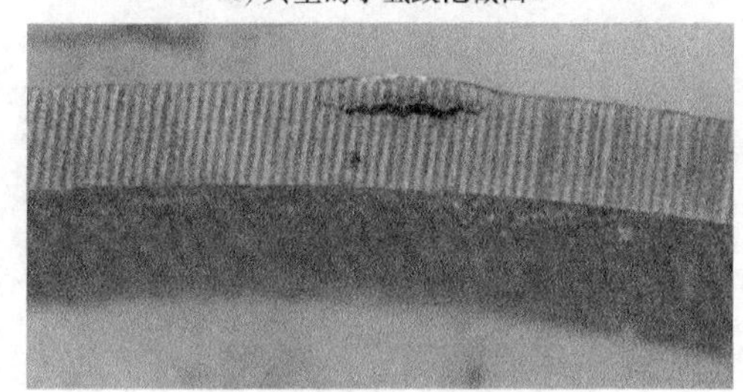

d) 典型的小氢鼓泡截面3

图 5-32　V-338 割板切割后发现的小氢鼓泡照片

5.5　疑似湿硫化氢损伤压力容器的现场诊断应用

在项目研究期间，对存在疑似湿硫化氢损伤的两台压力容器进行了在役相控阵超声检测和诊断，应用效果较好，以下是这两台压力容器进行现场相控阵超声诊断的应用情况。

5.5.1　含外壁氢鼓泡的压力容器的在役相控阵超声检测

在对湿硫化氢环境下服役设备的普查时，发现某压力容器筒体存在壁厚异常，且外壁存在鼓泡现象，如图 5-33 所示。对该容器进行在役条件下的相控阵超声检测，以确定缺陷的精确尺寸和分布情况。

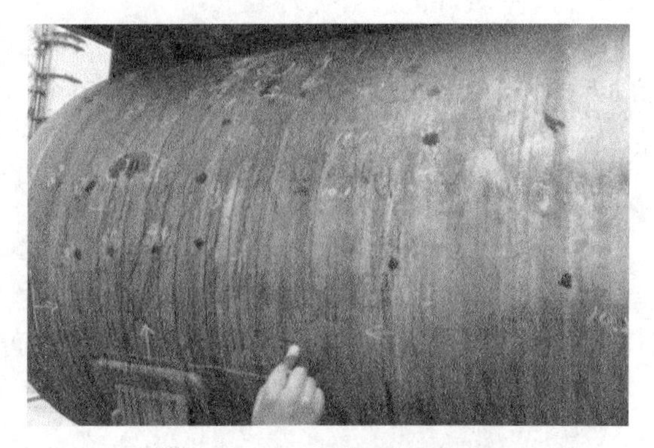

图 5-33　在役相控阵超声检测某压力容器筒体

工艺参数显示该容器的服役环境为典型的湿硫化氢环境，因此外壁鼓泡为氢鼓泡的可能性非常大，相控阵超声检测的主要目的除了测量肉眼可见的氢鼓泡深度以外，还要检测筒体母材内部是否还存在看不见的氢致开裂，并且确定其尺寸和范围。相控阵超声检测温度为 40°左右，受现场动火条件限制，检测时容器外壁未进行打磨处理。采用 64 晶片探头垂直入射检测，共采集了 8 条数据，检测范围是 480mm×650mm。某个局部区域的原始 C 扫数据如图 5-34 所示，色差与缺陷回波当量对应。根据 5. 2 节总结的湿硫化氢损伤的相控阵超声检测图谱特征，对原始数据初步分析，可以基本确定该容器局部存在的缺陷不是分层，很可能是氢致开裂缺陷，密集度一般，个别区域可能会形成小鼓泡。

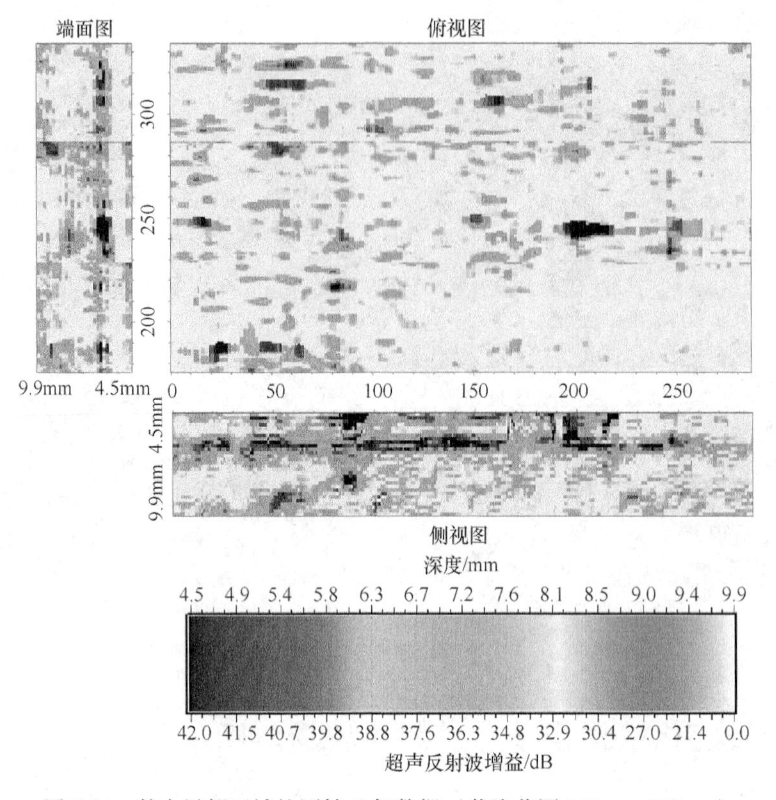

图 5-34　某个局部区域的原始 C 扫数据（截取范围 160mm×290mm）

对原始 C 扫数据进行深度滤波（滤波等级为 0~5mm），如图 5-35 所示，色差与缺陷深度对应。从滤波数据中看出，距离外壁 5mm（一半厚度）以内的氢致开裂较多且密集，因此产生外壁氢鼓泡的可能性较大。

将 8 条检测数据通过拼图软件合成为一幅整板相控阵超声检测 C 扫数据，再进行缺陷分析得到检测区域内缺陷分布的 3D 图像，如图 5-36 所示。

5.5.2　含内部分层缺陷的压力容器的相控阵超声诊断

在对某汽柴油加氢精制装置进行定期检验过程中，超声测厚发现存在壁厚异常（名义厚度为 10mm），无法确定缺陷的精确分布和性质。采用相控阵超声进行缺陷诊断，检测示意图和现场检测照片如图 5-37 所示。从外表面对怀疑部位采用相控阵超声检测，总共检测了 9 条数据，每条数据长度为 360mm，宽度为 60mm，即检测区域为 540mm×360mm。

数据分析发现第 4~7 条数据显示缺陷较严重，其相控阵超声检测图谱特征为：A 扫回波的波幅较高，毛刺较少；B、D 扫平直，成像清晰；C 扫成像面积较大，连续，颜色均匀；底面回波清晰且波幅下降较小；进行扇形 S 扫未发现明显回波信号。缺陷信号的特征与钢板内部间隙非常小的分层缺陷非常相似。对拼接的整幅数据分析发现分层区域大小为 360mm×100mm，其中最大连片区域为 160mm×70mm，深度为 5.8mm 左右（位于钢板中部），该分

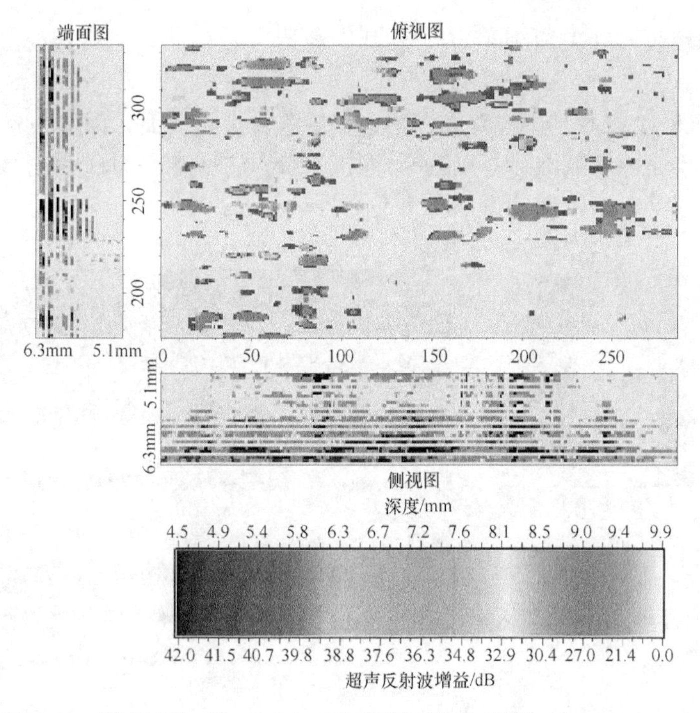

图 5-35 深度滤波（0~5mm）C 扫数据（截取范围 160mm×290mm）

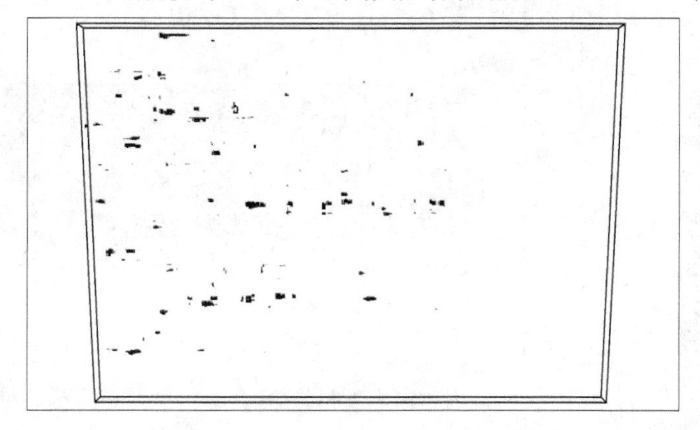

图 5-36 检测区域内缺陷分布的 3D 图像

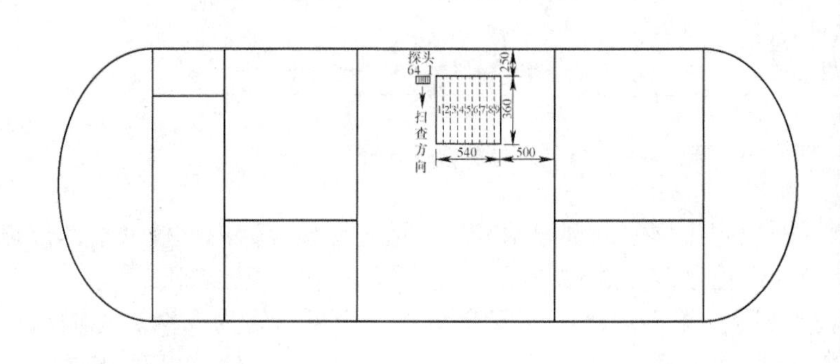

a) 检验示意图

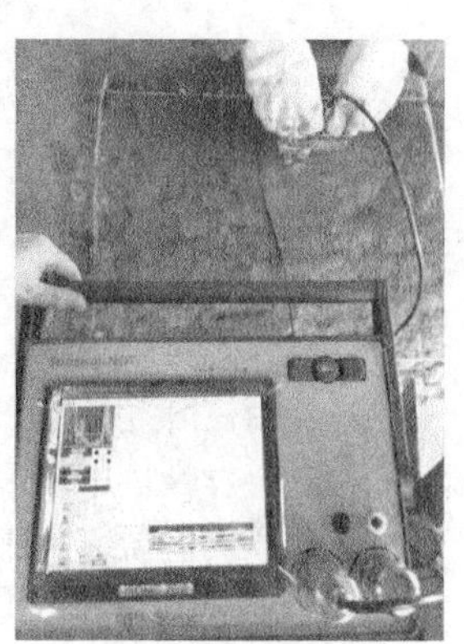

b) 现场检测照片

图 5-37 V-504 现场相控阵超声诊断

层基本平行于钢板表面（夹角小于10°）。其中最严重的第6条超声相控阵检测数据分析如图5-38所示。

第1~3条和8~9条数据中也存在缺陷，其缺陷靠近内表面，深度为8.8mm左右，均为分散点状缺陷，不是内壁鼓泡，怀疑为母材中（靠近内壁）平行于母材表面的夹杂物。其中第2条超声相控阵检测数据分析如图5-39所示。

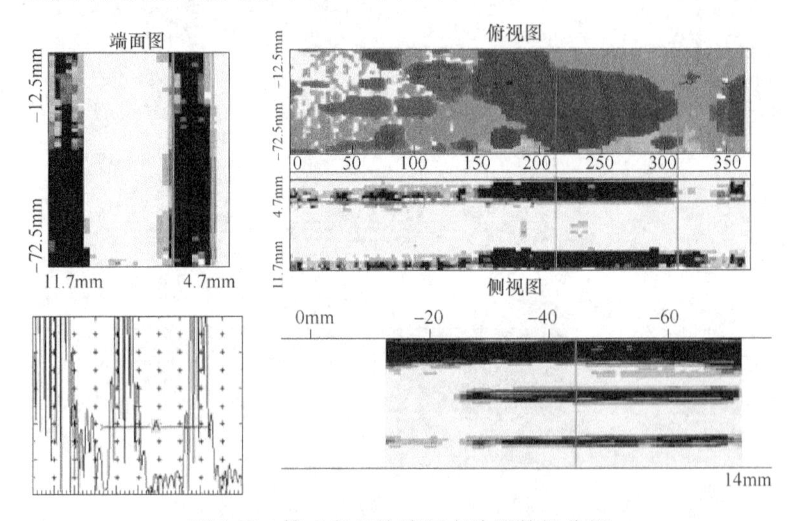

图5-38　第6条相控阵超声检测数据分析

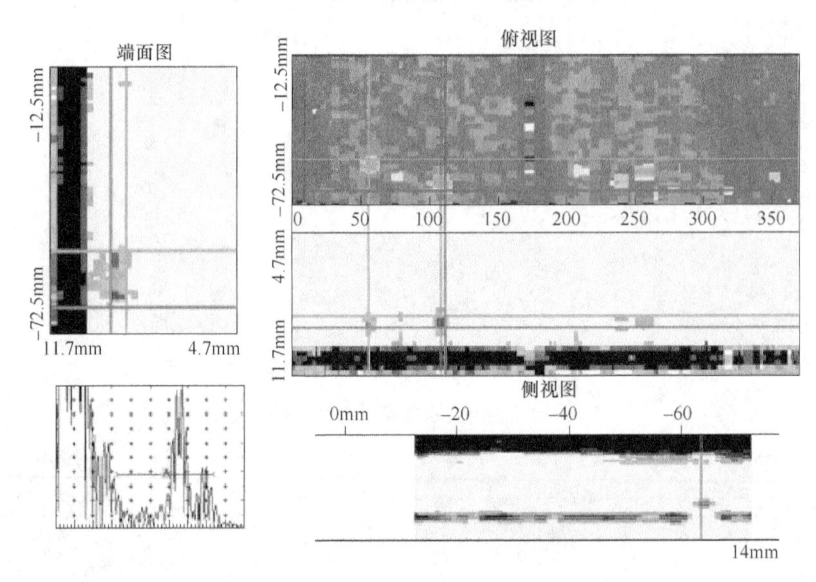

图5-39　第2条相控阵超声检测数据分析

综上，相控阵超声检测诊断缺陷为钢板内部原始分层。通过对该容器内外壁缺陷部位进行宏观检查未发现内、外壁鼓泡，也不存在腐蚀情况，证实了相控阵超声诊断结果。

根据《压力容器定期检验规则》第四十五条，安全状况等级可以定为3级，检验周期为4年。由于该台容器材质为Q235C，工作介质为水、汽油、H_2S，故处于湿硫化氢环境中，因此存在湿硫化氢应力腐蚀开裂损伤机理，故要求对其进行相控阵超声检测，在检验周期内每年复检一次，观察原缺陷有无扩展或产生鼓泡，根据复检情况再进行处理。

第 6 章

湿硫化氢损伤的在役检测

目前国内外在含氢致损伤压力容器的在役检测方面少有研究。由于石化装置存在长周期运行和不停机检验的需求，有时候即使发现设备存在湿硫化氢损伤，仍然需要“带病”继续服役一段时间，这时可借助合于使用评价技术对损伤进行安全评估，若结果为可以继续监控使用，则往往需要采用定期超声测厚、相控阵超声 C 扫等方式进行缺陷扩展监控。

但是，在装置区进行在役检测时常面临不能动火打磨等条件的限制，加上容器或管道外壁有油漆层，表面还可能存在腐蚀凹坑，有的设备运行温度超过 50℃，常规检测手段如采用超声测厚仪，甚至采用相控阵超声 C 扫成像检测均无法满足含氢致损伤设备的在役检测要求。

目前看来，声发射技术和电磁超声技术在承压设备的在役检测和监控方面具有明显的优势。本章将对声发射及电磁超声技术在承压设备在役检测方面的应用进行介绍，并以一台干气脱硫吸收塔 T-306 为研究对象，利用电磁超声检测技术对该塔在役条件下的氢致损伤扩展情况进行监控研究，为石化装置含氢致损伤设备提供了一种有效的现场检测技术。

6.1　声发射在役检测技术

6.1.1　声发射检测原理

金属材料断裂会释放储存能量，产生弹性波。声发射检测（acoustic emission，AE），是声源发射的弹性波到达材料表面，引起可用声发射传感器探测的表面位移，探测器将材料的机械振动转换为电信号，然后再被放大、处理和记录。在材料加工、处理和使用过程中的位错运动、裂纹萌生与扩展、断裂、热胀冷缩、承受载荷变化等都可能会引起内应力的变化，产生声发射信号。对感应到的声发射信号进行综合分析，推断材料产生声发射信号的原因，进而达到检测目的。

声发射检测系统原理如图 6-1 所示。与其他无损检测手段相比，声发射检测具备以下优势：

1）可以随时进行在役检测，实现实时动态监控检测和结果评定。

2）对扩展性缺陷具有很高的灵敏度。

3）可对大型成套设备进行整体性检测。

4）几乎不受材料性能、组织及缺陷所处位置和方向的影响。

5）方法简单，费用低，可以与其他试验同步进行。

实际检测中，声发射检测常用来确定声源位置，根据各个声源的信号强度，分析判断声源的活动性，实时评价待检设备的安全性。对于检测过程中的超标声源，要用其他无损检测方法进行复检，以确定缺陷的性质、位置和大小。

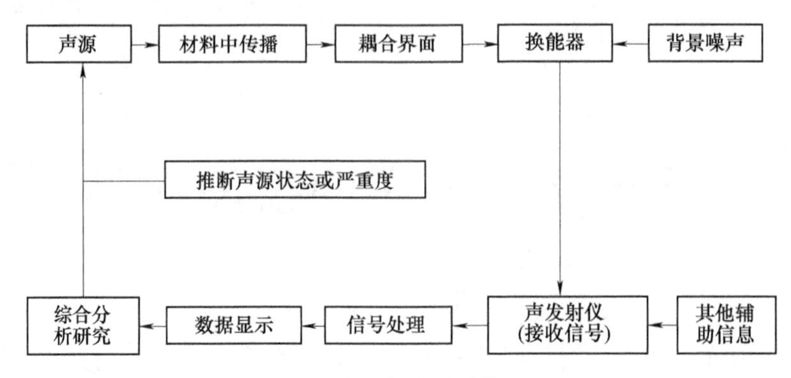

图 6-1　声发射检测系统原理

6.1.2　声发射检测在压力容器检验中的应用

声发射检测技术最早起源于德国，在发达国家已得到广泛应用，我国在此领域虽然起步较晚，但是经过科技研发人员的不断努力，也已经取得很大进展，在石油化工工业、电力工业、材料试验及航空航天工业等方面都已有所应用。声发射检测技术是一种动态无损检测方法，可以检测出长度小于 0.01mm 的裂纹扩展，主要用于研究应力腐蚀断裂和氢脆，检测马氏体相变，评价表面化学热处理渗层的脆性，以及监控焊后裂纹产生和扩展等。在石油化工工业中，该技术已经广泛应用于压力容器、锅炉、管道等大型承压设备的水压试验，检测渗透和泄漏，以评定缺陷的危险性等级，也可连续监控高压承压设备构件的完整性，实时报警。

声发射检测对线形缺陷十分灵敏。对金属试件进行拉伸试验，当应力趋近于材料屈服强度时，声发射率快速升高，达到峰值后逐渐降低，这通常是材料内部位错运动造成的。如果被检设备存在裂纹等缺陷，裂纹尖端处应力集中，致使该部位更早进入塑性形变区域而引发声发射信号，这为压力容器检验时发现裂纹等危害性缺陷提供基础。对金属试件进行反复加载和卸载试验时，人们发现加一次载荷使材料发出声发射信号后撤销载荷，第二次再加载荷不超过第一次应力值时，就没有声发射信号产生，这一现象被称为凯赛尔效应，常被用于压力容器的全面检验。

根据凯赛尔效应，在用压力容器运行过程已承受过一定载荷，全面检验时再进行压力试验，如果试验压力不超过运行状态下的最高工作压力时，则没有声发射信号，此时可能造成缺陷的漏检。因此在做压力试验时，试验压力一定要高于正常运行状态下最高压力才有可能避免缺陷漏检。压力容器在长期运行过程中，受交变载荷作用易产生疲劳裂纹或应力腐蚀裂纹等缺陷，此时如果加载较小的压力载荷就可以产生声发射信号，因此在压力容器全面检验过程中用声发射检测就能发现裂纹扩展信号。

6.1.3　声发射检测在储罐检验中的应用实例

储罐内部大多为有毒有害、易燃易爆介质，因此确保其安全运行尤为重要。对于无法开罐检验的储罐，声发射是评价设备安全状况的重要方法，可以缩短检验的停产时间或者避免停产。但是储罐结构复杂、材质多元，影响声发射检测信号，提高了检测难度，需要对仪器、安装及传感器的配置加以考虑，来保证检测工作质量，从而得到正确的检测结果，图 6-2 所示为声发射检测应用于储罐检验。

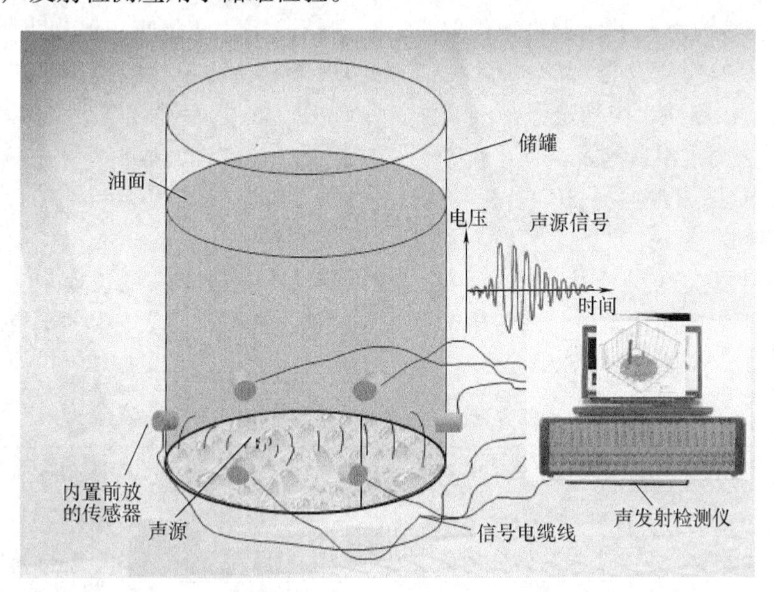

图 6-2　声发射检测应用于储罐检验

1. 影响检测仪器选择的因素

影响声发射检测仪器选择的因素有很多，见表 6-1。

表 6-1　检测仪器选择的影响因素

性能及功能	影响因素
工作频率	材料频域，传播衰减，机械噪声
传感器类型	频响，灵敏度，使用温度，环境，尺寸
通道数	被检对象几何尺寸，波的传播衰减特性，整体或局部监控
源定位	不定位，区域定位，时差定位
信号参数	连续信号与突发信号参数，波形记录与频谱分析
显示	定位，经历，关系，分布等图表的实时或事后显示
噪声鉴别	空间滤波，特性参数滤波，外变量滤波及其前端与事后滤波
存储量	数据量，包括波形记录
数据率	高频度声发射，强噪声，多通道多参数，实时分析

2. 传感器的安装

1）在储罐壳体上标出传感器的安装部位。

2）对传感器的安装部位进行表面打磨去除油漆、氧化皮或油垢等。

3）将传感器与信号线连接好。

4）在传感器或储罐壳体上涂上耦合剂。

5）安装和固定传感器。

3. 国内标准要求

1）国内检测标准为 JB/T 10764—2007《无损检测　常压金属储罐声发射检测及评价方法》。

2）储罐底板的声发射在役检测的要求：一般情况下，储罐底板的声发射在役检测时，液位宜位于最高操作液位的 85%~105%。特殊情况下，检测液位应至少高于传感器安装位置的 1m 以上。检测前，应稳定保持该液位静置 2h 以上，然后进行至少 2h 以上的声发射检测。检测时要关闭进出口阀及其他干扰源，如搅拌器、加热设施等。

3）传感器间距不宜大于 13m。

4. 结果评价

（1）采用时差定位分析及分级　对罐底板以不大于直径 10%的长度划出正方形或圆形评定区域，对评定区域内定位相对集中的所有定位群进行局部放大分析并计算出每小时出现的定位事件数 E。具体分级见表 6-2。

表 6-2　时差定位具体分级

源级别	评定区域内每小时出现的定位事件数	评定区域的腐蚀状态评价
Ⅰ	$E \leqslant C$	无局部腐蚀迹象
Ⅱ	$C<E \leqslant 10C$	存在轻微局部腐蚀迹象
Ⅲ	$10C<E \leqslant 100C$	存在明显局部腐蚀迹象
Ⅳ	$100C<E \leqslant 1000C$	存在较严重局部腐蚀迹象
Ⅴ	$E>1000C$	存在严重局部腐蚀迹象

表中的 C 值需通过相同的检测仪器与工作参数，对相关规格和运行条件的储罐进行一定数量的检测实验和开罐验证来取得，经对已进行声发射检测的储罐统计分析，发现 C 值一般为 3~6。

（2）区域定位分析及分级　计算出各独立通道有效检测时间内每小时出现的撞击数 H。根据罐底板的区域定位情况，对每个通道区域的声发射源级别按表 6-3 分级。

表 6-3　区域定位具体分级

源级别	评定区域内每小时出现的定位事件数	评定区域的腐蚀状态评价
Ⅰ	$H \leqslant K$	无局部腐蚀迹象
Ⅱ	$K<H \leqslant 10K$	存在轻微局部腐蚀迹象
Ⅲ	$10K<H \leqslant 100K$	存在明显局部腐蚀迹象
Ⅳ	$100K<H \leqslant 1000K$	存在较严重局部腐蚀迹象
Ⅴ	$H>1000K$	存在严重局部腐蚀迹象

表中的 K 值需通过相同的检测仪器与工作参数，对相关规格和运行条件的储罐进行一定数量的检测实验和开罐验证来取得，经对已进行声发射检测的储罐统计分析，发现 K 值一般为 300~500。

5. 声发射检测系统设置

在实际储罐的检验中，需考虑储罐的体积等因素来进行传感器等装置的配置，见表 6-4。

表 6-4　声发射检测配置实例

序号	储罐容积 /m^3	储罐直径 /m	需要通道数 单层传感器	需要通道数 双层传感器	配置非防爆传感器	配置防爆传感器
1	1000	14	4	8	型号为 VS30-SIC-46dB 内置 46dB 前放 频率范围为 25~80kHz 尺寸为 28.6mm×51.8mm 质量为 164g	防爆传感器为 ISAS-030 频率范围为 25~80kHz 信号隔离器为 SISO3 防爆隔离盒为 HIS03-08 一个通道配备一个防爆传感器和信号隔离器
2	2000	15	4	8		
3	3000	18	5	10		
4	5000	21	6	12		
5	10000	30	8	16		
6	20000	40	11	22		
7	30000	44	12	24		
8	50000	60	16	32		
9	100000	80	21	42		
10	150000	92	24	48		

1）所需通道数根据探头间距为 12m 计算。

2）单层传感器为一般选择，双层传感器可以屏蔽来自第二层以上的干扰信号，如罐顶的液滴等。

6.2　电磁超声在役检测技术

电磁超声检测技术的原理在 4.2.6 节中已有详细介绍，在此不再赘述，本节以一台干气脱硫吸收塔 T-306 为研究对象，利用电磁超声检测技术对该塔在役条件下的氢致损伤扩展情况进行监控研究。

6.2.1　氢致损伤设备情况

在对一台干气脱硫吸收塔 T-306 进行定期检验时，经内部宏观检查发现有两个筒节存在大量氢鼓泡缺陷，分别为塔中部变径锥段以下的第一个和第二个筒节。其中第一个筒节内壁的氢鼓泡分布较多且鼓泡深度范围较大，直径为 10~70mm，相邻氢鼓泡之间的距离为 10mm 左右，经超声测厚仪从内壁测厚发现氢鼓泡的深度在 2.5~8.0mm 范围，主要集中在 4.0~7.5mm，部分内壁氢鼓泡顶部已产生明显裂纹（见图 3-3）。切割该筒节钢板进行渗透检测发现其母材内部存在大量倾斜或台阶状氢致开裂（见图 3-4）。第二个筒节内壁的氢鼓泡分布较为均匀，且氢鼓泡直径和深度范围相对较小，直径为 10~35mm，相邻鼓泡之间的距离为 10mm 左右，从内壁测厚发现鼓泡的深度在 2.0~6.0mm 范围，主要集中在 4.5~5.6mm。

通过对该塔实施 RBI 评估后决定对该塔第一筒节的氢鼓泡密集处进行修复，修复方式为更换缺陷密集区域的板材及对部分分散区域的氢鼓泡进行挖补。第二个筒节为分布较为均匀的氢鼓泡，且氢鼓泡直径和深度范围较小，决定对该筒节的氢鼓泡进行泄压处理，并对处理后的缺陷进行合于使用评价，最终评价结果为可以继续监控使用，但在监控使用期间需要定期检测分层或氢致开裂（钢板平行方向）的扩展情况。

6.2.2 在役检测方法

第一个筒节已进行修复处理，修复方法为更换缺陷密集区域的板材及对部分分散区域的氢鼓泡进行挖补。第二个筒节未进行换板或挖补，仅对发现的氢鼓泡进行泄压处理。选取第一筒节修复过的区域和第二筒节未修复的区域分别标记 1 号检测区和 2 号检测区，如图 6-3 所示。因该塔工作温度较高，检测部位的温度已达到 60℃，不利于采用相控阵超声 C 扫方法进行检测，采用常规超声测厚仪测厚无法获得连续数据记录，也无法成像。电磁超声检测仪读数准确稳定且可以成像，而且不需要耦合剂，无须打磨处理表面，能适应较高温度，非常适合现场条件下的含氢致损伤设备的在役检测。综合考虑后采用电磁超声检测仪定期对两检测区进行在役检测。

1号检测区

2号检测区

图 6-3　在役检测区域

1 号检测区域为修复后的区域，大小为 400mm×200mm×18mm（长×宽×厚），检测区域中焊缝左侧为塔中部变径锥段以下第一个筒节更换的新板，公称壁厚为 18mm，焊缝右侧为未更换的旧板。2 号检测区域为未修复的区域，大小为 200mm×200mm×18mm（长×宽×厚），检测区域中焊缝上部为塔中部变径锥段以下第二个筒节的下部，存在内壁密集均匀的小鼓泡，焊缝下部为塔中部变径锥段以下的第三个筒节，内壁无肉眼可见的鼓泡。

因电磁超声直入射检测线圈探头可覆盖的宽度为 18mm，故在 *Y* 轴方向（上下方向）需要扫描 10 次，来满足 *Y* 轴方向上的全覆盖。*X* 轴方向（左右方向）上的全覆盖由编码器保证。先在每个检测区域的塔壁上描绘出 10 条扫描轨迹，然后从上往下逐条扫描，记录数据结果。对上述两块检测区域采用电磁超声检测仪在塔外壁进行两次在役检测试验，两次试验时隔半年，一年后 T-306 报废后。从 1 号检测区域附近切割下来的两块新板和旧板进行了第三次检测试验。

6.3 检测结果分析

1. 1 号区域检测结果

电磁超声检测仪器在记录测厚数据时从左往右每 1mm 采集 3 个点的壁厚，整个检测区域的数据量非常大。为方便比较，将取每 1mm 处 3 个测厚数值的平均值，并选择 *X* 轴方向上的部分整数节点数据进行对比分析。1 号区域的第一次和第二次检测数据分别见表 6-5 和表 6-6。表中 *X* 轴 20~140mm 范围采集的数据为 1 号检测区域中新板壁厚数据，160~400mm 范围为旧板壁厚数据，其中加粗数据为壁厚异常数据。

表 6-5　1 号区域第一次检测数据　　（单位：mm）

Y	*X*																			
	20	40	60	80	100	120	140	160	180	200	220	240	260	280	300	320	340	360	380	400
1	18.5	17.6	17.8	17.2	18.2	18.6	18.2	18.9	16.8	**12.6**	**13.5**	**14.7**	18.3	18.7	18.2	17.7	17.7	**12.8**	17.3	18.1
2	18.3	17.8	17.9	17.3	18.1	18.4	18.5	**14.7**	**15.7**	**12.6**	**13.6**	**12.9**	18.4	18.9	18.1	17.3	17.5	**12.6**	17.4	18.1
3	18.4	17.6	18.3	17.7	18.2	18.3	18.2	**13.8**	**14.2**	**12.6**	**13.9**	**13.4**	18.7	**13.7**	18.6	17.5	17.6	18.2	18.1	18.1
4	18.1	18.3	18.9	17.3	18.7	18.2	18.3	**12.9**	**13.8**	18.2	18.4	17.9	18.1	**15.2**	18.5	17.6	17.3	18.3	17.7	18.1
5	18.2	18.1	18.4	17.7	18.3	18.6	18.2	**15.7**	**14.6**	18.3	**13.1**	**14.8**	18.6	**14.8**	18.3	17.3	17.4	17.8	17.9	18.1
6	18.9	18.2	17.5	17.5	18.4	18.5	18.7	**10.2**	**10.8**	18.4	**11.3**	**11.6**	18.7	18.9	18.2	17.7	17.9	**14.3**	17.8	18.1
7	17.3	18.5	17.7	17.9	18.8	18.7	18.8	18.9	**10.9**	19.3	**11.2**	18.5	**14.8**	18.4	18.7	17.4	17.5	**15.8**	17.6	18.1
8	19.0	18.2	18.9	17.8	18.2	18.4	18.2	18.9	**13.4**	18.6	**13.1**	18.1	**13.2**	18.6	18.3	17.6	17.2	**12.4**	18.2	18.1
9	18.3	18.3	17.7	17.5	18.4	18.6	18.5	18.9	18.8	**12.6**	**13.5**	17.7	18.6	17.9	18.5	17.9	17.8	17.2	17.5	18.1
10	18.6	18.1	18.3	18.2	18.5	18.2	18.3	18.9	16.8	18.6	18.5	18.7	18.7	18.9	18.3	17.7	17.4	18.1	18.6	18.1

表 6-6　1 号区域第二次检测数据　　（单位：mm）

Y	*X*																			
	20	40	60	80	100	120	140	160	180	200	220	240	260	280	300	320	340	360	380	400
1	18.2	17.8	17.5	17.1	18.3	18.2	17.9	18.1	15.9	**12.2**	**13.2**	**13.9**	17.5	17.9	16.4	16.9	16.9	**12.8**	16.5	18.0
2	18.3	17.6	17.7	17.7	18.1	18.4	18.3	**14.6**	**13.8**	**12.2**	**13.3**	**12.1**	17.6	18.1	17.1	16.5	16.7	**11.7**	16.6	18.0
3	18.2	17.5	18.2	17.8	18.2	18.3	18.1	**13.6**	**12.9**	**12.3**	**13.6**	**12.6**	17.9	**12.9**	17.5	16.7	16.8	17.4	17.3	18.1
4	18.3	18.4	18.6	17.7	18.6	18.0	18.5	**12.5**	**13.0**	17.4	17.6	17.1	17.3	**14.4**	18.1	16.8	16.5	17.5	16.9	17.9
5	18.7	18.6	18.2	17.4	18.1	18.3	18.2	**10.4**	**13.8**	17.5	**13.2**	**14.0**	17.8	**14.0**	17.6	16.5	16.6	17.0	17.1	17.9
6	18.5	17.7	17.5	17.5	18.3	18.5	18.5	**10.1**	**10.3**	17.6	**11.5**	**10.8**	17.9	18.1	16.7	16.9	17.1	**14.5**	17.0	18.0
7	17.6	17.4	17.8	17.8	18.5	18.1	18.7	17.1	**10.7**	18.5	**11.2**	17.7	**14.0**	17.6	16.9	16.6	16.7	**15.0**	16.8	17.6
8	18.8	18.6	18.7	18.0	18.1	18.2	18.0	16.1	**12.8**	17.8	**12.5**	17.3	**12.4**	17.8	18.1	16.8	16.4	**11.6**	17.4	16.3
9	18.5	17.9	17.8	17.6	18.0	18.3	18.3	**15.1**	18.1	**11.8**	**13.1**	16.9	17.8	17.1	16.9	17.1	17.1	16.4	16.7	17.3
10	18.2	17.7	18.2	18.1	18.3	18.3	18.3	**15.1**	16.5	17.8	18.1	17.9	17.9	18.1	17.5	17.9	17.6	17.3	18.2	17.8

检测时，其 PBH 实时扫描带状图（A 扫+D 扫成像）如图 6-4 所示。当钢板壁厚没有异常时，PBH 实时扫描带状图中的 A 扫波形图中只有底面回波，并有多次底面回波，移动探头时底面回波变化不大，D 扫图中底面回波显示为一条直线，随着探头移动直线不断延伸，直线对应的深度为板厚。当钢板出现异常时，不仅 A 扫波形图中可能会有缺陷回波出现，而且底面回波可能降低或消失，D 扫图中底面回波的直线会断开下沉，下沉的位置即为缺陷的深度。

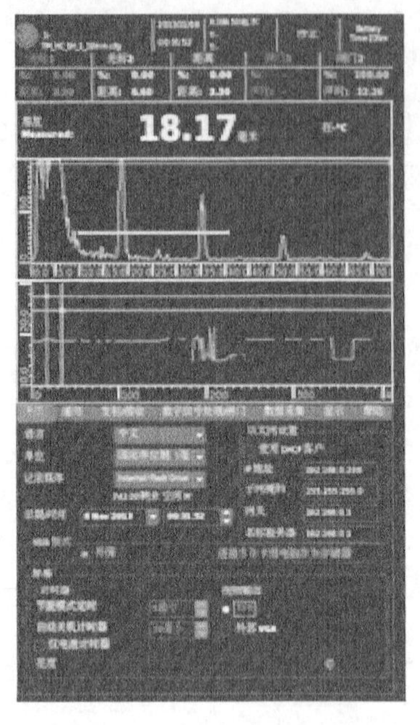

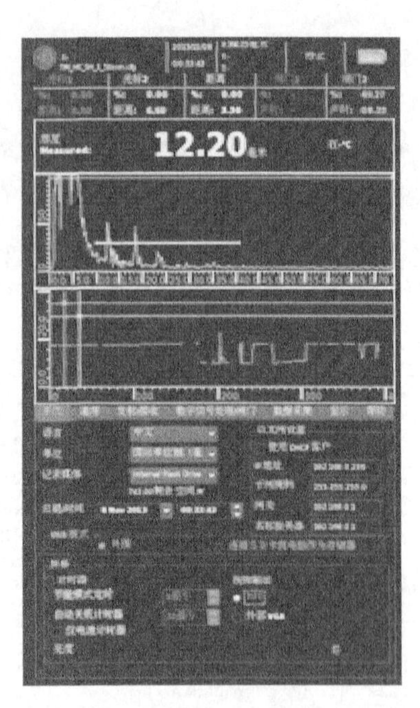

图 6-4　1 号区域第二次检测时前两条 PBH 实时扫描带状图

通过对比可以发现，1 号检测区域的两次检测结果基本一致。焊缝左边新板壁厚几乎没有变化，表明修复后更换的新板在监控使用期间未出现新的氢致损伤；焊缝右边未更换的旧板部位，减薄区域基本相同，减薄处壁厚变化很小。两次检测发现的最小壁厚均能够满足合于使用评价的最小计算壁厚要求。

2. 2 号区域检测结果

2 号检测区域的第一次和第二次检测数据分别见表 6-7 和表 6-8。表中 Y 轴 1~6 采集的数据为 2 号检测区域焊缝上部的壁厚数据，7~10 采集的数据为 2 号检测区域焊缝下部的壁厚数据，其中加粗数据为壁厚异常数据。

表 6-7　2 号区域第一次检测数据　（单位：mm）

Y	X																			
	10	20	30	40	50	60	70	80	90	100	110	120	130	140	150	160	170	180	190	200
1	17. 1	18. 1	17. 5	17. 9	18. 3	18. 2	**12. 3**	**12. 7**	**12. 5**	**12. 6**	**13. 2**	**12. 7**	**13. 3**	17. 3	17. 2	**14. 1**	**14. 2**	17. 8	17. 9	17. 1
2	17. 3	17. 8	17. 9	17. 3	**11. 5**	**12. 4**	**12. 5**	**13. 4**	17. 7	**12. 3**	**12. 6**	17. 9	18. 4	17. 9	17. 1	17. 3	17. 5	17. 6	17. 4	17. 1
3	17. 4	**13. 7**	**14. 1**	17. 7	18. 2	18. 3	18. 2	**12. 8**	**12. 2**	**11. 6**	**11. 9**	**11. 4**	**11. 7**	17. 7	**14. 6**	17. 5	17. 6	18. 2	18. 1	17. 3
4	17. 1	17. 3	18. 9	17. 3	18. 7	**11. 2**	**11. 3**	**12. 2**	17. 8	18. 2	**13. 4**	17. 9	17. 1	17. 2	18. 5	17. 6	17. 3	18. 3	17. 7	17. 4
5	17. 2	17. 1	18. 4	17. 7	18. 3	18. 6	**13. 2**	**12. 7**	**11. 6**	**11. 3**	17. 1	17. 8	**14. 2**	**14. 4**	18. 3	17. 3	17. 4	17. 8	17. 9	17. 2
6	17. 9	17. 2	17. 5	**12. 1**	**12. 4**	**11. 5**	**11. 7**	**11. 2**	17. 8	17. 4	17. 3	17. 6	18. 7	18. 9	18. 2	17. 7	17. 9	17. 3	17. 8	17. 1
7	17. 3	17. 5	17. 7	17. 9	18. 8	18. 7	18. 8	18. 9	17. 9	17. 3	17. 2	18. 5	17. 8	18. 4	18. 7	17. 4	17. 5	17. 8	17. 6	17. 8
8	18. 0	17. 2	18. 9	17. 8	18. 2	18. 4	18. 2	18. 9	17. 4	18. 6	17. 1	18. 1	17. 2	18. 6	18. 3	17. 6	17. 2	17. 4	18. 2	17. 7
9	17. 3	18. 3	17. 7	17. 5	18. 4	18. 6	18. 5	18. 9	18. 8	17. 6	17. 5	17. 7	18. 6	17. 9	18. 5	17. 9	17. 8	17. 2	17. 5	17. 5
10	17. 6	17. 1	17. 3	17. 2	17. 5	17. 2	17. 3	17. 9	16. 8	17. 6	17. 5	17. 7	17. 7	17. 9	17. 3	17. 7	17. 4	18. 1	18. 6	17. 3

表 6-8　2 号区域第二次检测数据　（单位：mm）

Y	X																			
	10	20	30	40	50	60	70	80	90	100	110	120	130	140	150	160	170	180	190	200
1	17.4	17.9	17.5	17.7	18.4	18.2	**11.3**	**12.7**	**12.6**	**11.8**	**13.2**	**12.5**	**13.1**	17.1	17.2	**14.2**	**13.8**	17.5	17.9	17.0
2	17.5	17.5	17.8	17.4	**11.4**	**12.3**	**11.5**	**13.4**	17.6	**11.5**	**12.6**	17.8	18.5	17.8	17.0	17.3	17.3	17.4	17.4	17.1
3	17.2	**13.6**	**13.9**	16.7	18.2	18.3	18.0	**12.6**	**12.3**	**11.2**	**11.8**	**11.2**	**11.6**	17.7	**14.6**	17.4	17.7	18.2	18.0	17.3
4	17.3	17.3	18.5	17.3	18.5	**11.1**	**12.3**	**12.2**	17.8	18.2	**13.4**	17.7	17.1	17.0	18.3	17.6	17.0	18.1	17.7	17.3
5	17.3	17.2	18.3	17.3	18.3	18.4	**12.2**	**12.7**	**11.5**	**11.0**	17.1	17.8	**14.2**	**14.4**	18.3	17.3	17.4	17.8	17.9	17.1
6	17.3	17.9	18.5	**12.8**	**12.3**	**11.6**	**12.7**	**11.2**	17.8	17.2	17.1	17.5	18.6	18.7	18.3	17.5	17.5	17.4	17.6	17.3
7	17.5	17.4	17.8	17.4	18.5	18.7	18.6	17.9	17.5	17.4	17.5	18.4	17.3	18.4	18.6	17.4	17.3	17.7	17.4	17.1
8	17.7	17.2	17.6	17.2	18.0	18.4	18.1	17.7	17.4	18.5	17.1	18.0	17.2	18.5	18.2	17.7	17.0	17.2	18.2	17.5
9	17.2	17.8	16.9	17.8	18.3	18.3	18.1	18.7	18.5	17.6	17.5	17.6	18.5	17.4	18.4	18.0	17.5	17.2	17.5	17.3
10	17.4	17.2	17.1	17.2	17.6	17.2	17.1	17.5	16.9	17.5	17.2	17.3	17.8	17.9	17.4	17.3	17.1	18.0	18.4	17.2

通过对比可以发现，2 号检测区域的两次检测结果也基本一致。焊缝上部为塔中部锥段以下第二个筒节的下部，存在内壁密集均匀的小鼓泡，从两次检测的数据比较来看，其减薄区域范围基本相同，减薄处壁厚变化很小；焊缝下部为塔中部锥段以下的第三个筒节，其内壁无肉眼可见的鼓泡，测厚数值也显示其板内几乎没有湿硫化氢损伤。两次检测发现的最小壁厚均能够满足合于使用评价的最小计算壁厚要求。

该塔已于 2014 年 11 月做整体报废更换处理，在一年多的监控服役期间，未发生因湿硫化氢损伤扩展导致的设备失效安全事故。

T-306 报废后从筒体上 1 号检测区域附近切割下来新、旧两块割板，如图 6-5 所示。于 2015 年 7 月在实验室采用电磁超声进行了第三次检测，发现新、旧割板与 1 号检测区域前两次检测结果壁厚基本一致，即新板上没有产生任何新的损伤，旧板上存在的湿硫化氢损伤深度和范围基本没有变化，说明湿硫化氢损伤没有进一步扩展。最后对其分别进行线切割，切割后的横截面照片如图 6-6 所示。

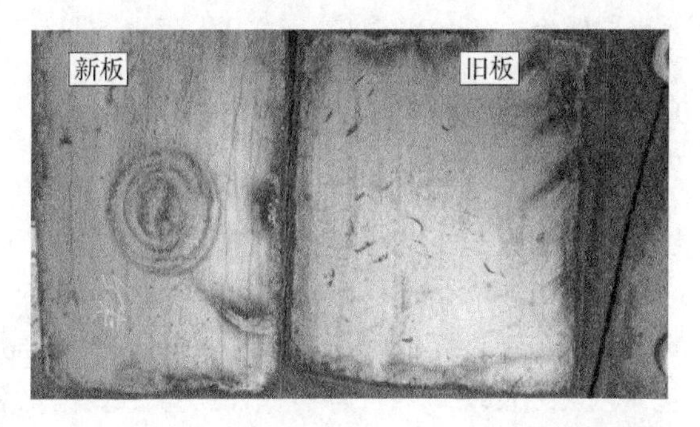

图 6-5　T-306 报废后切割下的新、旧两块割板

新板

旧板

图 6-6　1 号检测区域附件新、旧割板切割后的横截面照片

由图 6-6 可知，旧板中无论是氢鼓泡和氢致开裂的深度，还是分布范围，均与 1 号检测区域的前两次检测结果基本一致，新板中没有产生新的湿硫化氢损伤，说明 T-306 返修后新换的钢板在监控使用期间未受到湿硫化氢环境的侵蚀，可能与新换钢板的质量本身有关，也可能是由于 T-306 工艺条件的变化使得湿硫化氢环境侵蚀降低。

综上，通过采用电磁超声检测技术对一台含湿硫化氢损伤的塔式容器进行 3 次在役检测，结果表明，采用电磁超声技术能够满足含湿硫化氢损伤压力容器的在役检测要求，可有效监控湿硫化氢损伤的扩展情况，为缺陷诊断和合于使用评价后继续服役的安全性评估提供了依据。

6.4 湿硫化氢环境下炼油装置检测验证及筛选条件优化

某厂的加氢裂化装置在定期检验时发现循环氢脱硫塔 T-1103 内部某个筒节母材内表面存在较多的鼓泡。该塔主体材质为 20g 钢，壁厚为 54mm，操作压力为 4.8MPa，操作温度均为 67℃，工作介质为 H_2、H_2S、二乙醇胺和 H_2O，属于典型的湿硫化氢临氢环境下服役设备。

随后对发现鼓泡的区域进行了内部宏观检查、鼓泡尺寸等测量，并从内外表面扩大范围进行测厚、直探头超声检测，基本确定了鼓泡的深度和分布区域，并初步判断为湿硫化氢导致的内壁氢鼓泡缺陷，并且在筒体母材的 30～38mm 深度处存在大量疑似分层缺陷，缺陷分布区域为该塔变径段以下第一个筒节。

发现循环氢脱硫塔 T-1103 存在严重氢鼓泡缺陷之后，该厂开展了针对湿硫化氢环境下服役设备的普查工作，初步发现了 6 台在役设备产生了不同程度的氢鼓泡缺陷，其中 3 台压力容器因存在严重的湿硫化氢损伤而提前报废。

6.4.1 装置的现场检测验证情况

该厂一加氢裂化装置定期检验期间，根据 API581 中关于湿硫化氢损伤的影响因素以及第 2 章中初步总结的易产生湿硫化氢损伤的筛选条件，对该装置中 128 台压力容器进行了筛选，筛选出 24 台较容易产生湿硫化氢损伤的压力容器。重点对这 24 台容器进行检测，采用的检测方法包括相控阵超声检测、超声导波检测、常规超声检测、超声测厚、内外部宏观检查等，最终发现了两台容器存在严重的湿硫化氢损伤。

1. 干气脱硫吸收塔 T-306

在停工定期检验期间，内部宏观检查时发现干气脱硫吸收塔 T-306 的变径段下部两个筒节内壁布满大小不一的鼓泡，部分鼓泡表面已经开裂。该塔主要用于脱除液化石油气干气中的 H_2S 和 CO_2 等酸性气体，其主体材质为 20g 钢，壁厚为 18mm，操作压力为 1.37MPa，操作温度为 49℃，工作介质为干气、二乙醇胺、富胺液，其中硫化氢含量高达 10%（体积分数），也是典型的湿硫化氢腐蚀环境下服役的设备。

宏观检查后，对 T-306 内外壁进行了全面检测，相继采用测厚、直探头超声检测、相控阵超声检测、超声导波超声检测等方法，最终确定第一个筒节内壁存在两块较大的密集氢鼓泡区域，鼓泡直径为 40～60mm，凸起高度为 3～6mm，氢鼓泡深度在 2.5～8.0mm 范围，主要集中在 4.0～7.5mm，外壁整板均存在较密集的氢致开裂；第二个筒节内壁的氢鼓泡分布较为均匀，且氢鼓泡直径和深度范围相对较小，直径为 10～35mm，相邻鼓泡之间的距离为

10mm 左右，氢鼓泡的深度在 2.0~6.0mm 范围，主要集中在 4.5~5.6mm，外壁整板均存在一些氢致开裂。检测验证照片如图 6-7 所示。

内壁氢鼓泡1

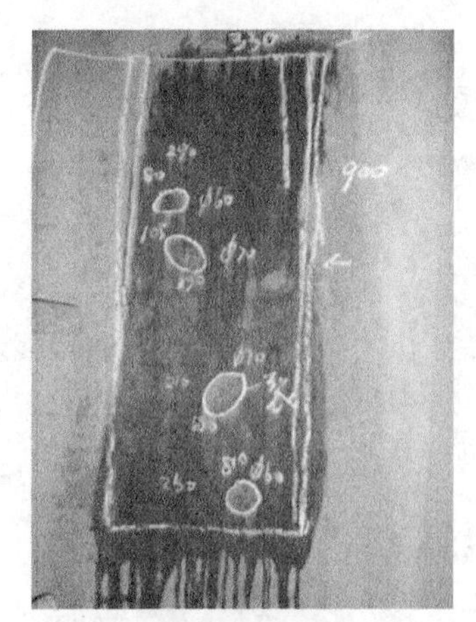

内壁氢鼓泡2

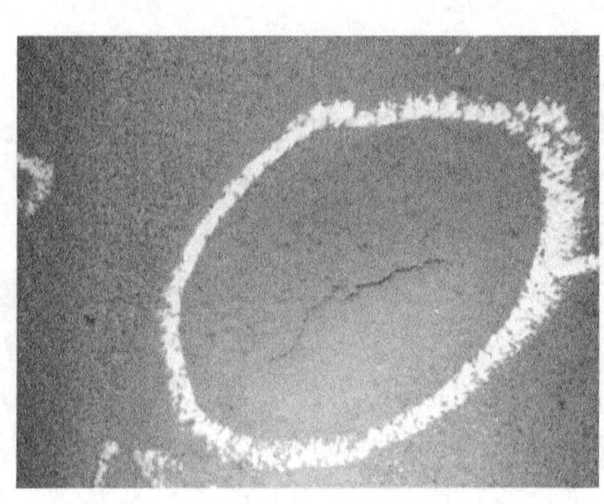

氢鼓泡表面开裂

外壁大面积打磨后进行检测

图 6-7　干气脱硫吸收塔 T-306 检测验证照片

最终，对损伤严重的第一个筒节的鼓泡密集处进行修复，修复方式为更换缺陷密集区域的板材和对部分分散区域的鼓泡进行挖补，对损伤较轻筒节的鼓泡进行泄压处理。通过对该塔进行 RBI 评估和合于使用评价后，决定对该塔实施监控使用，采用电磁超声技术进行在役检测。经过一年多的监控使用，该塔已于 2014 年 11 月份整体报废更换。

2. 低分气分液罐 V-338

检修时发现加氢裂化装置低分气分液罐 V-338 存在泄漏现象，拆除部分保温层发现该容器外壁存在鼓泡缺陷，介质在鼓泡开裂部位发生泄漏。该容器主体材质为 20g 钢，壁厚为 8mm，操作压力为 1.86MPa，操作温度为 40℃，工作介质为烃类、H_2S，其中硫化氢含量高达 10%（体积分数），也是典型湿硫化氢腐蚀环境下服役的设备。该容器已在 2013 年 9 月检修期间报废更换，拆除所有保温层后发现筒体外壁布满大小不一、鼓凸程度不同的鼓泡，鼓泡直径为 5~15mm，凸起高度为 1~3mm，部分鼓泡已经在气体分压作用下开裂。

此外，对其他 22 台筛选出来的压力容器进行检测，检测项目包括内外部宏观检查、超声测厚、相控阵超声检测和超声导波检测等，均未检测出湿硫化氢损伤。现场超声导波检测照片如图 6-8 所示。

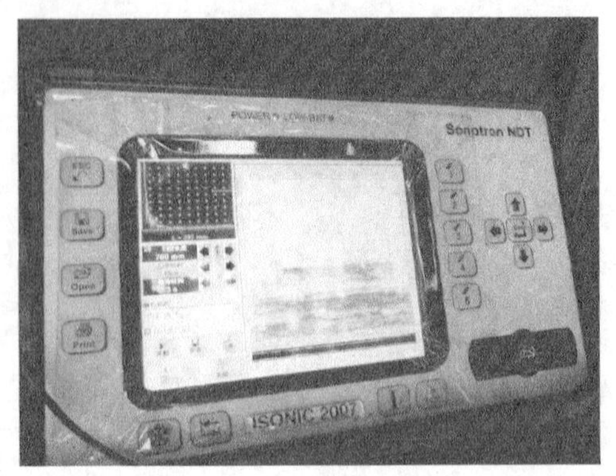

图 6-8　现场超声导波检测照片

6.4.2　易产生湿硫化氢损伤的筛选条件优化

根据 2.3 节中总结出的容易产生湿硫化氢损伤的筛选条件，对加氢裂化装置中 128 台压力容器进行了筛选，最终筛选出 24 台较容易产生湿硫化氢损伤的压力容器，经过检验发现其中 2 台压力容器存在严重的湿硫化氢损伤。其余 104 台不符合筛选条件的压力容器均未检出湿硫化氢损伤，说明了该筛选条件具有较好的全面性。但是，24 台符合筛选条件的压力容器只有 2 台存在严重的湿硫化氢损伤，其余 22 台均未发现。发现问题的两台压力容器介质中硫化氢含量最高，均为 10%（体积分数，下同），其余 22 台未发现损伤的压力容器介质中硫化氢含量也较高，在 0.01%~3%范围。分析原因，有可能是筛选条件过严，也可能是容易产生湿硫化氢损伤的部位没有抽检到。因此，有必要对 2.3 节中总结出的容易产生湿硫化氢损伤的筛选条件进行优化，使之更符合实际情况，更有操作性。

根据本项目的最新研究结论，结合已发现的湿硫化氢容器失效案例和现场检验反馈，提出优化后的容易产生湿硫化氢损伤的筛选条件如下。

1）介质中硫化氢分压：溶液中溶解的硫化氢含量大于 0.005%，或者潮湿气体中硫化氢气相分压大于 0.0003MPa。硫化氢浓度或分压越大，敏感性越高。

2）介质中含液相水或处于水的露点以下。

3）温度：室温到 150℃，最为敏感的温度为室温到 80℃。

4）介质 pH 值：酸性溶液（pH 值小于 5.0），且溶解了硫化氢（一般大于 0.005%）；或者碱性溶液（pH 值大于 7.8），且存在高的硫化氢含量（一般大于 0.2%）。

5）材料：敏感材料为碳钢和低合金钢，常见的有 20g、20G、16MnR（Q355R）、Q235 等，尤其注意较早生产的国产钢材。钢板纯净度较差，杂质较多，硫和磷含量较高，存在严重的带状组织、分层缺陷等，这些均是产生湿硫化氢损伤的助推剂。

6）介质中存在氢氰酸（HCN）或其他氰化物成分（一般在水相中大于 0.002%）。

7）溶液中含有硫氢化铵且含量超过 2%（质量分数）。

8）有氢鼓泡历史的压力容器多数会再次产生氢鼓泡和氢致开裂；工作条件与其他已经

开裂的压力容器相似的，多数也会开裂。

9）氢鼓泡和氢致开裂往往不会单个发生，而是一旦发生就会在一定区域内成片出现，且已发现氢鼓泡的压力容器钢板内部一般会有氢致开裂产生。

10）以往测厚检测发现壁厚存在异常的设备和部位。

上述筛选条件中的1)~5）条是产生湿硫化氢损伤的五个最主要的必要条件，需要同时满足。6)~10）条是一些容易发生湿硫化氢损伤的经验性结论，供筛选时参考。

下面列举一些经验性结论，包括容易发生湿硫化氢损伤的工艺装置及特殊部位、设备及具体部位等，为制定有针对性的检修方案提供参考。

湿硫化氢损伤容易发生的装置几乎涵盖了所有具有湿硫化氢环境的炼油装置，如催化裂化装置、常减压装置、加氢装置、延迟焦化装置、制硫装置的轻油分馏系统和酸性水系统、乙烯裂解装置的压缩系统及裂解与急冷系统的急冷部分等。据 API 统计显示，各装置的开裂比例不同，从原有蒸馏装置和焦化分馏装置的 18%~19% 的较低比例到硫化催化裂化（FCC）轻油装置的 45% 的高比例。其他较高开裂比例的装置包括 FCC 分馏装置（41%）、液化石油气装置（LPG）（41%）、常压轻油装置（38%）、催化重整装置（34%）、火炬（30%）、胺/碱装置（29%）、酸性水汽提塔（28%）和加氢裂化装置（28%）。此外，工艺装置的以下特殊部位发生过明显的湿硫化氢损伤：

1）催化裂化装置分馏及轻馏分回收部分，包括分离出的塔顶馏出物蒸气。

2）加氢裂化和加氢处理装置分离及分馏部分。

3）焦化轻馏分回收部分，包括分离出的塔顶馏出物蒸气。

4）酸性水汽提装置塔顶馏出物系统。

5）链烷醇酰胺酸性气脱除装置的接触器、汽提器和塔顶馏出物系统。

湿硫化氢损伤容易发生的压力容器主要为未采用抗 HIC 钢制造的塔器、换热器、分离器、分液罐、回流罐、液化石油气储罐、球罐等，且各种壁厚均可能发生，压力管道上相对较少发生。压力容器上容易发生的部位具有以下规律：

1）有可能导致水相冷凝、喷溅或聚集的有塔盘的塔式容器更容易产生氢鼓泡和氢致开裂。产生冷凝的蒸汽区域或间歇湿润部位常常是最容易被破坏的。

2）容易发生的部位为处于湿硫化氢损伤敏感温度区间、硫化氢容易积聚、含量高的部位，如塔式容器的变径段以下第一个、第二个筒节，卧式容器的中上部气液交界处。

3）一般来说，内壁氢鼓泡的发生概率较外壁氢鼓泡多，因此宏观检查时应重点检查内壁。

针对很多石化装置中设备工艺参数的不确定性问题及相关失效案例不是很全面的情况，应综合考虑上述筛选条件。并且这些筛选条件的设置是动态的，应根据国内外的最新研究成果、新的失效案例及现场检验结果反馈等予以修正。

第 7 章

湿硫化氢损伤检验结论

7.1　常规金属压力容器安全状况定级

对于金属压力容器定期检验而言，按照 TSG 21—2016《固定式压力容器安全技术监察规程》8.7.1.1 的规定——“综合评定安全状况等级为 1 级至 3 级的金属压力容器，检验结论为符合要求，可以继续使用；安全状况等级为 4 级的，检验结论为基本符合要求，有条件地监控使用；安全状况等级为 5 级的，检验结论为不符合要求，不得继续使用。”而对于金属压力容器安全状况的评级，也做出了明确的规定以供参考。

7.1.1　评定原则

1）安全状况等级根据压力容器检验结果综合评定，以其中项目等级最低者为评定等级。

2）需要改造或者修理的压力容器，按照改造或者修理结果进行安全状况等级评定。

3）安全附件检验不合格的压力容器不允许投入使用。

7.1.2　材料问题

主要受压元件材料与原设计不符、材质不明或者材质劣化的，按以下要求进行安全状况等级评定。

1）用材与原设计不符，如果材质清楚，强度校核合格，经过检验未查出新生缺陷（不包括正常的均匀腐蚀，检验人员认为可以安全使用的，不影响定级）；如果使用中产生缺陷，并且确认是用材不当所致，可以定为 4 级或者 5 级。

2）材质不明，对于经过检验未查出新生缺陷（不包括正常的均匀腐蚀），强度校核合格的（按照同类材料的最低强度进行），在常温下工作的一般压力容器，可以定为 3 级或者 4 级；液化石油气储罐定为 5 级。

3）发现存在表面脱碳、渗碳、石墨化、回火脆化等材质劣化现象及蠕变、高温氢腐蚀现象，并且已经产生不可修复的缺陷或者损伤时，根据损伤程度定为 4 级或者 5 级；如果损伤程度较微，能够确认在规定的操作条件下和检验周期内安全使用的可以定为 3 级。

7.1.3　结构问题

对于有不合理结构的压力容器，按照以下要求进行安全状况等级评定。

1）封头主要参数不符合相应产品标准，经过检验未查出新生缺陷（不包括正常的均匀腐蚀)，可以定为 2 级或 3 级；如果有缺陷，可以根据相应的条款进行安全状况等级评定。

2）封头与筒体的连接，如果采用单面焊对接结构，而且存在未焊透时，按照 7.1.7 节定级；如果采用搭接结构，可以定为 4 级或者 5 级；不等厚度板（锻件）对接接头，未按照规定进行削薄（或者堆焊）处理，经过检验未查出新生缺陷（不包括正常的均匀腐蚀）的，可以定为 3 级，否则定为 4 级或者 5 级。

3）焊缝布置不当、十字焊缝或者焊缝间距不符合产品标准的要求，经过检验未查出新生缺陷（不包括正常的均匀腐蚀）的，可以定为 3 级；如果查出新生缺陷，并且确认是由于焊缝布置不当引起的，则定为 4 级或者 5 级。

4）按照规定应当采用全焊透结构的角接焊缝或者接管角焊缝，而没有采用全焊透结构的，如果未查出新生缺陷（不包括正常的均匀腐蚀)，可以定为 3 级，否则定为 4 级或者 5 级。

5）如果开孔位置不当，经过检验未查出新生缺陷（不包括正常的均匀腐蚀)，对于一般压力容器，可以定为 2 级或 3 级；对于有特殊要求的压力容器，可以定为 3 级或者 4 级；如果开孔的几何参数不符合产品标准的要求，其计算和补强结构经过特殊考虑的，不影响评级，未经特殊考虑的，可以定为 4 级或者 5 级。

7.1.4　表面裂纹及凹坑

内、外表面不允许有裂纹。如果有裂纹，应当打磨消除，打磨后形成的凹坑在允许范围内的，不影响定级；否则，应当补焊或者进行应力分析，经过补焊合格或者应力分析结果表明不影响安全使用的，可以定为 2 级或者 3 级。

裂纹打磨后形成凹坑的深度，如果小于壁厚余量（壁厚余量=实测壁厚-名义厚度+腐蚀裕量)，则该凹坑允许存在。否则，将凹坑按照其外接矩形规则化为长轴长度、短轴长度及深度分别为 $2A$(mm)、$2B$(mm) 及 C(mm) 的半椭球形凹坑，计算无量纲参数 G_0，如果 $G_0<0.10$，则该凹坑在允许范围内。

进行无量纲参数计算的凹坑应当满足如下条件：

1）凹坑表面光滑、过渡平缓，凹坑半宽 B 不小于凹坑深度 C 的 3 倍，并且其周围无其他表面缺陷或者埋藏缺陷。

2）凹坑不靠近几何不连续或者存在尖锐棱角的区域。

3）压力容器不承受外压或者疲劳载荷。

4）$T/R<0.18$ 的薄壁圆筒壳或者 $T/R<0.10$ 的薄壁球壳。

5）材料满足压力容器设计规定，未发现劣化。

6）凹坑深度 C 小于壁厚 T 的 1/3 并且小于 12mm，坑底最小厚度（$T-C$）不小于 3mm。

7）凹坑半长 $A\leqslant 1.4\sqrt{RT}$。

凹坑缺陷无量纲参数按照下式计算。

$$G_0=\frac{C}{T}\frac{A}{\sqrt{RT}}$$

式中　T——凹坑所在部位压力容器的壁厚（取实测壁厚减去至下次检验日期的腐蚀量）(mm)；

R——压力容器平均半径（mm)。

7.1.5 咬边

内表面焊缝咬边深度不超过0.5mm、咬边连续长度不超过100mm，并且焊缝两侧咬边总长度不超过该焊缝长度的10%时；外表面焊缝咬边深度不超过1.0mm、咬边连续长度不超过100mm，并且焊缝两侧咬边总长度不超过该焊缝长度的15%时，按照以下要求评定其安全状况等级：

1）一般压力容器不影响定级，超过时应当予以修复。

2）有特殊要求的压力容器，检验时如果未查出新生缺陷（例如焊趾裂纹），可以定为2级或者3级；查出新生缺陷或者超过本条要求的，应当予以修复。

3）低温压力容器不允许有焊缝咬边。

7.1.6 腐蚀

有腐蚀的压力容器，按照以下要求评定安全状况等级：

1）分散的点腐蚀，如果腐蚀深度不超过名义壁厚扣除腐蚀裕量后的1/3，不影响定级；如果在任意200mm直径的范围内，点腐蚀的面积之和不超过4500mm^2，或者沿任一直线的点腐蚀长度之和不超过50mm，不影响定级。

2）均匀腐蚀，如果按照剩余壁厚（实测壁厚最小值减去至下次检验期的腐蚀量）强度校核合格的，不影响定级；经过补焊合格的，可以定为2级或者3级。

3）局部腐蚀，腐蚀深度超过壁厚余量的，应当确定腐蚀坑形状和尺寸，并且充分考虑检验周期内腐蚀坑尺寸的变化，可以按照7.1.4节部分要求进行评定。

4）对内衬和复合板压力容器，腐蚀深度不超过衬板或者覆材厚度1/2的不影响定级，否则应当定为3级或者4级。

7.1.7 焊缝埋藏缺陷

相应压力容器产品标准允许的焊缝埋藏缺陷不影响定级；缺陷超出相应产品标准的，按照以下要求评定安全状况等级：

1）单个圆形缺陷的长径大于壁厚的1/2或者大于9mm，定为4级或者5级；圆形缺陷的长径小于壁厚的1/2并且小于9mm，其相应的安全状况等级评定见表7-1和表7-2。

表7-1 规定只要求局部无损检测的压力容器（不包括低温压力容器）圆形缺陷与相应的安全状况等级

安全状况等级	不同评定区尺寸和实测厚度下的缺陷点数					
	评定区/mm					
	10×10			10×20		10×30
	实测厚度 t/mm					
	$t \leq 10$	$10 < t \leq 15$	$15 < t \leq 25$	$25 < t \leq 50$	$50 < t \leq 100$	$t > 100$
2级或者3级	6~15	12~21	18~27	24~33	30~39	36~45
4级或者5级	>15	>21	>27	>33	>39	>45

表 7-2　规定要求 100%无损检测的压力容器（包括低温压力容器）圆形缺陷与相应的安全状况等级

安全状况等级	不同评定区尺寸和实测厚度下的缺陷点数					
	评定区/mm					
	10×10			10×20		10×30
	实测厚度 t/mm					
	$t\leqslant10$	$10<t\leqslant15$	$15<t\leqslant25$	$25<t\leqslant50$	$50<t\leqslant100$	$t>100$
2 级或者 3 级	3~12	6~15	9~18	12~21	15~24	18~27
4 级或者 5 级	>12	>15	>18	>21	>24	>27

表 7-1、表 7-2 中圆形缺陷尺寸换算成缺陷点数，以及不计点数的缺陷尺寸要求按 NB/T 47013 的相应规定。

2）非圆形缺陷与相应的安全状况等级评定见表 7-3 和表 7-4。

表 7-3　一般压力容器非圆形缺陷与相应的安全状况等级

缺陷位置	缺陷尺寸/mm			安全状况等级
	未熔合	未焊透	条状夹渣	
球壳对接焊缝；筒体纵焊缝，以及与封头连接的环焊缝	$H\leqslant0.1t$，且 $H\leqslant2$；$L\leqslant2t$	$H\leqslant0.15t$，且 $H\leqslant3$；$L\leqslant3t$	$H\leqslant0.2t$，且 $H\leqslant4$；$L\leqslant6t$	3 级
筒体环焊缝	$H\leqslant0.15t$，且 $H\leqslant3$；$L\leqslant4t$	$H\leqslant0.2t$，且 $H\leqslant4$；$L\leqslant6t$	$H\leqslant0.25t$，且 $H\leqslant5$；$L\leqslant12t$	

表 7-4　有特殊要求的压力容器非圆形缺陷与相应的安全状况等级

缺陷位置	缺陷尺寸/mm			安全状况等级
	未熔合	未焊透	条状夹渣	
球壳对接焊缝；筒体纵焊缝，以及与封头连接的环焊缝	$H\leqslant0.1t$，且 $H\leqslant2$；$L\leqslant t$	$H\leqslant0.15t$，且 $H\leqslant3$；$L\leqslant2t$	$H\leqslant0.2t$，且 $H\leqslant4$；$L\leqslant3t$	3 级或者 4 级
筒体环焊缝	$H\leqslant0.15t$，且 $H\leqslant3$；$L\leqslant2t$	$H\leqslant0.2t$，且 $H\leqslant4$；$L\leqslant4t$	$H\leqslant0.25t$，且 $H\leqslant5$；$L\leqslant6t$	

表 7-3、表 7-4 中 H 是指缺陷在板厚方向的尺寸，也称缺陷高度；L 是指缺陷长度；t 为实测厚度。对所有超标非圆形缺陷均应当测定其高度和长度，并且在下次检验时对缺陷尺寸进行复验。

3）如果能采用有效方式确认缺陷是非活动的，则表 7-3、表 7-4 中的缺陷长度容限值可以增加 50 %。

7.1.8　其他问题

1）变形：根据变形原因分析，不能满足强度和安全要求的，可以定为 4 级或者 5 级。

2）环境开裂和机械损伤：存在环境开裂倾向或者产生机械损伤现象的压力容器，发现裂纹，应当打磨消除，在规定的操作条件下和检验周期内无法达到安全使用要求的，则定为4级或者5级。

3）母材分层：母材有分层的，当其存在与自由表面夹角大于或等于10°的分层时，检验人员可以采用其他检测或者分析方法进行综合判定，确认分层影响压力容器安全使用的，可以定为4级或者5级。

4）鼓泡：使用过程中产生的鼓泡应当查明原因，判断其稳定状况，如果无法查清起因，或者虽查明原因但是仍然会继续扩展的，定为4级或者5级。

5）超高压容器：主要受压元件材质不清、内外表面发现裂纹且未做修磨和修磨后强度校核不能满足要求、发现穿透性裂纹、材质发生劣化导致无法安全运行或存在其他严重缺陷的超高压容器，应当定为5级。

6）耐压试验：属于压力容器本身原因导致耐压试验不合格的，可以定为5级。

7）其他关于压力容器的绝热性能、错边量和棱角度等方面的评级要求，可具体参照TSG 21的相关规定。

7.2 湿硫化氢环境压力容器检验结论

本书在第2章对湿硫化氢环境及湿硫化氢损伤模式进行了介绍，结合《湿硫化氢腐蚀环境固定式压力容器定期检验规范》及筛选结果，对湿硫化氢腐蚀环境及湿硫化氢损伤模式进行了进一步细化分类。

7.2.1 湿硫化氢环境分类

对于湿硫化氢腐蚀环境，当容器接触的介质在液相中存在游离水，且具备下列条件之一时，方可定义为湿硫化氢腐蚀环境：

1）游离水中溶解的硫化氢浓度大于50mg/L。

2）游离水的pH值小于4.0，且溶有硫化氢。

3）游离水中氰氢酸（HCN）含量大于20mg/L并溶有硫化氢。

4）气相中的硫化氢分压（绝）大于0.3kPa。

压力容器在湿硫化氢腐蚀环境下使用时，钢材表面腐蚀渗氢可引起四种损伤模式，即氢鼓泡（HB）、氢致开裂（HIC）、应力导向氢致开裂（SOHIC）、硫化物应力腐蚀开裂（SSCC）。

1. Ⅱ类湿硫化氢腐蚀环境

对于容器的工作环境为室温至150℃并符合下列任一条件时，可将其定义为Ⅱ类湿硫化氢腐蚀（HIC、SOHIC、HB）环境：

1）由含水腐蚀产生的氢活性高。

2）硫化氢在水中的浓度大于2000mg/L，且pH值大于7.6。

3）硫化氢在水中的浓度大于50mg/L，且pH值小于4.0。

4）游离水的pH值大于7.6，且水中HCN或氰化物含量大于20mg/L，并有硫化氢溶于其中。

2. Ⅰ类湿硫化氢腐蚀环境

湿硫化氢腐蚀环境不符合Ⅱ类的即称为Ⅰ类湿硫化氢腐蚀（SSCC）环境。

7.2.2　易发生湿硫化氢损伤的设备及部位

第2章初步列出了压力容器易发生湿硫化氢损伤的条件，并通过进一步的检测、诊断及在役检测，对该条件进行了进一步优化，此处对易发生湿硫化氢损伤的设备及部位做进一步的总结概述。

1. 容易发生湿硫化氢损伤的装置和压力容器

1）湿硫化氢损伤容易发生的装置几乎涵盖了所有具有湿硫化氢环境的炼油厂生产装置，其中硫化催化裂化装置、常减压装置、加氢装置、延迟焦化装置、硫黄回收装置、制硫装置的轻油分馏系统和酸性水系统、乙烯裂解装置的压缩系统及裂解与急冷系统的急冷部分等发生湿硫化氢损伤的概率较大。

2）湿硫化氢损伤容易发生的压力容器类型有塔式压力容器、换热器、分离器、分液罐等，已有相关湿硫化氢损伤失效案例发生的压力容器有循环氢脱硫塔、干气脱硫吸收塔、单乙醇胺吸收塔、脱硫化氢汽提塔后冷器、轻油冷却器、加氢分离罐、低分气分液罐等。

2. 容易发生湿硫化氢损伤的部位

压力容器的以下部位容易发生湿硫化氢损伤：

1）有可能导致水相冷凝、喷溅或聚集的有塔盘的塔式容器的蒸汽区域或间歇湿润部位，如塔式容器的变径段以下第一个、第二个筒节。

2）压力容器的气液交界处附近和液相区上部湿度较大的气相空间。

3）硬度异常的压力容器焊接接头部位。

4）压力容器的集液包或疏水罐区域，或低处有水相冷凝的部位。

5）容器金属壁温低于水的露点的部位。

7.2.3　湿硫化氢损伤检验方案

当压力容器符合Ⅰ类湿硫化氢腐蚀（SSCC）环境时，按照TSG 21有关定期检验项目和方法的规定制定检验方案，同时适当增加超声测厚抽查的密度及焊缝内表面无损检测比例。

当压力容器符合Ⅱ类湿硫化氢腐蚀（HIC、SOHIC、HB）环境，或符合Ⅰ类湿硫化氢腐蚀（SSCC）环境且满足以下条件之一时，应针对湿硫化氢损伤模式特点制定专项检验方案：

1）曾经发生过湿硫化氢损伤。

2）历次检验发现分层缺陷或壁厚异常。

3）金相检验发现存在带状组织。

4）钢板材质为非抗氢致开裂钢。

在制定专项检验方案时，应针对筛选出的容易发生湿硫化氢损伤的部位进行重点检验。

7.2.4　湿硫化氢损伤检验项目

在本书第4章、第5章的内容中，已经介绍了检测压力容器湿硫化氢损伤的一些快速检测方法及诊断方案，提供了技术支持，下面将结合前文内容，对湿硫化氢损伤的相关检验项目做大致介绍。

1. 氢鼓泡和氢致开裂的检验

（1）宏观检验　宏观检验一般采用目视方式，对容器内、外壁可能出现的氢鼓泡进行检查。必要时可采用辅助光源（如手电筒），不过需注意容器壳体曲率的影响。

若容器外侧检验时因环境明亮而无法直接采用辅助光源法，可通过调整检查时间或人工干预的方式降低环境亮度，必要时可直接采用手触摸检查。对于因结构原因等条件限制不能进行直接观察的部位，可使用内窥镜等辅助工具进行宏观检验。

（2）可疑部位排查　采用声学无损检测方法对压力容器的筒节和封头母材进行抽查。抽查筒节（包括封头）的比例不少于30%。容易发生湿硫化氢损伤的部位、宏观检验发现的可疑部位、已发现氢鼓泡的同一张（批）钢板的其他区域应重点排查。

当需要抽查的部位面积较大时，优先采用具有壁厚数据连续记录、C扫和D扫成像功能的超声检测方法，可采用电磁超声自动爬行检测方法。面积较小的局部区域可采用常规脉冲反射式超声测厚方法或TOFD检测方法进行检测。受结构或位置限制，无法直接检测的部位可采用高频超声导波检测。

上述方法对氢鼓泡和氢致开裂的推荐适用范围及检出率见表7-5。

表7-5　检测方法对比表

快速排查方法	推荐适用范围	检测条件	检出率	效率
电磁超声自动爬行检测	外检时，容器外径大于或等于800mm 内检时，容器内径大于或等于3000mm	拆除影响检测的隔热层、内构件等障碍物	高	高
常规脉冲反射式超声测厚	不限	拆除影响检测的隔热层、内构件等障碍物，去除非金属防腐涂层、积垢及铁锈，高处搭设脚手架	高	低
TOFD检测	手动推扫可达部位，容器壁厚≥12mm	拆除影响检测的隔热层、内构件等障碍物，去除非金属防腐涂层、积垢及铁锈，高处搭设脚手架	高	较高
高频超声导波检测	无明显几何不连续处，容器壁厚≤40mm	拆除影响检测的隔热层、内构件等障碍物，去除非金属防腐涂层、积垢及铁锈，高处搭设脚手架	较高	较高

（3）缺陷诊断　对宏观检查发现的鼓泡部位，以及运用各检测方法排查发现的可疑部位，需要对其进行缺陷诊断时，应采用相控阵超声检测，确定缺陷的分布、尺寸等情况，尽可能采用不同检测工艺互相复验，并进行综合分析后给定诊断结论。必要时可采用全聚焦相控阵超声检测（TFM）进行诊断。

2. 应力导向氢致开裂和硫化物应力腐蚀开裂的检验

应力导向氢致开裂和硫化物应力腐蚀开裂的检测以表面无损检测为主，优先采用磁粉检测方法。压力容器外表面（必要时）可采用黑磁粉进行检测，内表面应采用荧光磁粉检测。对接接头内表面抽查长度应不少于其总长度的30%。容易发生湿硫化氢损伤的部位及宏观检验发现的可疑部位，母材内表面宜采用荧光磁粉检测。

碳钢及低合金钢制容器的焊接接头和其他有怀疑的部位应进行硬度抽查。当硬度值超过200HBW 时，应结合表面无损检测或金相分析的结果确定是否发生开裂。

发现表面裂纹后，可进一步增加金相分析（如果此前检验未进行）、材质分析、应力分析、介质成分分析等，综合确定开裂机理。

7.2.5 湿硫化氢环境下压力容器安全状况定级

对湿硫化氢环境下压力容器的安全状况等级评定原则上按 TSG 21 中安全状况等级评定的相关规定执行，且应符合以下要求：

1）压力容器存在氢鼓泡，当单个氢鼓泡的尺寸大于或等于 2 倍公称壁厚或者单个氢鼓泡内部顶端距离钢板表面距离大于或等于 1/4 公称壁厚，或者每平方米（折算值）壳体范围内密集氢鼓泡投影面积占的比例大于或等于 50%时，安全状况等级定为 5 级。对其他情况下的氢鼓泡，进行修理后不影响继续安全使用的，安全状况等级可定为 3 级或 4 级。

2）压力容器存在氢致开裂或应力导向氢致开裂的，当氢致开裂或应力导向氢致开裂的壁厚方向上的扩展深度大于或等于 1/5 公称壁厚，或已扩展至容器表面时，安全状况等级定为 5 级。其他情况下的氢鼓泡，进行修理后不影响继续安全使用的，安全状况等级可定为 3 级或 4 级。

3）压力容器存在硫化物应力腐蚀开裂时，应打磨消除后，按照 TSG 21—2016 中 8.5.4 的要求进行处理，可以满足在规定的操作条件下和检验周期内安全使用要求的，安全状况等级定为 3 级，否则定为 4 级或 5 级。

4）压力容器母材存在分层且分层的尖端不具有垂直扩展特征时，如果压力容器符合 I 类湿硫化氢腐蚀（SSCC）环境，可按照 TSG 21—2016 中 8.5.11 的规定评定等级，必要时在下一检验周期内对分层进行监控使用；如果压力容器符合 Ⅱ 类湿硫化氢腐蚀（HIC、SO-HIC、HB）环境，安全状况等级定为 3 级。

5）压力容器母材有分层且分层的尖端具有垂直扩展特征时，安全状况等级定为 4 级或 5 级。

第 8 章

湿硫化氢损伤的有限元模拟

在役含缺陷加氢装置安全评估中，先后涌现了以线弹性断裂理论为基础的评定方法、以COD法（裂纹张开位移法）为依据的评定方法及以 J 积分为基础的评定方法，都在相当长的时期内广泛应用于压力容器的安全评定中。本章也在这些方法的基础上进行有限元模拟，并为最后应用合于使用的准则对实际存在氢鼓泡的在役设备进行可行性评估打好基础。

本章中，我们将对加氢装置中含氢鼓泡缺陷的有限元分析方法进行介绍，试图从最初的氢原子扩散开始，对基体中含有夹杂的氢原子聚集规律进行研究。并结合断裂力学中的应力强度因子，对含氢鼓泡裂纹的筒体进行有限元模拟，得到相应的 K 因子值，对鼓泡开裂倾向做出评估。再根据充氢材料的弹塑性参数来模拟在弹塑性情况下鼓泡裂纹尺寸鼓起高度与内压的关系，来估算不同鼓起高度下鼓泡内部压力，以及相应的 J 积分值。

8.1 湿硫化氢环境下氢扩散的数值模拟

氢腐蚀对化工设备的影响显而易见，氢原子扩散进入钢基体，然后遇到夹杂或者气孔发生聚集而产生氢压，进而对化工设备产生巨大危害。进入设备基体中的氢原子是由两方面的原因产生的，一方面是由制造化工设备的钢材在加工制造过程或生产工艺过程所引入的，这部分氢原子是最先引入的并且浓度相对较小，对在役化工设备的危害程度相对而言也较小。另一方面是由于化工设备在服役时，在其所处的环境中因腐蚀介质例如硫化氢的存在而与基体金属发生化学或电化学反应所产生的氢原子，这部分氢原子的浓度范围变化较大，对化工设备的危害程度也各不相同，但是相对第一种氢原子来源来说危害较大。到目前为止，常用的试验方法例如甘油法、水银法等，都只是对整体试样中的可溢出进行测量，对于试样中具体位置处的氢浓度不能有效地测量。故本文采用数值模拟的新方法，对试样中不同位置处的氢扩散规律及不同位置处的氢浓度进行数值模拟。针对第二种氢原子来源进行深入的研究，找到不同情况下对氢扩散的影响。在基于多种研究结果的情况下，试图找到一种能在作为氢损伤根源的氢扩散这一环节的治理措施。

8.1.1 扩散理论

1. 扩散的形式

由于浓度梯度的存在，基体或固体中微粒从高浓度区向低浓度区移动导致浓度均匀化的运动行为称为扩散。扩散行为不是由于力的作用而产生的，而是一种原子的随机运动所产生的结果。当研究的基体为固体时，扩散分为空位扩散与间隙扩散。原子将在固体基体中不断地运动，其将会很快地改变所在的位置。

原子跟周围空位进行位置互换称为空位扩散。这也适用于置换杂质原子。空位扩散的扩散速率取决于空位数量及交换激活能。图 8-1 所示为空位扩散示意。

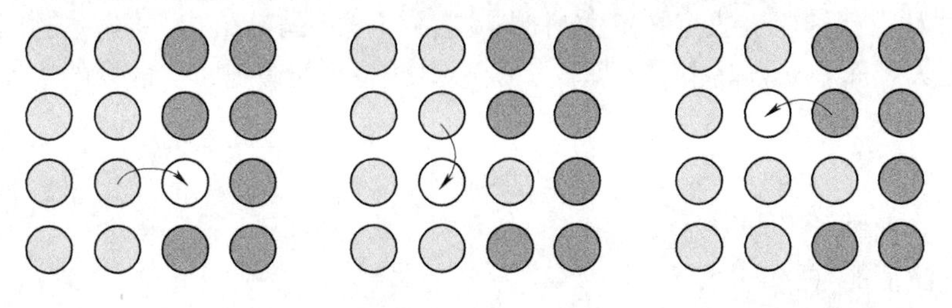

图 8-1　空位扩散示意

很小的原子（H、C、O、N）可以在基体金属原子之间进行扩散，这称为间隙扩散。由于移动的原子更小以及间隙更大，间隙扩散速度比空位扩散要更快。如图 8-2 所示为间隙扩散示意图。

2. 稳态扩散

假设基体原子有序排列在一个平面内，溶质原子 B 很好地融入了基体原子间隙而且不引起任何基体晶格的变形。如果溶质原子 B 在某一方向浓度有所不同（见图 8-3），那么溶质原子 B 将会在基体中进行扩散直到整个基体中 B 原子的浓度达到相同为止。

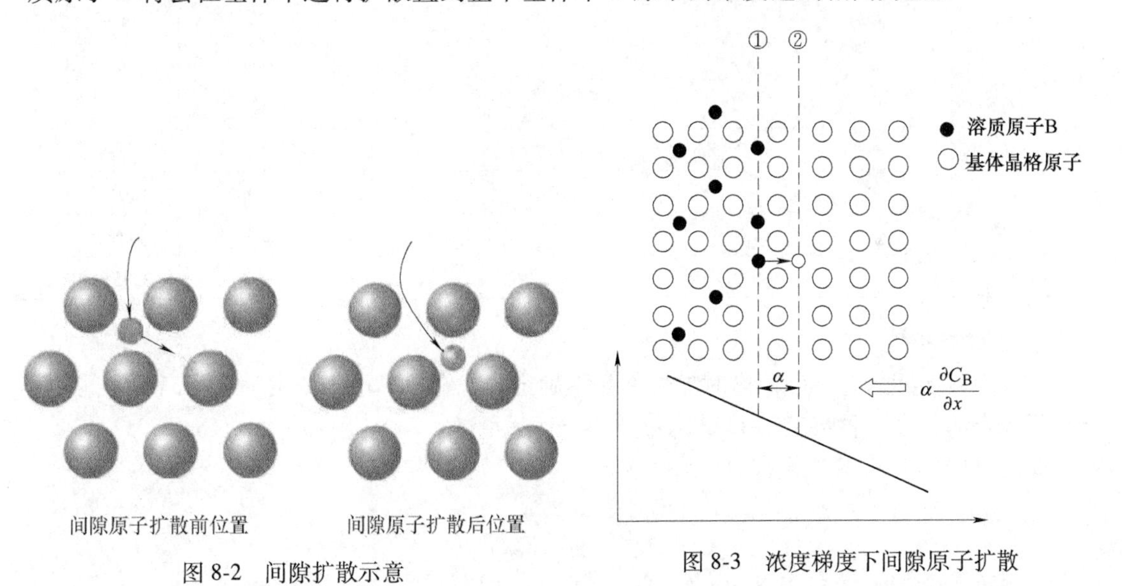

图 8-2　间隙扩散示意

图 8-3　浓度梯度下间隙原子扩散

Fick 第一定律是在稳态扩散假设的情况下把扩散通量与浓度结合在一起，在同一个方向上有

$$J = -D\frac{\partial C}{\partial x} \tag{8-1}$$

式中　J——原子扩散通量，单位时间内通过单位面积的原子数量；

D——扩散系数；

$\frac{\partial C}{\partial x}$——扩散原子浓度梯度。

扩散系数 D 由五种原因决定：扩散机制；扩散温度；晶格结构，体心立方晶格（BCC）的扩散速率要大于面心立方晶格（FCC）扩散速率；晶格的瑕疵；扩散物的浓度。扩散系数随温度变化的公式为

$$D = -D_0 e^{-Q_d/RT} \tag{8-2}$$

式中　D_0——指前因子（mm^2/s）；

Q_d——激活能（J/mol）；

R——气体常数［8.314J/(mol·K)］；

T——绝对温度。

扩散系数中各个变量的参考数据见表 8-1。

表 8-1　扩散系数中各个变量的参考数据

扩散介质	主要元素	前因子 D_0 /(mm^2/s)	活化能 Q_d		计算数值	
			kJ/mol	eV/atom	T/K	D/(mm^2/s)
Fe	α-Fe BCC	2.8×10^2	251	2.6	773 1173	3.0×10^{-15} 1.8×10^{-9}
Fe	γ-Fe FCC	5.0×10	284	2.94	1173 1373	1.1×10^{-11} 7.8×10^{-10}
Q245R(20g)	—	2.429	18.676	—	298 323	1.29×10^{-3} 2.32×10^{-3}
Q355R(16MnR)	—	3.688	21.178	—	298	4.77×10^{-5}
Q235	—	7.35	27.655	—	298	1.04×10^{-4}
工业纯铁	—	0.107	7.71	—	298	4.76×10^{-3}
10 钢	—	5.07×10^6	19140	—	298	2.23×10^{-9}

3. 非稳态扩散

在大多数实际情况下，稳态时的条件是不确定的，在氢扩散中浓度随着距离和时间的变化是不确定的，在这种情况下 Fick 第一定律是不适用的。

此时要应用 Fick 第二定律（见图 8-4）：

$$\frac{\partial C}{\partial t} = \frac{\partial}{\partial x}\left(D\frac{\partial C}{\partial x}\right) \tag{8-3}$$

如果扩散系数 D 与浓度之间的联系忽略不计，那么方程可以化简为

$$\frac{\partial C}{\partial t} = D\frac{\partial^2 C}{\partial x^2} \tag{8-4}$$

氢扩散问题按扩散阶段质量守恒的要求定义如下：

$$\int \frac{\mathrm{d}c}{\mathrm{d}t}\mathrm{d}V + \int nJ\mathrm{d}S = 0 \tag{8-5}$$

式中　V——表面为 S 的面的体积；

n——垂直于面 S 的外法向量；

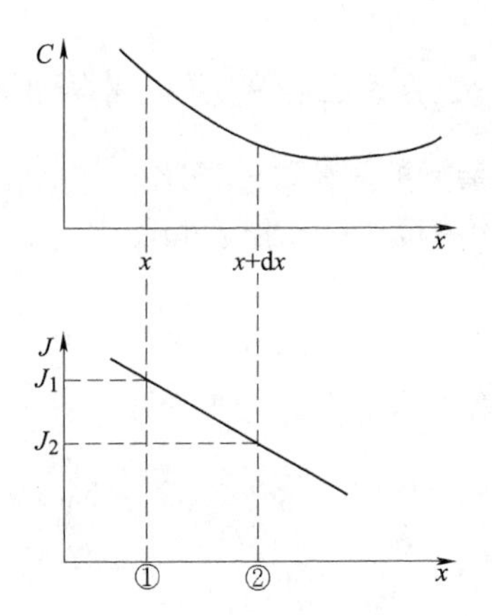

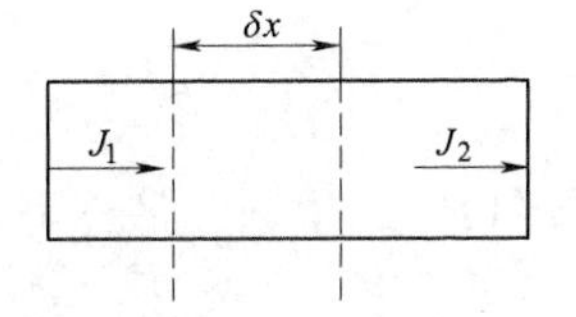

图 8-4　Fick 第二定律的推导

J——扩散阶段中浓度变化的通量；

nJ——离开面 S 的浓度通量。

利用散度定理，得

$$\int\left(\frac{\mathrm{d}c}{\mathrm{d}t}+\frac{\partial}{\partial x}J\right)\mathrm{d}v=0 \tag{8-6}$$

又因为体积是任意变化的，这提供了如下逐点积分方程：

$$\frac{\mathrm{d}c}{\mathrm{d}t}+\frac{\partial}{\partial x}J=0 \tag{8-7}$$

等效方程式为

$$\int_v\delta\phi\left(\frac{\mathrm{d}c}{\mathrm{d}t}+\frac{\partial}{\partial x}J\right)\mathrm{d}v=0 \tag{8-8}$$

式中　$\delta\phi$——一个任意的适当连续标量场，可以写为

$$\int_v\left[\delta\phi\left(\frac{\mathrm{d}c}{\mathrm{d}t}\right)+\frac{\partial}{\partial x}(\delta\phi J)-J\frac{\partial\delta\phi}{\partial x}\right]=0 \tag{8-9}$$

从而得到氢扩散的本构方程：

$$J=-sD\left\{\frac{\partial\phi}{\partial x}+k_{\mathrm{S}}\frac{\partial}{\partial x}[\ln(\theta-\theta^{\mathrm{Z}})]+k_{\sigma}\frac{\partial\sigma}{\partial x}\right\} \tag{8-10}$$

式中　s——氢在不同介质中的溶解度；

D——氢在不同介质中的扩散系数；

k_{S}——Soret effect 因子，主要提供存在温度梯度下的氢诱导扩散；

θ——介质温度场；

θ^{Z}——绝对温度零度；

k_{σ}——应力辅助扩散因子，主要提供介质存在应力梯度下氢诱导扩散；

σ——任意预应力场变量。

8.1.2 基体及夹杂第二相的氢扩散模拟

1. 基体及夹杂氢扩散参数的确定

氢在金属中溶解度取决于温度和压力，假设气体氢和溶解在金属中氢处于平衡状态，反应的方程如下：

$$H_2\text{（气体）} = 2H\text{（溶解在金属中氢）}$$

反应的自由焓改变量为

$$\Delta Z = \Delta Z^\circ + RT\ln\frac{c_H}{\sqrt{P_{H_2}}} \tag{8-11}$$

平衡状态时 $\Delta Z = 0$，因此

$$\Delta Z^\circ = -RT\ln\frac{c_H}{\sqrt{P_{H_2}}}$$

当温度恒定时 ΔZ° 和 RT 为常数，最终可写为

$$c_H = s\sqrt{P_{H_2}} \tag{8-12}$$

式（8-12）即为Sievert定律，该式表明，溶解在基体中的氢浓度 c_H 与平衡状态下的氢压的平方根成正比例。将热力学公式

$$\Delta Z^\circ = \Delta H - T\Delta s \tag{8-13}$$

代入式（8-12），最终化为

$$c_H = A\sqrt{P_{H_2}}\,e^{\frac{-\Delta H}{RT}} \tag{8-14}$$

此即是氢在铁中的溶解度方程，当压力一定时，c_H 随温度的升高而增加。一般情况下认为 $A = e^{\frac{\Delta s}{R}} = 1$，式（8-14）中 ΔH 值见表8-2。

表8-2　溶解度方程中 ΔH 值

状态	α-Fe	γ-Fe	δ-Fe	铁液
$\Delta H/(\mathrm{J/mol})$	23977	23852	25693	30464

Hirth给出了溶解度公式：

$$c_H = 33.1\sqrt{P}\exp\frac{-3440}{T} \tag{8-15}$$

当氢压较高时，例如 $P\geqslant 2\times10^7\mathrm{Pa}$，此时应当使用逸度 f_{H_2} 来代替氢压，因为氢不是理想气体。氢压与逸度的关系见表8-3。

表8-3　氢压与逸度的关系

氢压	27.7	217	987	1315	1955	2.5×10^3	8.99×10^3	1.2×10^4	2.14×10^4
逸度	28.1	247	1860	3060	6880	1.25×10^4	1.67×10^6	1.01×10^7	1.22×10^9

注：氢压和逸度取相同单位。

氢在基体中的扩散系数受到多种因素影响，所研究的20R钢跟20g钢性能相差无几[⊖]，所以根据表8-1中结果，在323K情况下扩散系数取 $D=2.32\times10^{-3}\mathrm{mm^2/s}$。

⊖ 20R钢和20g钢现在的标准牌号均为Q245R。

2. 基体中单个夹杂在不同位置处的氢扩散模拟

考虑夹杂或缺陷等第二相在不同位置时对基体氢扩散的影响，以及夹杂处氢浓度随时间的变化趋势，此处模型中布置三种不同位置，依次为靠近试样内表面、试样中间和试样外表面。

考虑到氢扩散在基体中的方向性，即由高浓度向低浓度区域扩散，并且在不同试样中扩散性能类似，故为了研究扩散的规律性以及适用性，取扩散基体长 30mm 厚 10mm 的平面区域试样作为研究对象，如图 8-5 所示。夹杂或缺陷的位置分布在试样的不同位置处，夹杂或缺陷尺寸为长轴 10mm 短轴 0. 5mm 的椭圆区域分布，如图 8-5 所示。

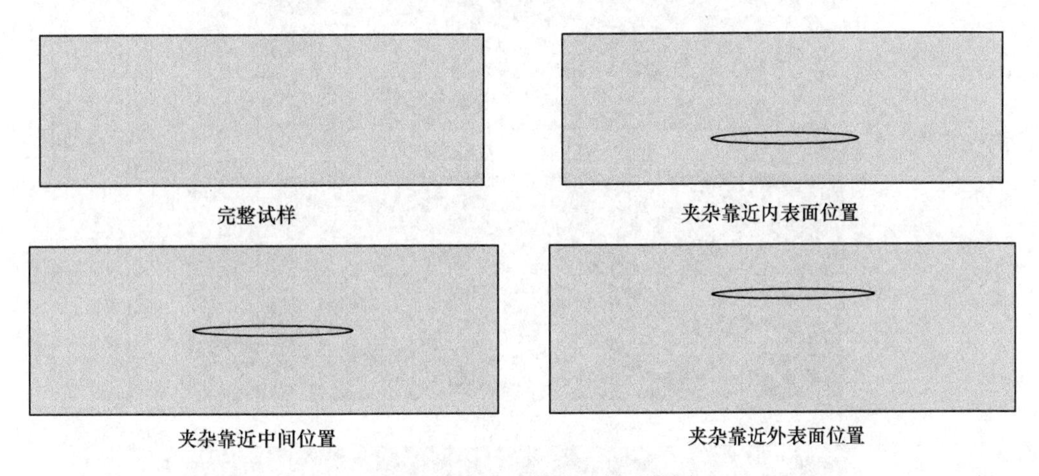

图 8-5　含夹杂或缺陷试样示意图

由于夹杂处氢的溶解度与扩散系数要比机体大，故氢在扩散过程中易于在夹杂处聚集。由于夹杂第二相处的不确定性与复杂性，故现在取夹杂处扩散系数为基体扩散系数的 10 倍，溶解度同样取 10 倍，即 $D=2.32\times10^{-2}\mathrm{mm}^2/\mathrm{s}$，$s=2.48\times10^{-9}$（质量分数）。

数值模拟基于三项假设：

1）在同一种材料中，认为氢在各部位的扩散是各向同性的。

2）湿硫化氢与基体金属发生电化学腐蚀产生的氢原子作为氢环境的来源。

3）不考虑基体金属在冶炼过程中残留的金属或者焊缝内的固有内氢，只考虑湿硫化氢与基体电化学腐蚀所产生的外氢。

使用 Abaqus 有限元软件进行氢扩散分析时，需要注意的是边界条件所加的氢浓度用氢活度 ϕ 来表征，计算公式如下：

$$\phi = \frac{c}{s} \tag{8-16}$$

式中　c——氢浓度；

s——溶解度。

试样模型的内表面与含硫化氢溶液接触，硫化氢溶液与基体金属发生电化学反应生成的氢原子浓度作为内边界条件，现选取摩尔分数为 10^{-2}%作为内壁边界条件，外壁边界条件假定为 0。氢扩散单元选用 DC2D4 单元。划分网格后试样有限元模型如图 8-6 所示。

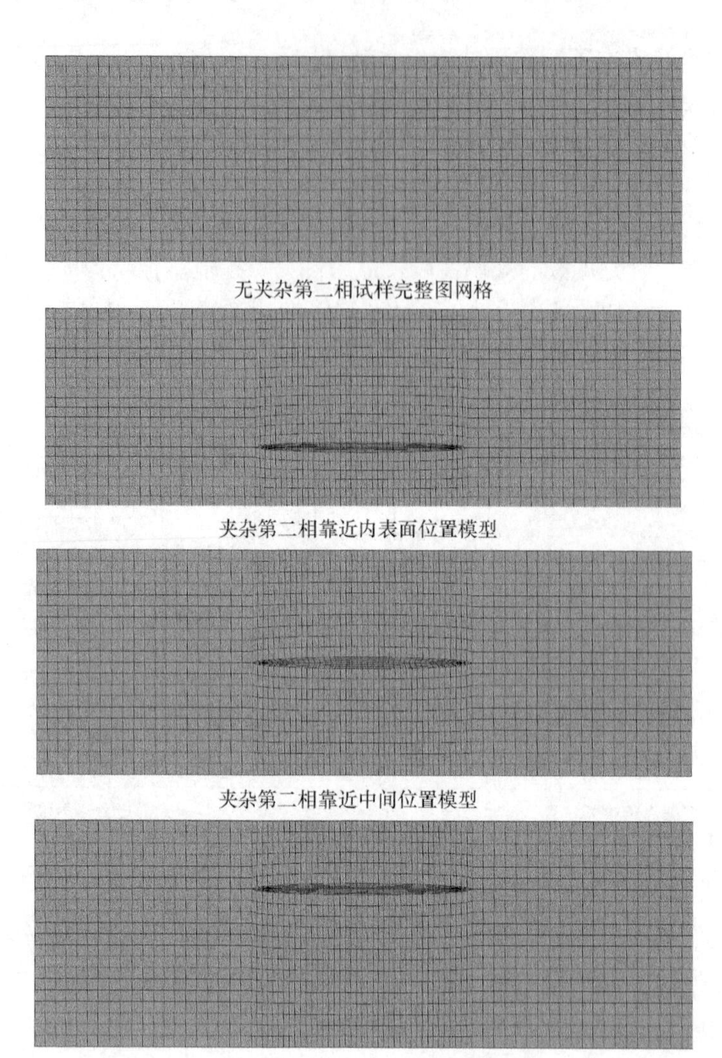

无夹杂第二相试样完整图网格

夹杂第二相靠近内表面位置模型

夹杂第二相靠近中间位置模型

夹杂第二相靠近外表面位置模型

图 8-6　试样有限元模型

在 Abaqus 中进行氢扩散的瞬态分析，一个很重要的问题是初始时间步长，如果时间步长小于特定的值，那么可能将会导致计算结果的振荡而毫无意义。这种时间和空间网格的近似耦合在扩散分析问题中是很明显的，式（8-17）将二者更好地结合在一起从而避免计算结果振荡。

$$\Delta t \geqslant \frac{1}{6D}(\Delta h)^2 \tag{8-17}$$

式中　Δt——时间步长；

D——所处材料的扩散系数；

Δh——特征单元尺寸。

基体区域的特征网格尺寸为 0.5mm，那么 $\Delta t \geqslant 17.96$，夹杂第二相处 $\Delta t \geqslant 0.45$，综合考虑二者最终取初始时间步长为 20。在氢扩散瞬态分析中，采取时间总步长为 10000，当时间步长达到 10000 时分析结束，所研究的氢扩散过程也是在这一段时间步长中进行的。

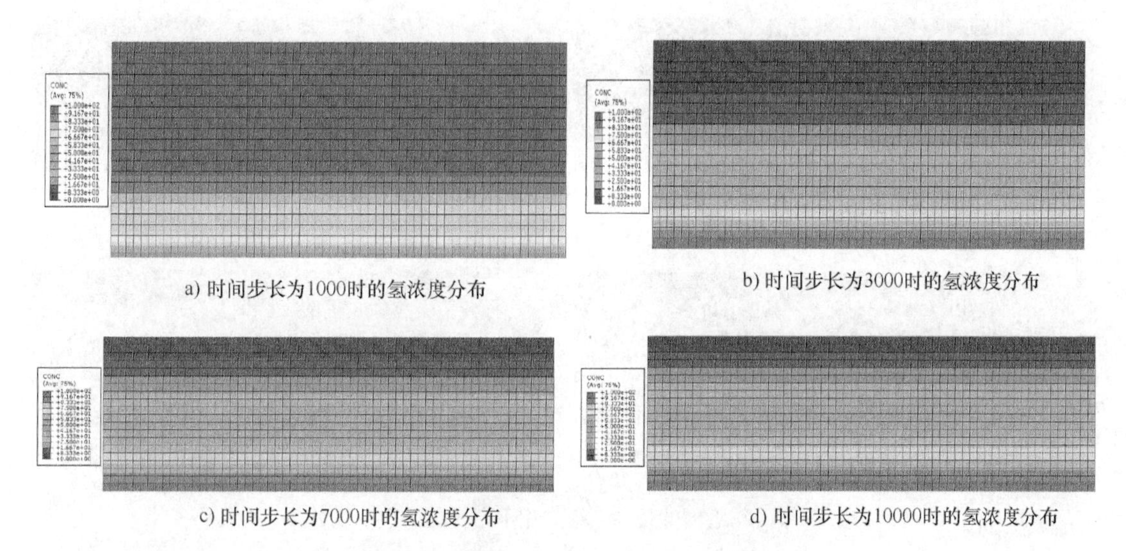

a) 时间步长为1000时的氢浓度分布　　b) 时间步长为3000时的氢浓度分布

c) 时间步长为7000时的氢浓度分布　　d) 时间步长为10000时的氢浓度分布

图 8-7　无夹杂第二相时不同时间下扩散状态

从图 8-7 中可以看出，当基体处于各相均匀且无夹杂等第二相存在时，氢在基体中随着时间的不断增加不断朝着氢浓度低的位置扩散，且随着时间的推移基体中同一位置处氢浓度会不断增大，但增大幅度会慢慢减弱直至趋于稳定。现选取基体中三个不同位置处，查看其氢浓度随时间变化的规律，如图 8-8 所示，选取三个点分别距内壁距离为 2mm、5mm、7mm。

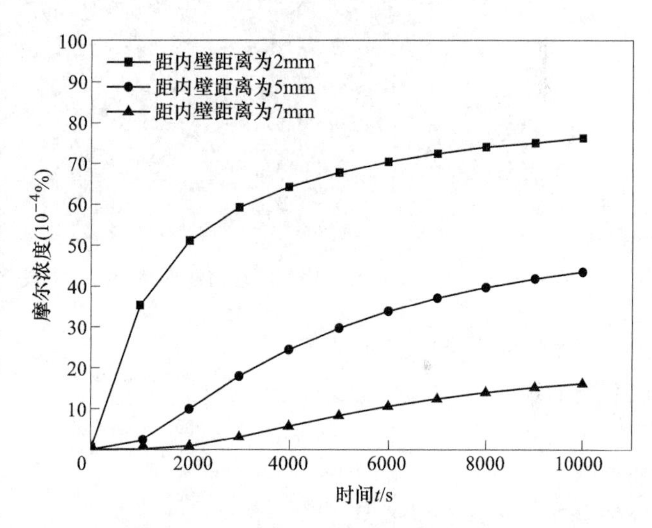

图 8-8　基体三个不同位置夹杂处氢浓度随时间变化的规律

从图 8-8 中可以看出，距离内壁越近，氢扩散得越快，氢也越容易到达，那么该处的氢浓度也就越大。在同一位置处，氢浓度随着扩散时间的增加，慢慢趋于平稳。

由于夹杂等第二相的存在，氢原子在基体的扩散过程中受到第二相影响，扩散速度会发生变化，图 8-9 所示为靠近内壁处夹杂第二相不同时刻的氢浓度分布。

从图 8-9a 可以看出，在扩散过程中，夹杂第二相附近的基体氢被诱导扩散进入夹杂第二相，导致夹杂第二相附近的基体中氢浓度相比同一深度基体中氢浓度增大。从 8-9d 中可以看出，夹杂第二相处的氢浓度远远大于所处位置处基体本身的氢浓度，究其原因可能是氢在夹杂第二相中的溶解度与扩散系数都大于基体金属，氢在扩散过程中更易在夹杂第二相处扩散与聚集。图 8-10 中的整体质量流率也可以反映氢在扩散过程中易于在夹杂等第二相处聚集。

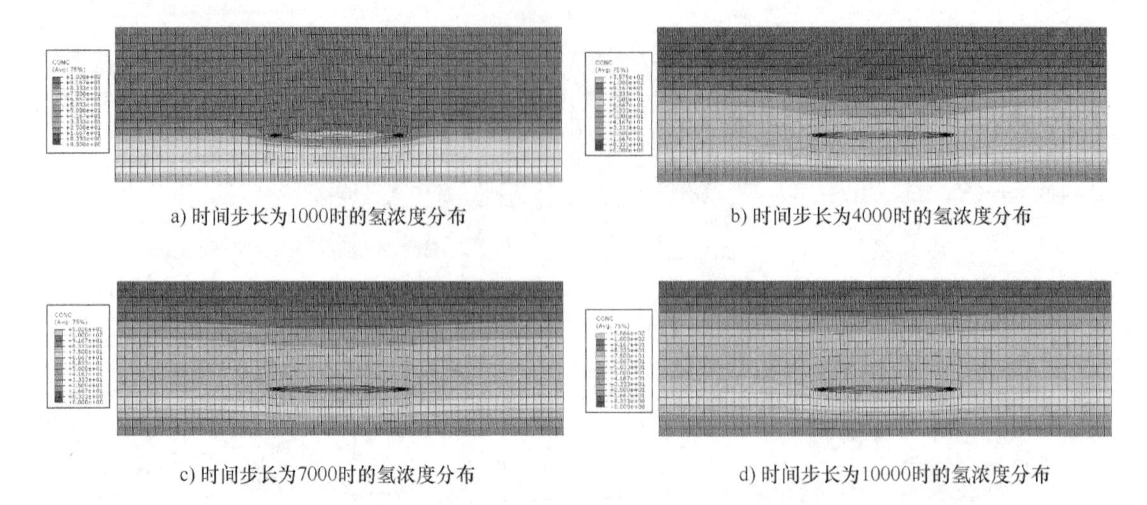

a) 时间步长为1000时的氢浓度分布

b) 时间步长为4000时的氢浓度分布

c) 时间步长为7000时的氢浓度分布

d) 时间步长为10000时的氢浓度分布

图 8-9 靠近内壁处夹杂第二相不同时刻的氢浓度分布

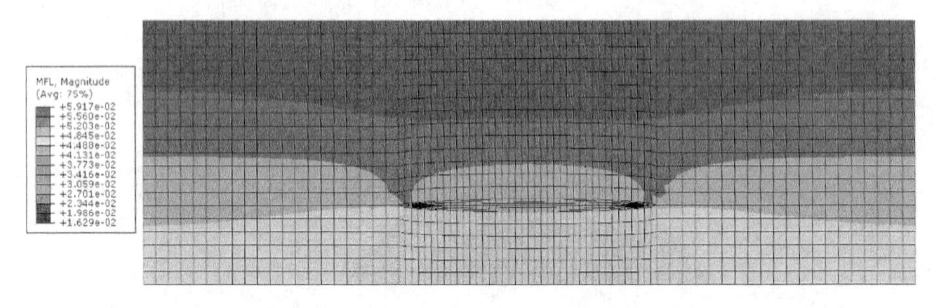

图 8-10 靠近内壁处夹杂第二相模型整体质量流率

三个不同夹杂第二相在不同时刻的浓度如图 8-11 所示，其中夹杂 1 为靠近试样内壁处的夹杂，夹杂 2 为在试样中心处的夹杂，夹杂 3 为靠近试样外表面的夹杂。从图中可以看出，夹杂 1 在相同时刻时相比夹杂 2、3 有更大的氢浓度，夹杂 2 在同一时刻的氢浓度处于夹杂 1 与夹杂 3 之间，而夹杂 3 的浓度在同一时刻最小。但三者的氢浓度随着时间的推移趋于平缓。由于夹杂 1 位置靠近试样内壁，故其氢扩散速率较快，夹杂内浓度相应也就更高，夹杂 2、3 位置次之，故呈现规律性变化。靠近内壁的夹杂氢浓度最高也说明了在很多化工设备中氢鼓泡的位置位于容器内壁处。鼓泡位置跟夹杂

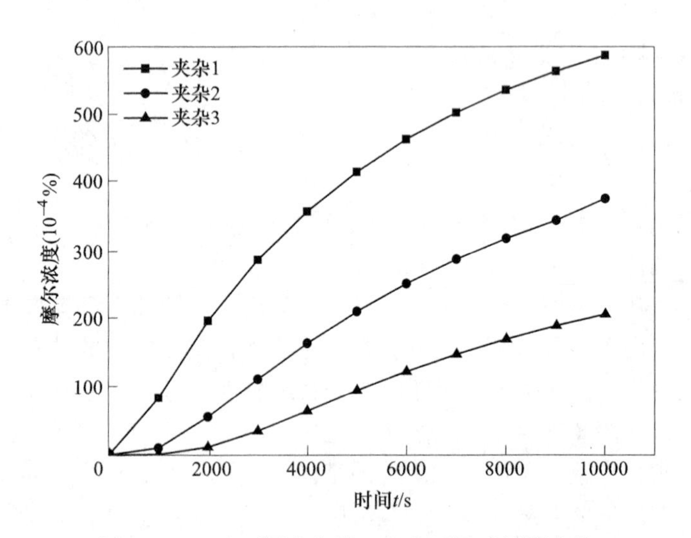

图 8-11 三个不同夹杂第二相在不同时刻的浓度

所处位置有很大关系，当夹杂靠近器壁内表面时，鼓泡的形成时间相对短暂，鼓泡更容易形成，设备寿命就相对短暂。靠近器壁外表面时，鼓泡的形成时间相对较长，鼓泡形成就较慢，设备的寿命就相对长。

3. 基体中单个夹杂在不同氢浓度下的氢扩散模拟

当基体内表面处于不同氢浓度边界条件情况下，对基体内氢扩散速率进行探究。计算模型采用夹杂第二相处于中间位置的模型。根据数值计算结果来判断不同氢浓度边界条件下对基体及夹杂第二相氢扩散的影响。计算中边界条件氢的浓度分别假定为 50×10^{-4}%、100×10^{-4}%、150×10^{-4}%、200×10^{-4}%。

图 8-12 所示为各个不同氢浓度边界下同一时刻的质量流率，从中可以看出 50×10^{-4}%边界条件下的整体质量流率最小，从 50×10^{-4}%到 200×10^{-4}%，质量流率逐渐增大。由此可以推出，在相同的基体与夹杂位置时，氢扩散的速率会随着边界氢浓度的增大而增大，原因是氢浓度越大，形成了较大的氢浓度差，扩散通量也就越大。

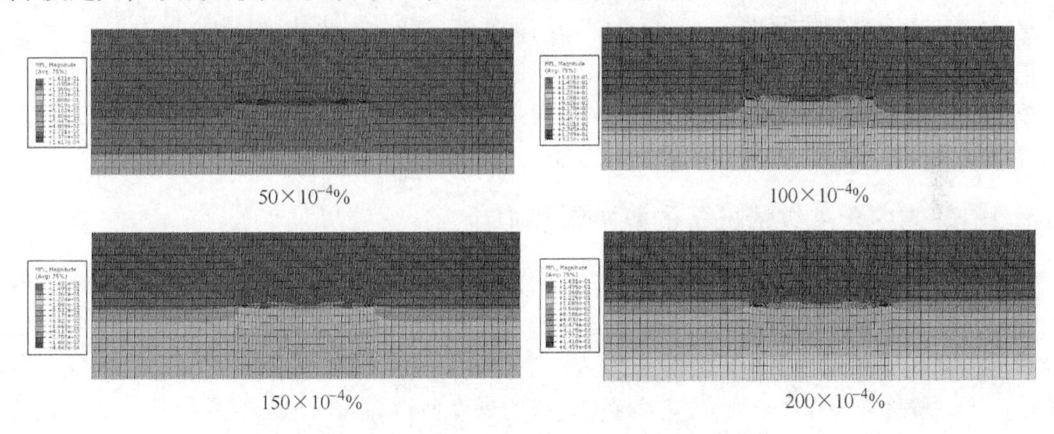

图 8-12 不同氢浓度边界下同一时刻的质量流率

图 8-13 所示为四种不同氢浓度边界条件下夹杂第二相处氢浓度的变化。从图中可见，高浓度下氢扩散到夹杂第二相处的氢浓度要更高，曲线的斜率为浓度随时间的变化率，斜率越大则氢扩散的速率也就越大，200×10^{-4}%的曲线斜率相对最大，50×10^{-4}%对应的曲线斜率最小。这也说明了在更高氢浓度边界条件下，基体及夹杂第二相处的相对氢浓度也就越高，扩散的速率更大。

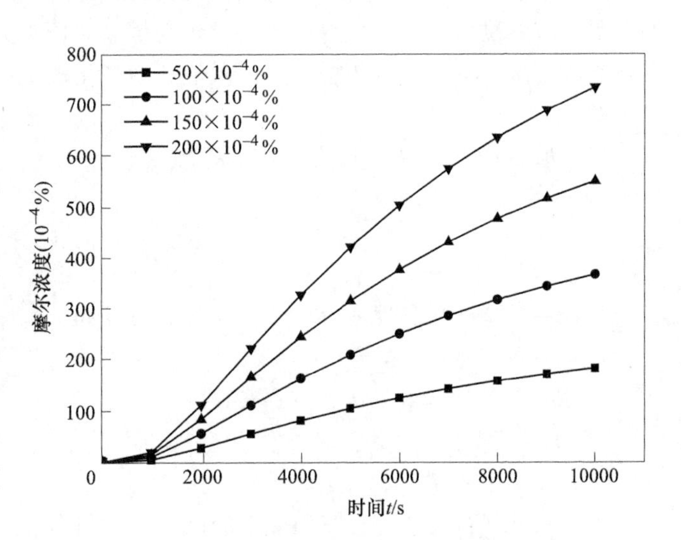

图 8-13 四种不同氢浓度边界条件下夹杂第二相处氢浓度的变化

从计算结果中选取 8 个不同的节点，其中节点 1、2、3、4 为夹杂第二相附近同一深度处的基体节点，距夹杂第二相边界分别为 0. 5mm、1. 0mm、1. 5mm、

2.0mm的四个不同节点，提取这四个节点不同时刻浓度变化数据如图8-14所示，可以看出距离夹杂第二相近的基体节点氢浓度比距离远的节点浓度低，进一步说明了夹杂第二相对氢原子在基体中的扩散具有诱导作用。此外，节点5、6、7、8四个节点为夹杂第二相中同一深度的四个节点，其中节点5为夹杂第二相边界上的节点，节点6、7、8分别为距离边界0.5mm、1.0mm、1.5mm的节点，从图8-14中可以看出四个节点浓度相差几乎为零，这说明氢扩散进入夹杂处后扩散速度很快，使得夹杂第二相内部浓度变化相差较小。比较8个处于同一深度的节点浓度变化曲线，同样可以得出夹杂第二相处浓度要比同一深度基体中浓度大的结论。

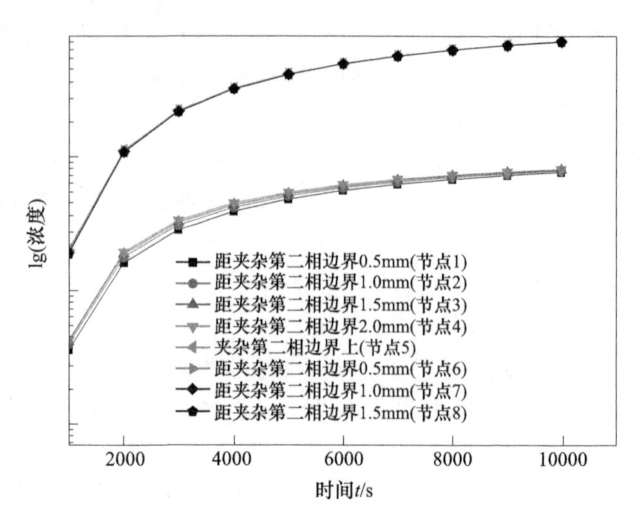

图8-14　夹杂第二相附近基体氢浓度的变化

8.1.3　基体中含裂纹情况下的氢扩散模拟

前面已经介绍了基体中存在夹杂第二相时氢原子的扩散机理与扩散机制，当夹杂等第二相与基体接触的界面处存在足够多的氢原子形成过饱和的氢，则氢原子之间相互结合形成氢分子，根据Sievert定律，一旦氢分子形成，那么在夹杂界面处就会形成一定的氢压。在氢压作用下，基体与夹杂处会形成应力梯度，应力梯度使得界面周围的氢原子不断地向着夹杂界面处扩散。根据Sievert定律，这样就会产生更大的氢压，当氢压所产生的应力大于材料的局部断裂强度时，就会导致裂纹的形核与扩展，使得夹杂界面发生分离。下面研究基体中存在裂纹情况下的应力分布情况，以及氢压所产生的应力对氢原子扩散的影响，即应力辅助氢扩散。

氢扩散本构方程中 k_S 即应力辅助扩散因子 k_σ：

$$k_\sigma = \frac{V_H \phi}{R(\theta - \theta_Z)} \tag{8-18}$$

式中　V_H——钢中的偏摩尔体积，$V_H = 2.0\times10^3 mm^3/mol$；

ϕ——氢活度，$\phi = c/s$；

R——气体常数，$R = 8.31432 J/(mol \cdot K)$；

θ——温度，这里取40℃；

θ_Z——绝对零度，−273℃。

选取扩散基体长30mm厚10mm的区域，在基体的中间位置存在长10mm的裂纹区域，如图8-15所示为划分网格及施加压力示意。由于在Abaqus中应力分析和氢扩散分析不能分子步同时计算，所以首先在该试样中计算出裂纹部位存在氢压时的应力分布，再把节点应力写入结果文件（*fil），然后在氢扩散模型中读入应力分析得到的结果文件。

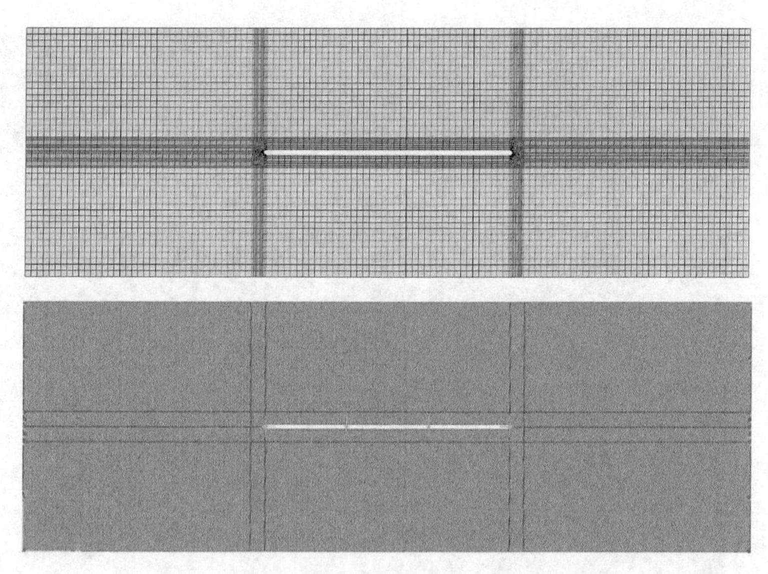

图 8-15　带裂纹试样划分网格及施加压力示意

具体操作在 Abaqus/CAE 中不直接支持，要在 keywords 中添加如下自编语句：

```
*EL PRINT, FREQ=0, position=averaged at nodes
press,
*NODE PRINT, FREQ=0
*NODE FILE, FREQ=0
*RESTART, WRITE, OVERLAY, FREQ=1
*EL FILE, POSITION=AVERAGED AT NODES
SINV,
```

将应力结果输出到 *.fil 文件，读入时在 Keywords 中编写：

```
*PRESSURE STRESS,
FILE=（结果文件名）
```

通过上述操作，就可以将应力场与氢扩散耦合在一起，从而在 Abaqus 数值模拟中分析应力场对氢扩散的影响。

1. 应力场氢扩散的耦合模拟

在裂纹面施加四个大小分别为 10MPa、20MPa、30MPa、40MPa 的不同压力，计算后所得应力云图分别如图 8-16 所示（彩图见书后插页）。

从图 8-16 中可以看出，裂纹尖端前沿的局部应力集中，灰色区域的应力大于 100MPa。随着所施加压力的增大，裂纹尖端应力也越来越大。从理论公式推论出，当裂纹尖端区域应力比较大时，将直接导致裂纹尖端区域的氢浓度增大，导致在裂纹界面处产生更大的氢压，推动裂纹前沿继续扩展。为了研究不同应力情况下对氢扩散的影响，计算四组不同应力情况下在相同边界浓度条件下的氢扩散的数值模拟，通过数据对比研究应力的存在对氢扩散的影响程度。图 8-17 所示为此次计算流程。

应力与氢扩散耦合场计算，首先计算不存在应力场的情况下氢原子在存在裂纹的基体中扩散的特性与规律，然后计算不同应力场所产生的整体应力，再将各个应力场与氢扩散耦合

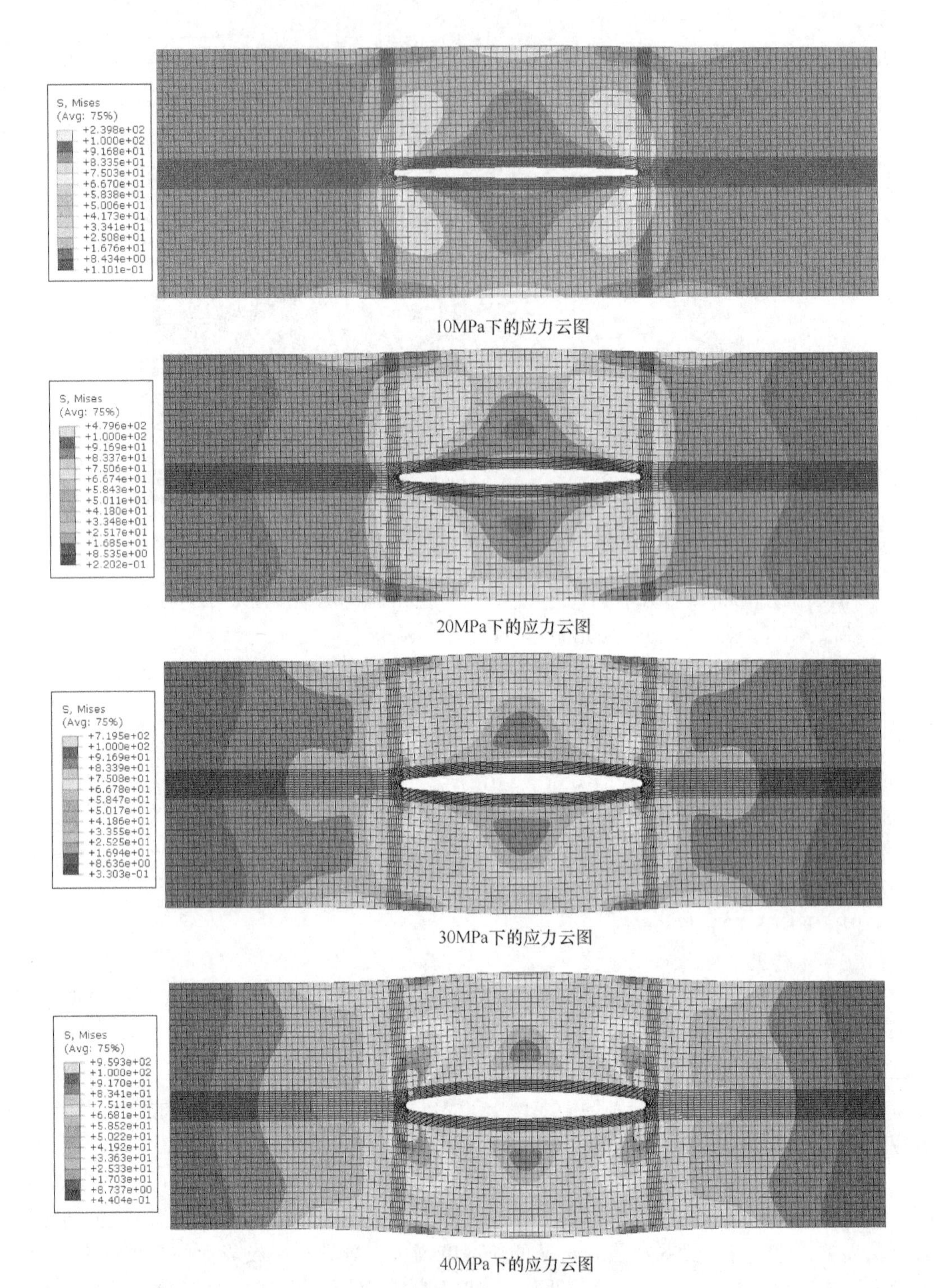

图 8-16　不同压力下所产生的应力云图

注：彩图见书后插页。

在一起，从而得到应力氢扩散耦合场结果。通过上述步骤，最终将无应力场氢扩散结果与存在应力场氢扩散耦合场计算结果对比，从而得出不同应力场情况下对氢扩散的影响。

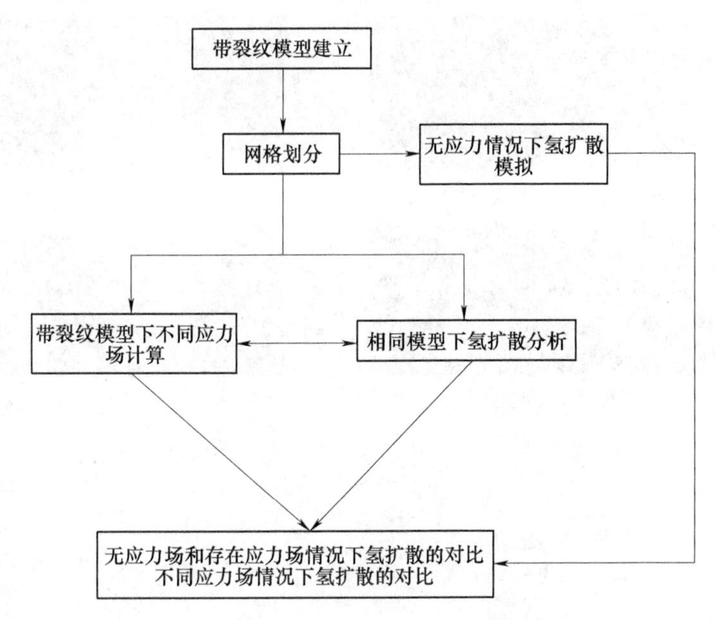

图 8-17　应力与氢扩散耦合计算流程

图 8-18 所示为带裂纹基体在无应力场（假设条件）情况下的氢扩散云图，可以观察到裂纹尖端区域氢浓度跟同一深度处氢浓度基本保持一致，由于所加内边界氢浓度条件为 $100\times10^{-4}\%$，整个基体在扩散过程中并没有发生氢原子富集，所以整体氢浓度均小于边界条件处的氢浓度值。

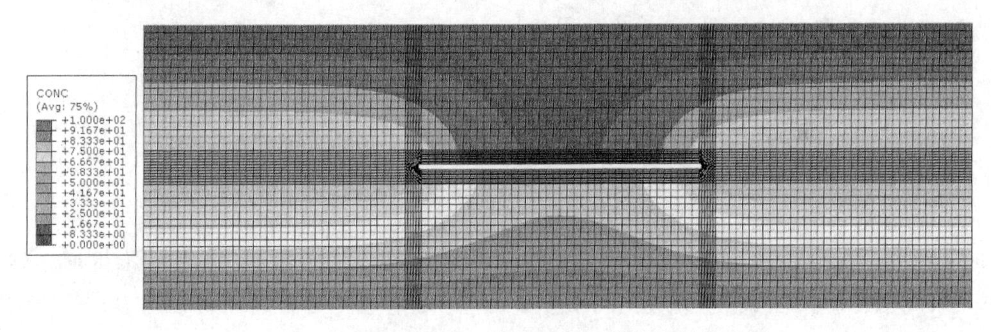

图 8-18　带裂纹基体在无应力场情况下的氢扩散云图

图 8-19 中灰色区域为氢浓度大于 $1000\times10^{-4}\%$ 的区域（彩图见书后插页），从该图可以看出，随着裂纹内部压力的不断增大，在应力诱导扩散的前提下导致的裂纹尖端附近区域的氢浓度也越来越大。高应力区域的增大也导致氢浓度较高区域的增大，在靠近裂纹尖端前沿区域选取节点来观察氢浓度随时间变化的规律，如图 8-20 所示为裂纹尖端前沿区域节点氢浓度随时间的变化。图中无应力情况下氢扩散裂纹尖端节点氢浓度相比来说很小，正如图 8-18 中所示，基本没有超过 $100\times10^{-4}\%$。施加压力为 10MPa、20MPa、30MPa、40MPa 下所对应的氢浓度变化曲线具有明显的变化趋势，从图中可以看出，裂纹尖端前沿节点浓度随着裂纹前沿应力的增大而增大，这说明在高应力区氢浓度发生富集导致氢浓度迅速增大，且远大于无应力条件下相同部位的氢浓度。

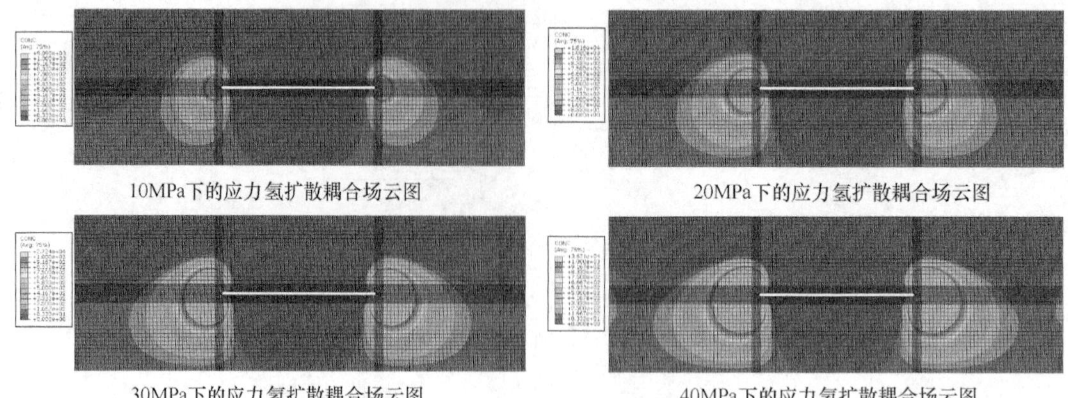

10MPa下的应力氢扩散耦合场云图　　20MPa下的应力氢扩散耦合场云图

30MPa下的应力氢扩散耦合场云图　　40MPa下的应力氢扩散耦合场云图

图 8-19　不同应力情况下的氢扩散耦合场云图

注：彩图见书后插页。

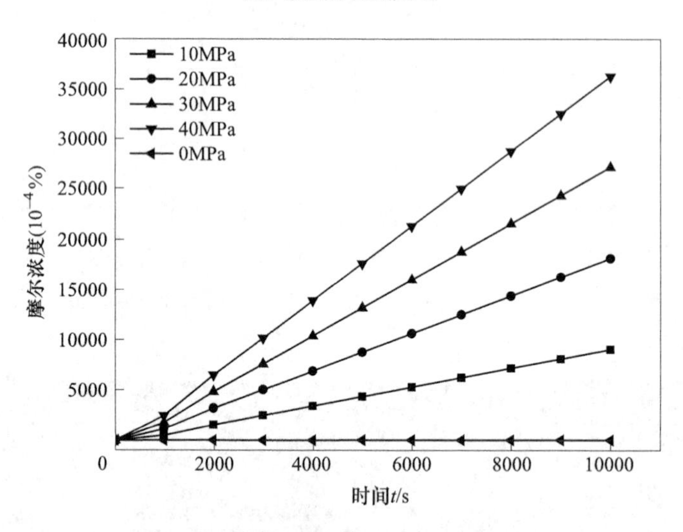

图 8-20　裂纹尖端前沿区域节点氢浓度随时间的变化

目前为止所研究的应力较大区域基本为拉应力区域，也就是裂纹尖端前沿区域，接下来将对裂纹周围压应力区域的氢浓度变化进一步进行讨论，并对裂纹周边不同形式的应力对氢原子扩散的影响进行研究。

2. 压应力场对基体氢扩散的影响

在基体试样中选取四个不同节点的位置如图 8-21 所示。

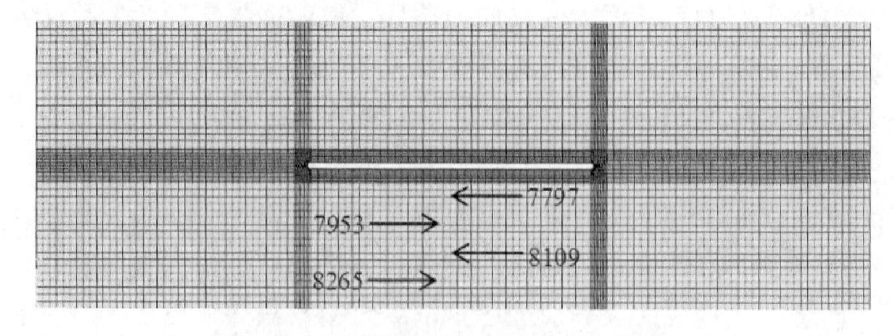

图 8-21　基体中四个不同节点的位置

所选的四个节点均位于压应力区域，图 8-22 所示为不同压力条件下的压应力云图（彩图见书后插页），从压应力云图可以大致看出四个节点的压应力随着距裂纹面距离的减小而增大，提取各节点压应力后绘制不同氢压下各节点压应力的变化如图 8-23 所示。

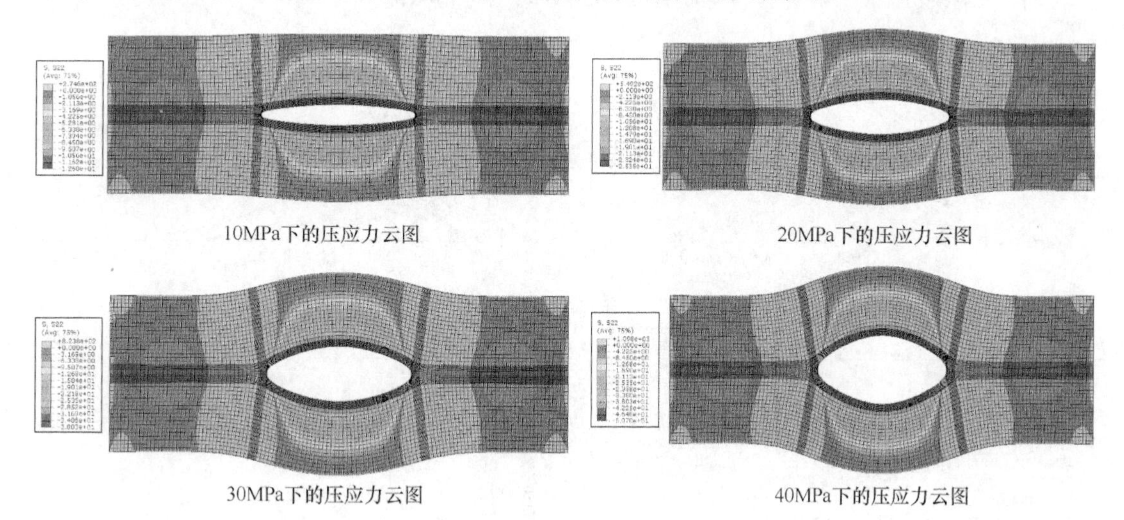

图 8-22　不同压力条件下的压应力云图（灰色区域为拉应力区）

注：彩图见书后插页。

从图 8-23 中可以看出，当考察节点相同时，压力越大的试样节点所对应的压应力也就越大。当所施加压力相同时，距离裂纹区域越近的节点，其对应的压应力也就越大。正如图 8-22 所示蓝色区域的压应力相对较大。那么在节点处于压应力的情况下，节点浓度会像拉应力区域那样随着拉应力的增大而增大，还是另有规律所循？现提取 7797、7953、8109、8265 四个节点处在不同压力载荷下不同时刻的氢浓度数据，绘制出如图 8-24 所示的曲线来探究其氢浓度变化规律。

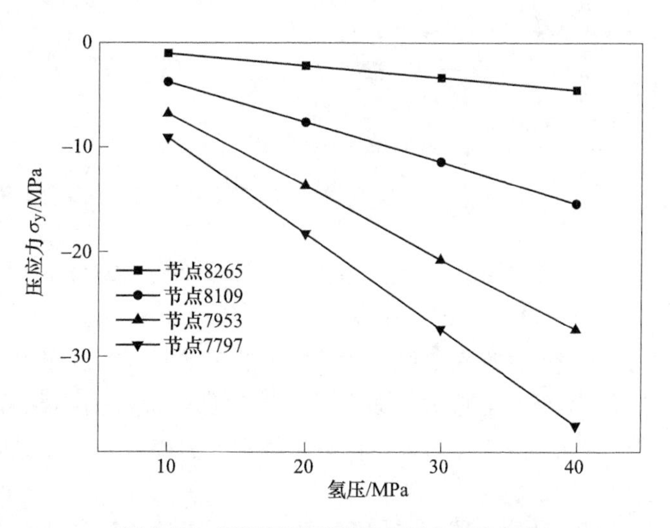

图 8-23　不同氢压下各节点压应力的变化

结合图 8-23 中四个节点压应力图，靠近裂纹边界处节点的压应力比远离裂纹边界处要大，7797、7953、8109、8265 四个节点的压应力依次降低。图 8-24 中四个节点氢浓度变化趋势呈现出抛物线形，即氢浓度均是在氢扩散初期阶段呈现增大趋势，当达到一定程度时氢浓度又逐渐降低，并且各个节点在不同压应力下的氢浓度均小于同时刻无应力存在下的氢浓度。由此可见，当基体中存在压应力时，对氢原子在基体中的扩散呈现阻碍趋势。从四个节点氢浓度变化可以看出，在更高压应力情况下，所在节点对应的氢浓度相对更低。以时刻

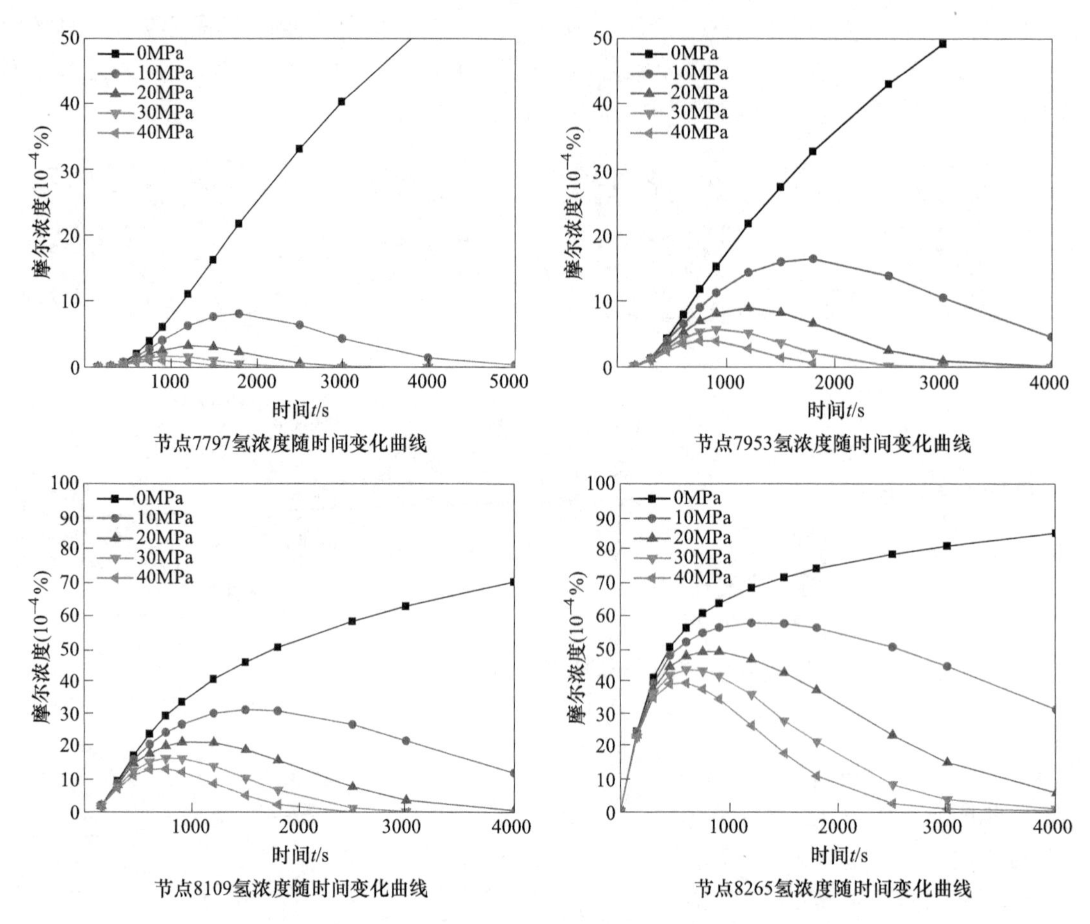

图 8-24　不同节点在不同压力载荷下氢浓度变化曲线

900 下压力 10MPa 为例，节点 7797、7953、8109、8265 对应的氢浓度分别为 $4.08\times10^{-4}\%$、$11.3\times10^{-4}\%$、$27.03\times10^{-4}\%$、$55.8\times10^{-4}\%$。可见压应力越大，节点氢浓度相对越低。基体中压应力的存在对氢原子在基体中的扩散起到抑制作用。如果在设备基体金属中引入压应力或者预制残余压应力，那么可以抑制氢原子在基体金属中扩散，从而达到对基体金属的保护。因此工业上常常采用渗碳、渗铝、表面淬火、外表面滚压、内表面挤压及喷丸强化等工艺引入残余压应力。

对于基体金属，在拉应力情况下，氢原子扩散速率增大，而在压应力情况下，氢原子扩散速率减小。从 8.1.1 节扩散理论分析，氢原子的主要扩散形式为间隙扩散，也就是在原子间隙扩散，基体中处于拉应力情况下，基体金属原子的间隙由于拉应力的存在变得相对较大，原子之间的引力变得更大，用来抵消外力作用下产生的拉应力，原子间隙的增大有利于氢原子的扩散，故拉应力的产生加速了氢原子的扩散。反之，基体中处于压应力的区域原子的间隙减小，原子之间产生相互排斥力抵消外力产生的压应力，原子间隙的减小阻碍了氢原子的间隙扩散，故压应力抑制了氢原子的扩散。

综上所述，基体金属中氢原子的扩散受多种元素的影响，不仅受到基体金属溶解度扩散系数的影响，还受到基体金属中夹杂第二相溶解度及其扩散系数的影响。距离内壁越近，氢扩散越快，氢浓度也越大。在同一位置处，氢浓度随着扩散时间的增加慢慢趋于平稳。当夹杂靠近器壁内表面时，鼓泡的形成时间相对短暂，鼓泡就较容易形成，设备寿命就相对短暂。靠近器壁外表面时，鼓泡的形成时间相对长，鼓泡形成就较慢，设备的寿命就较长。靠近基体夹杂第二相处附近的基体氢浓度比远离夹杂处的氢原子第二相氢浓度要低，夹杂第二相内部氢浓度远大于周围基体中的氢浓度。含裂纹基体中，裂纹尖端应力场比较大，应力类型为拉应力场。模拟结果表明，应力诱导氢扩散中，不同类型的应力场对氢扩散有不同的作用，拉应力促进氢在基体中的扩散，压应力反而抑制氢在基体中的扩散。拉应力数值越大，对氢扩散的诱导就越明显，反之压应力对氢扩散的诱导扩散就越小。可以通过对设备基体中预制残余压应力来抑制氢在基体中的扩散，延长设备寿命。

8.2 含氢鼓泡筒体材料的 K 因子计算及可靠性评估

8.2.1 断裂力学概述

1. 断裂力学研究内容

断裂力学是研究含裂纹结构强度及裂纹扩展的一门学科。它建立了一整套确保构件安全服役的理论分析与实验研究的原理和方法。断裂理论可分为线弹性断裂理论和弹塑性断裂理论。主要内容如下：

1）研究裂纹的应力场、应变场和位移场，以及影响材料开裂的物理参数。

2）研究材料抵抗裂纹扩展的能力。

3）建立裂纹扩展的临界条件。

4）对于含裂纹缺陷的各种构件，在不同载荷的作用下计算其控制材料开裂的各个物理参量的值。

按照裂纹在构建中所处的位置可以分为表面裂纹、埋藏裂纹和穿透裂纹，如图 8-25 所示。按照裂纹受力与裂纹面的相对位移方向，裂纹扩展也分为三种：张开型（Ⅰ型）、滑移型（Ⅱ型）和撕裂型（Ⅲ型），如图 8-26 所示。

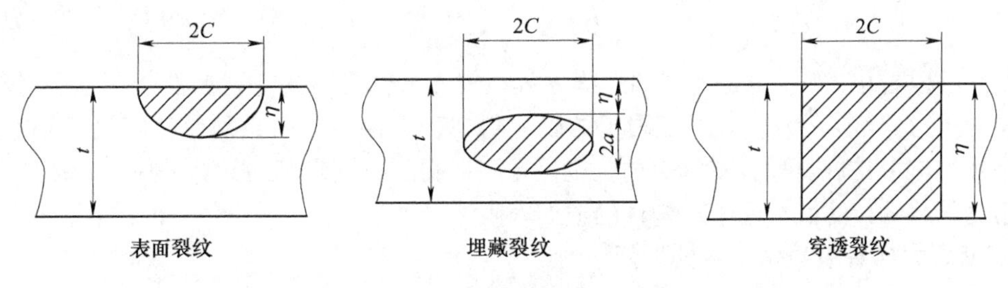

图 8-25 裂纹分类

2. 裂纹扩展能量释放率及其断裂韧性

外力对裂纹体所做功为 W，使裂纹扩展 $\mathrm{d}a$，则外力所做功的一部分用于裂纹扩展，剩余部分存于裂纹体内，提高了弹性体内能 U_e，故

$$W = G_{\mathrm{I}}\,\mathrm{d}a + \mathrm{d}U_e \tag{8-19}$$

若外功为 0，则有

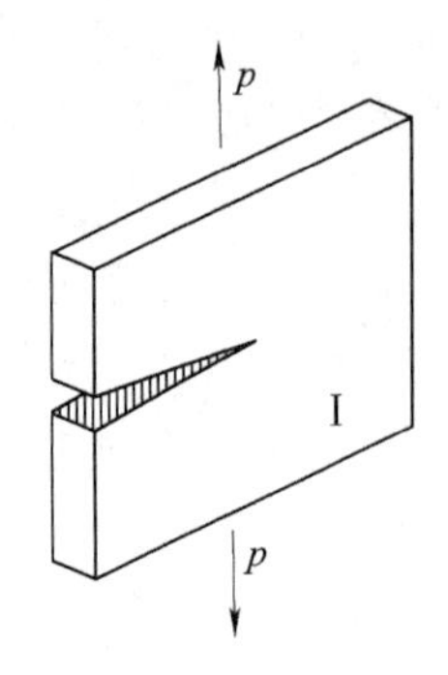

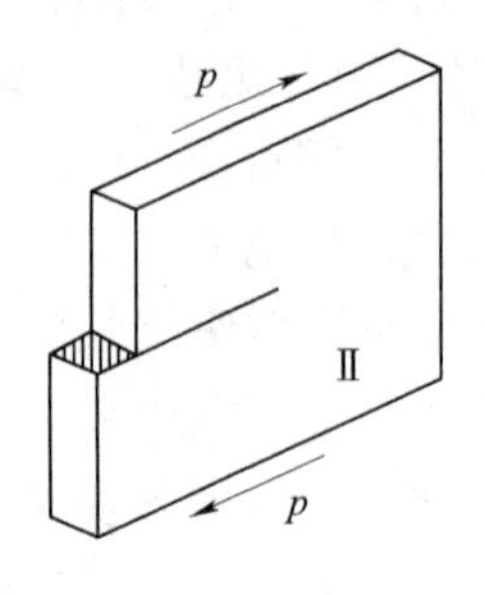

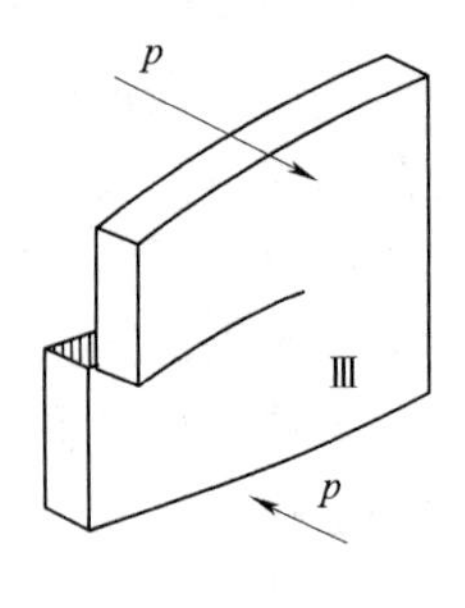

图 8-26　三种类型裂纹扩展

$$G_{\mathrm{I}} = \frac{\mathrm{d}U_{\mathrm{e}}}{\mathrm{d}a} = \frac{\partial U_{\mathrm{e}}}{\partial a} \tag{8-20}$$

这表明在外力做功为零的情况下，裂纹扩展单位面积所需的功，要依靠裂纹体内弹性能的释放来补偿。因此 G_{I} 可称为裂纹扩展的能量释放率。

当 G_{I} 增大，达到材料对裂纹扩展的最大极限抗力时，裂纹体将处于临界状态。此时，G_{I} 达到临界值 G_{IC}，此时裂纹体发生断裂，故裂纹体的断裂应力 σ_{C} 可为

$$\sigma_{\mathrm{C}} = \left(\frac{EG_{\mathrm{IC}}}{\pi a}\right)^{\frac{1}{2}} \tag{8-21}$$

对于塑性金属材料，断裂前要消耗一部分塑性功 W_{P}，故有断裂韧性为

$$G_{\mathrm{IC}} = 2(\gamma + W_{\mathrm{P}}) \tag{8-22}$$

式中　γ——表面形成功。

又由于

$$G_{\mathrm{I}} = \frac{(1-v^2)K_{\mathrm{I}}^2}{E} \tag{8-23}$$

故 G_{I} 达到临界值时，K_{I} 也应达到临界值 K_{IC}，于是有

$$K_{\mathrm{IC}} = \sqrt{\frac{EG_{\mathrm{IC}}}{1-v^2}} \tag{8-24}$$

由此可以看出，K_{IC}也是材料的性能参数。故 K_{IC}也可称为断裂韧性，它也是材料对裂纹扩展的抗力。K_{IC}又为应力强度因子的临界值，当 $K_{\mathrm{I}}=K_{\mathrm{IC}}$时，裂纹体将处于临界状态，也就是裂纹体将扩展。通过查询应力强度因子手册得到不同形状裂纹体的应力强度因子表达式和常用材料 K_{IC}的值，用于对构件的损伤容限进行评估。

3. 断裂力学在氢致损伤中的应用

氢扩散导致第二相氢原子聚集，使得界面处氢压增大并最终形成鼓泡。氢鼓泡可以看作基体内部裂纹缺陷处氢压不断增大，最终由于氢压所产生应力超过了材料的临界应力而使裂纹发生扩展的问题。问题简化后可以在裂纹界面处施加相应的压力代替实际的氢压，计算鼓泡在氢压作用下裂纹尖端的应力强度因子，从而估计材料剩余强度并预测鼓泡的长大失效。

第二相界面分开长大形成鼓泡，鼓泡内部是充满氢气的空腔，故鼓泡内氢气摩尔数

$$n = \frac{PV}{RT} \tag{8-25}$$

当氢压 P 过大时，可以用逸度 f（见表 8-3）来代替

$$n = \frac{fV}{RT} \tag{8-26}$$

氢鼓泡内氢压与溶解在基体金属中的氢原子符合 Sieverts 定律，即 Hirth 公式（8-15）

$$c_H = 33.1\sqrt{P}\exp\frac{-3440}{T}$$

如果知道溶解在基体中的氢浓度，那么就可以求得鼓泡内氢分压；反之，也可通过鼓泡内氢分压来求得溶解在基体中的氢浓度。

如图 8-27 所示，假定基体中夹杂长度为 $2a$，那么氢原子扩散到此处就会发生聚集，当夹杂与基体界面发生分离后，可以把该处看作无限大板上的微裂纹，由断裂力学可知

$$\sigma = \frac{K}{\sqrt{\pi a}} \tag{8-27}$$

临界状态时为

$$\sigma_C = \frac{K_{IC}}{\sqrt{\pi a}} \tag{8-28}$$

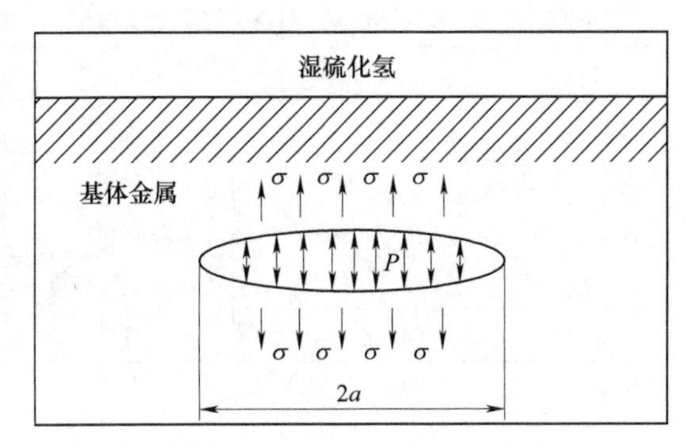

图 8-27　氢鼓泡模型示意图

鼓泡主要受到垂直于鼓泡方向拉伸力的作用，因此假设垂直于拉伸方向的鼓泡面积为 S，临界状态时 $P=P_C$，则

$$\sigma_C S = P_C S \tag{8-29}$$

由此可得

$$S_C = P_C \tag{8-30}$$

利用式（8-15）可得

$$c_{th} = 33.1\sqrt{P_C}\exp\frac{-3440}{T} \tag{8-31}$$

当 P_C 较大时，用逸度 f 来代替，则临界氢浓度 c_{th} 为

$$c_{th} = 33.1\sqrt{f}\exp\frac{-3440}{T} \tag{8-32}$$

当用逸度来代替氢压时，要注意 σ_C（MPa）与 P_C（atm）的换算关系（见表 8-3）。

当应力强度因子 $K_I \geqslant K_{IC}$ 时，裂纹发生扩展。常见压力容器用钢的断裂韧性 $K_{IC} = 170\text{MPa}\cdot\text{m}^{\frac{1}{2}}$。氢鼓泡裂纹扩展的主要因素为鼓泡内腔体中氢压，所研究整体对象为圆柱形筒体，所承受内压为 0.35MPa，轴向薄膜应力为 5.16MPa。鼓泡在氢压作用下表现出张开长大趋势，因此鼓泡裂纹主要为 I 型裂纹。又由于鼓泡裂纹的特殊性与复杂性，故采用有限元方法来求取筒体内鼓泡裂纹尖端的应力强度因子，进而预测鼓泡裂纹的扩展与失效。

8.2.2　单个氢鼓泡裂纹的有限元分析

本节研究对象为某炼化公司设备溶剂再生塔顶回流罐 V-1016，技术数据见表 8-4。忽略

筒体上的开孔、接管等因素的影响，将筒体简化为带鼓泡裂纹的薄壁圆筒。并将筒体长度缩短为1500mm，在此长度下既保证了计算准确性，又简化了模型尺寸，提高了计算的效率。

表 8-4 回流罐 V-1016 技术数据

设计温度	60℃	安全阀型号		安全设施	安全阀
设计压力	0.35MPa	安全阀定压		安全阀编号	—
操作温度	≤40℃	筒体厚度	10mm	安全阀数量	—
操作压力	0.07MPa	计算厚度	—	封头材质	20R
介质	酸性水、水、H_2S	封头厚度	10mm	内件材质	—
容积	6.2m^3	试验压力	卧式 0.44MPa	主体材质	20R
保温材质	—	筒体直径	1200mm	腐蚀裕量	5mm
保温层厚度	—	总高	5670mm	焊缝系数	1.0
保温层体积	—	基本风压	650Pa	焊后热处理	是
防火层面积	—	抗震设计烈度	7 级（近震震级）	罐顶形式	—
标准	GB 150—98①	总重	2929kg	保温层外表面积	—

① 制造时标准。

1. 单个椭圆形氢鼓泡裂纹模型及其参数

为了研究局部氢鼓泡裂纹对整体材料的影响，特别是对应力强度因子 K 值的影响。本节分别对处于筒体内不同位置深度、不同尺寸大小以及鼓泡在不同氢压作用下的氢鼓泡进行有限元分析，计算得到应力强度因子，最终与材料的临界应力强度因子对比，从而判定鼓泡裂纹的形式对裂纹开裂的影响。为工程技术人员对实际情况下鼓泡裂纹的危害性预测提供参考价值。

所用材料为20R，在壁厚为6~16mm时该材料屈服强度为245MPa，设备所处温度为常温，材料弹性模量为2×10^5MPa，泊松比为0.3。

假设氢鼓泡裂纹为椭圆形裂纹，椭圆形裂纹的长轴与筒体轴向平行，图8-28所示为含椭圆形裂纹筒体的四分之一网格模型，在筒体壁内部含有椭圆形鼓泡裂纹，椭圆形鼓泡裂纹的短轴与长轴之比为0.5，即 $b/a=0.5$（a 为椭圆形鼓泡裂纹长半轴，b 为短半轴）。椭圆形裂纹大小与离心率及其在筒体壁内所处的深度对裂纹在基体内部扩展均有不同程度的影响，故本节中分别建立三种不同尺寸大小的椭圆形裂纹，其长半轴长度 a 分别为5mm、10mm、15mm，并同时各自建立距筒体内表面深度 h 分别为2mm、5mm、7mm的椭圆形裂纹。最终在所建各模型裂纹面内施加50MPa、200MPa、500MPa、1000MPa四种不同大小的内压来研究在不同氢压下应力强度因子的变化，判断裂纹是否扩展，有限元计算单元为C3D8R。

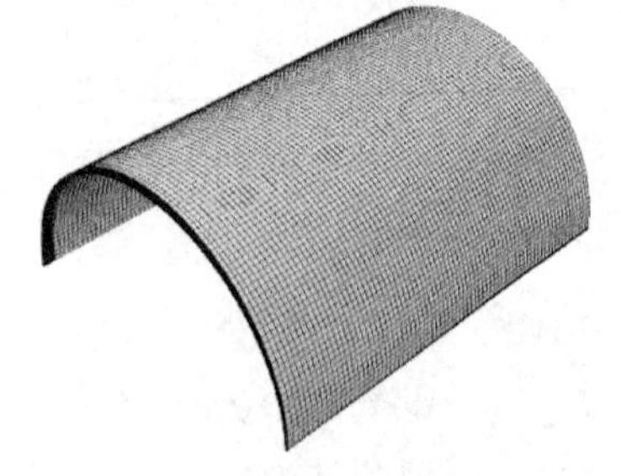

图 8-28 含椭圆形裂纹筒体的四分之一网格模型

图8-28的模型中忽略了开孔接管等结构不连续性的影响。

图8-29的局部模型中红色区域为筒体壁厚内部椭圆形裂纹区域（彩图见书后插页），主要研究的对象也是这一区域。图8-30所示为距内壁5mm处椭圆形裂纹局部及其裂纹尖端前

沿网格。图 8-31 所示为距内壁 2mm 处椭圆形裂纹整体与局部模型。

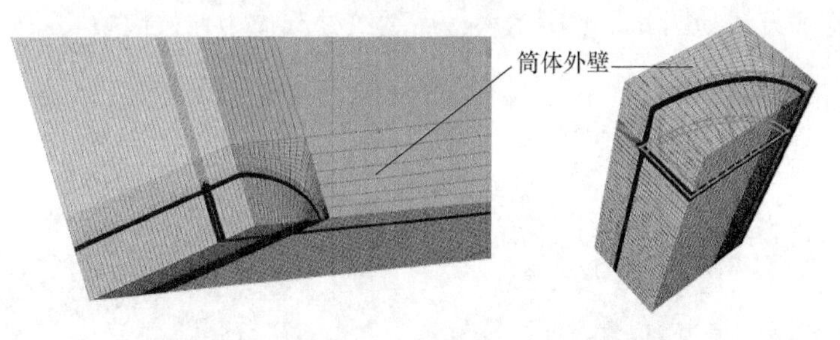

图 8-29 距内壁 7mm 处含椭圆形裂纹整体（左）与局部（右）模型

注：彩图见书后插页。

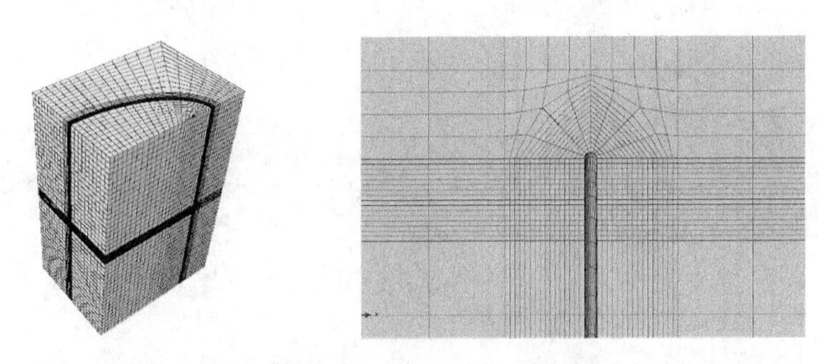

图 8-30 距内壁 5mm 处椭圆形裂纹局部及其裂纹尖端前沿网格

筒体所含椭圆形鼓泡裂纹为微小缺陷，故在网格划分时要对裂纹特别是裂纹尖端附近进行精细划分，对筒体进行多种分割，所有区域都进行结构化网格划分。裂纹尖端区域网格精细且质量很好，保证了计算结果的准确性与精确性。模型建立后，主要影响参数之一的鼓泡裂纹内部氢压施加在裂纹面上。

为了便于研究鼓泡裂纹不同路径的 K 因子，将鼓泡裂纹四分之一模型划分成 10 份并将其分为 11 个路径，如图 8-32 所示。

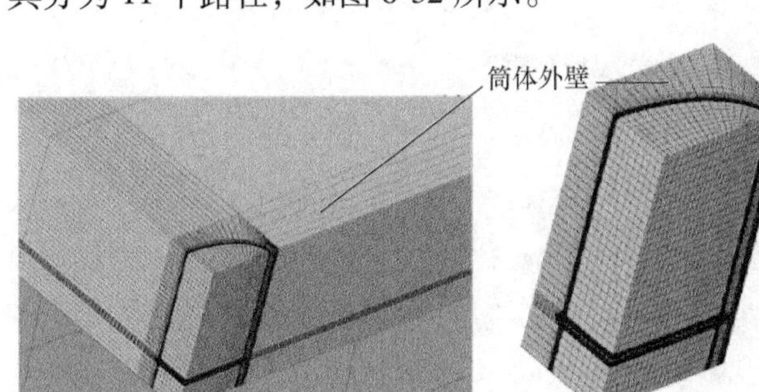

图 8-31 距内壁 2mm 处椭圆形裂纹整体与局部模型

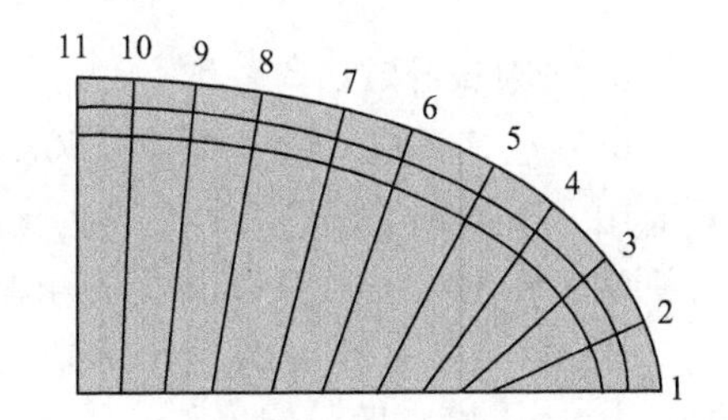

图 8-32 椭圆形鼓泡裂纹 11 个不同路径

2. 椭圆形氢鼓泡裂纹模型边界条件和载荷施加

模型为简化对称模型，故在筒体一端施加对称约束 $U_3=U_{R1}=U_{R2}=0$，如图 8-33a 所示。在筒体另一端部约束 X、Y、Z 三个方向平动自由度 $U_1=U_2=U_3=0$，如图 8-33b 所示。在筒体一半处施加对称约束 $U_2=U_{R1}=U_{R3}=0$，如图 8-33c 所示。在筒体内表面施加 0. 35MPa 的工作压力，如图 8-33d 所示。由材料力学可知，薄壁圆筒的截面处受到内压引起薄膜应力作用为 5. 16MPa，施加方式如图 8. 33e 所示。最后裂纹处载荷为在鼓泡裂纹面施加氢压，局部图如图 8-33f 所示。

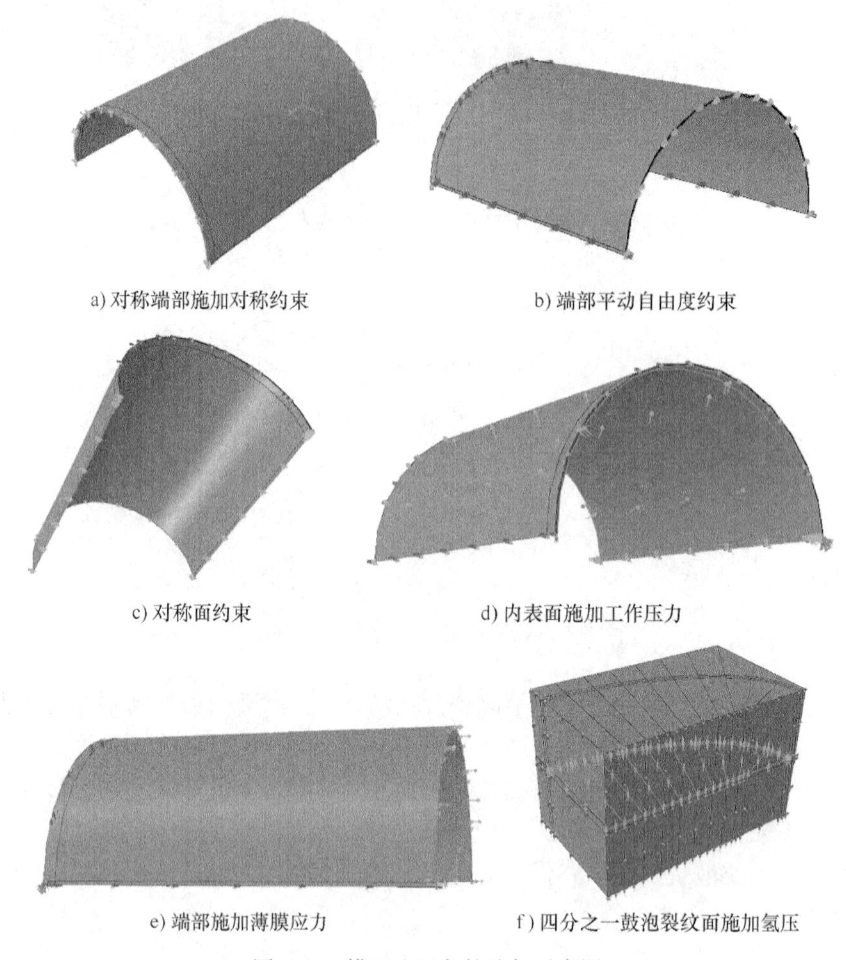

a) 对称端部施加对称约束　　b) 端部平动自由度约束

c) 对称面约束　　d) 内表面施加工作压力

e) 端部施加薄膜应力　　f) 四分之一鼓泡裂纹面施加氢压

图 8-33　模型边界条件施加示意图

3. 有限元计算结果分析

分别在氢鼓泡裂纹面施加了 50MPa、200MPa、500MPa、1000MPa 四种不同大小氢压进行有限元模拟，从理论上研究其扩张趋势。分别选取三种不同大小的鼓泡裂纹，其长轴 $2a$ 分别为 10mm、20mm、30mm，分布在距内壁面 2mm、5mm、7mm 不同深度处。总模型数量为 9，计算结果总数为 36 个。现在提取 50MPa 氢压下 $a=10$mm 不同深度鼓泡裂纹模型中 Mises 应力云图如图 8-34 所示。

从图 8-34 中筒体的 Mises 整体应力云图（预先设定应力值界限为 245MPa）可见，基体中存在鼓泡裂纹，而且裂纹面在氢压作用下，筒体整体应力都处于一个比较低的应力状态。这说明氢鼓泡裂纹处聚集氢所产生的氢压对筒体整体影响是有限的。单纯的局部氢压对筒体的整体破坏影响是很小的，但局部氢压作用于裂纹处使得裂纹扩展对筒体间接产生影响，这也是很多设备在低应力情况下发生失效破坏的原因之一。局部氢鼓泡裂纹处应力远远大于筒

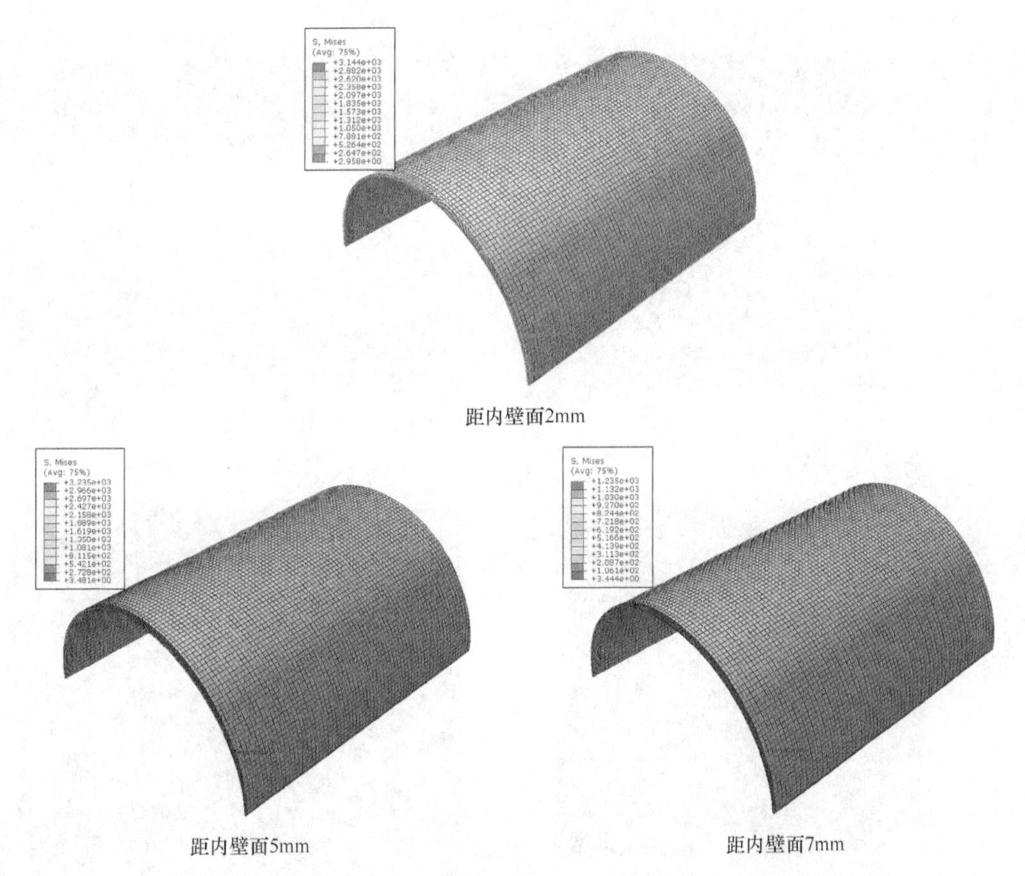

图 8-34　200MPa 氢压下不同深度鼓泡裂纹模型中 Mises 整体应力云图

体整体应力。

提取出 50MPa 氢压下 $a=10$mm 不同深度处鼓泡裂纹局部应力云图，如图 8-35 所示。由于采用线弹性断裂模型，故裂纹尖端应力具有奇异性，并呈现哑铃形分布。裂纹尖端应力最大，随着鼓泡距内外壁表面距离的减小，鼓泡裂纹尖端应力逐渐增大。内壁面作用有大小为 0.35MPa 的内压抵消了一部分裂纹面氢压产生的应力，距内壁面距离越近，鼓泡裂纹越易受到筒体内压影响，故靠近内壁裂纹尖端应力比靠近外壁裂纹尖端应力稍小。位于壁厚中间位置的鼓泡裂纹两端壁厚均为 5mm，相比其他两个而言有效壁厚较大，故受到内压作用后其裂尖应力相对较小。

由裂纹尖端应力结果可以推断，处于设备壁内不同深度处的夹杂对设备使用寿命有影响。距筒体内壁越近氢扩散得越快，相应的氢浓度也就越大，夹杂越靠近壁表面越容易形成鼓泡裂纹。同样裂纹氢压下，越靠近壁表面裂纹尖端应力越大。综合考虑氢扩散与裂纹尖端应力分布，越是靠近内壁的夹杂越容易形成鼓泡裂纹，且裂纹长大开裂趋势越明显。分析结果跟实际设备鼓泡分布在表面相吻合，验证了模拟的正确性。

图 8-35 中裂纹尖端应力场分布各不相同，靠近外壁鼓泡裂纹尖端的应力场方向与处于正中间裂纹应力场方向相比，向外壁方向偏转了大概 45°，靠近内壁的鼓泡裂纹尖端应力场方向与中间裂纹应力场方向相比，向内壁方向偏转了大概 45°。裂纹尖端扩展方向与应力场

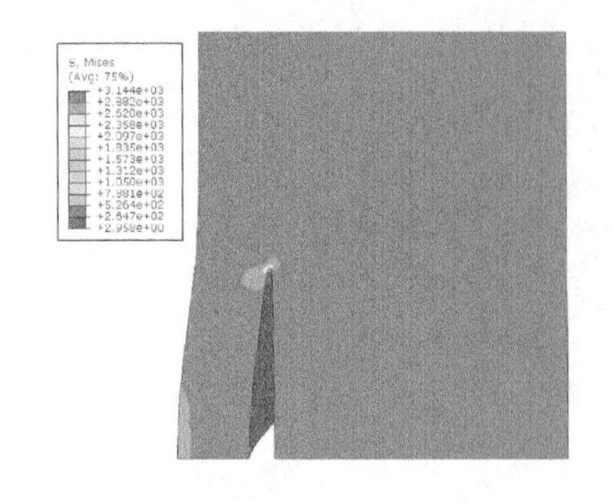

距内壁2mm

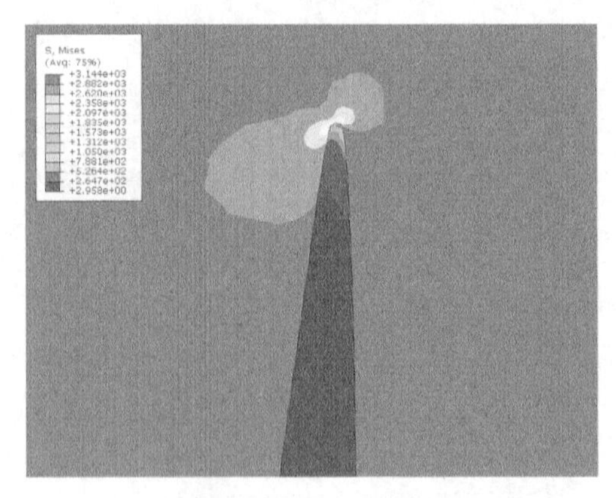

裂纹尖端应力区放大

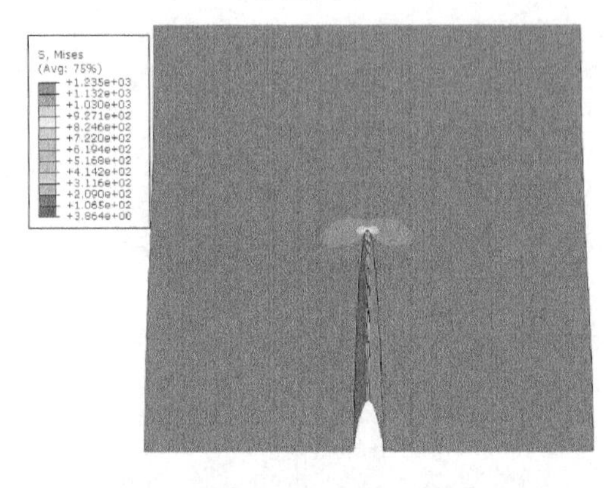

距内壁5mm

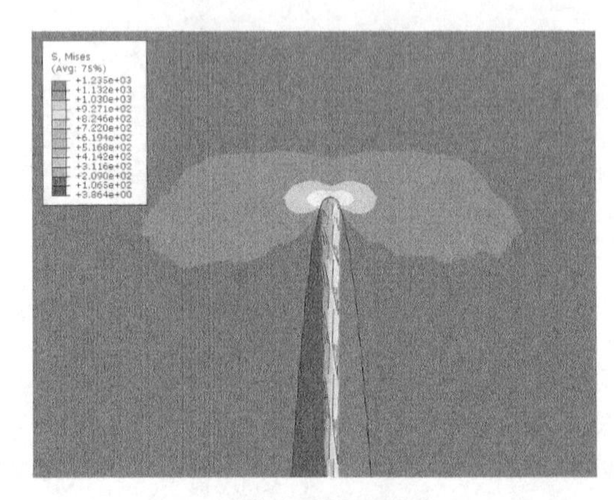

裂纹尖端应力区放大

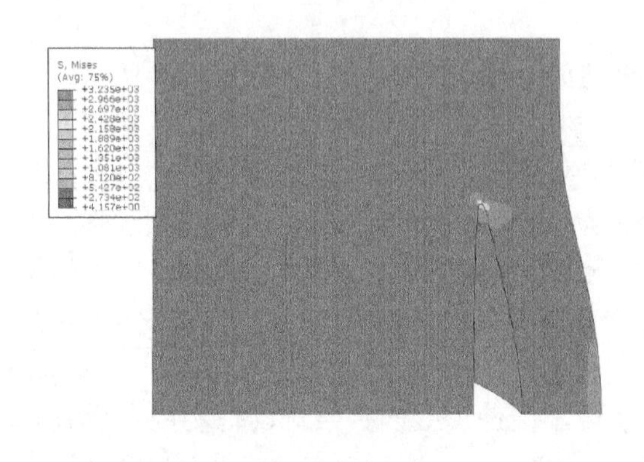

距内壁7mm

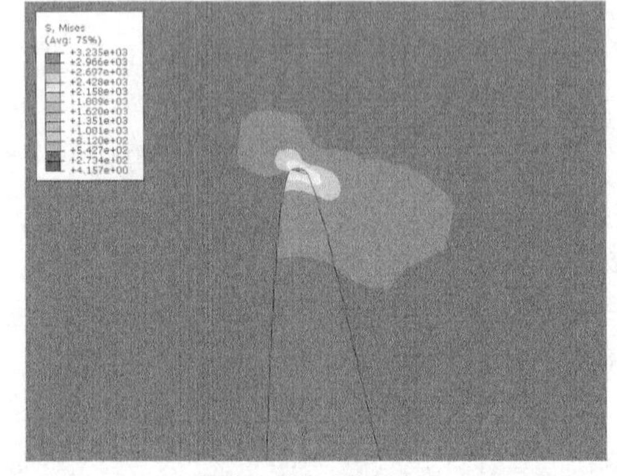

裂纹尖端应力区放大

图 8-35　50MPa 氢压下不同深度处鼓泡裂纹尖端 Mises 局部应力云图

方向垂直，故三个不同深度裂纹尖端扩展方向各不相同，靠近外壁裂纹扩展方向在应力作用下，向外壁方向大概偏转了 45°，正中间位置裂纹扩展方向保持不变，而靠近内壁的裂纹扩展向着内壁方向大概偏转了 45°，从图 8-36 及图 8-37 可见，试样的裂纹扩展方向呈现 45°方向，偏向所靠近的试样表面。

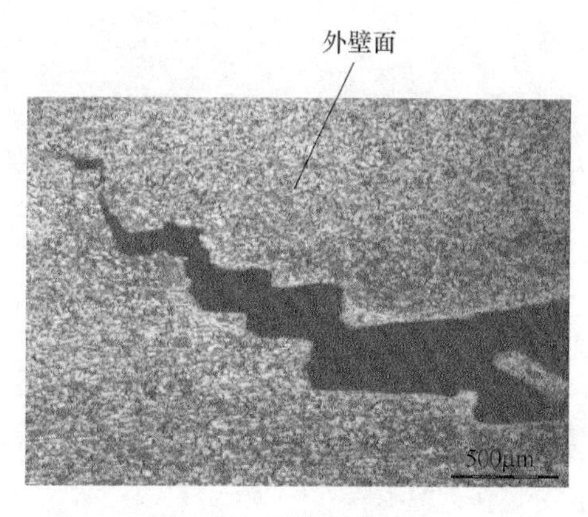

图 8-36　试样鼓泡裂纹

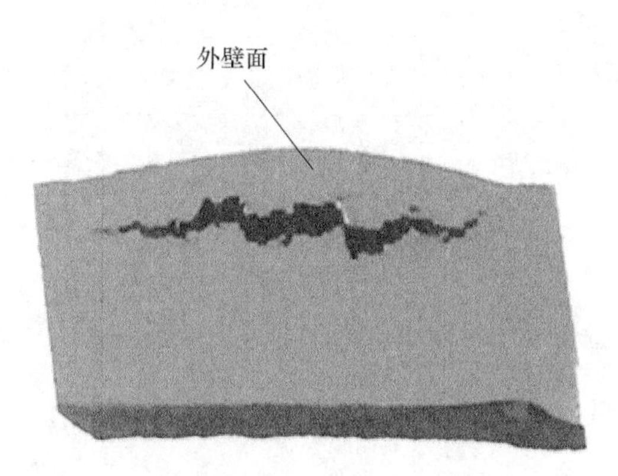

图 8-37　裂纹尖端扩展方向

提取 50MPa 氢压作用下 $a=10$mm 距内壁面 2mm 处鼓泡顶部 Mises 应力云图，如图 8-38 所示。图中左侧为外壁面朝上时应力云图，右侧为内壁面朝上时应力云图。

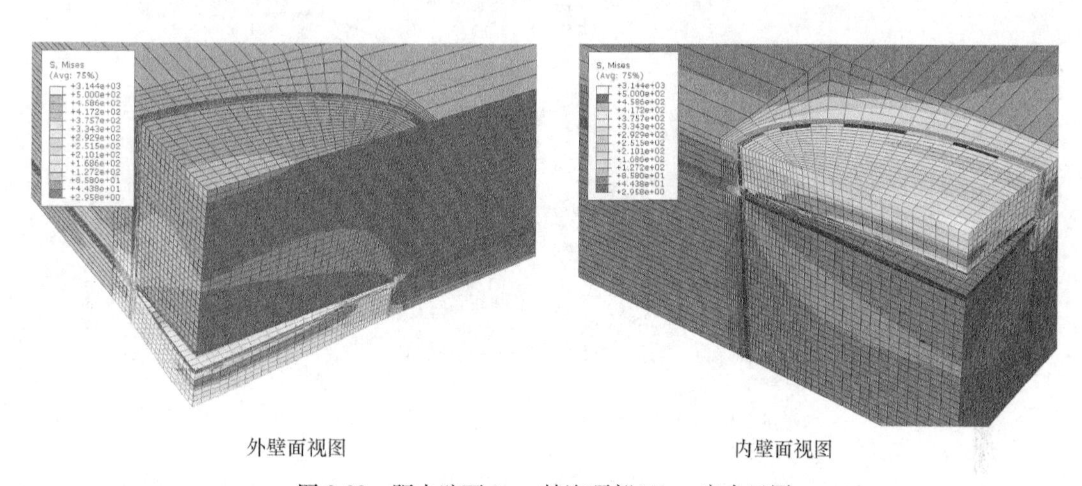

图 8-38　距内壁面 2mm 鼓泡顶部 Mises 应力云图

从图 8-38 中可以看出，当鼓泡裂纹距内壁面较近时，在鼓泡内部氢压作用下，厚度较薄区域的应力场比厚度较大的区域要大很多。此处薄壁厚度越薄，该处应力场也就越大。鼓泡应力场中，鼓泡顶部的应力比周围区域都要大，那么该顶端处将更容易产生屈服。如果鼓泡顶点处存在微观缺陷或者裂纹，更容易导致该处破坏失效，最终在鼓泡顶端处产生裂纹或者穿孔。鼓泡顶端产生裂纹或者穿孔意味着鼓泡将发生失效，筒体在该处可被视为壁厚减薄区域，该区域的强度也将随之下降。

4. 不同鼓泡裂纹 *K* 因子结果及鼓泡裂纹扩展趋势

下面提取前面有限元模拟结果中不同模型裂纹的 K 因子，对比不同尺寸、鼓泡裂纹氢压及鼓泡不同深度对裂纹尖端应力强度因子 K 的影响，找出不同尺寸下使裂纹扩展的临界氢压，或者不同鼓泡内部氢压条件下的临界扩展裂纹尺寸。

提取鼓泡裂纹内部 50MPa 氢压作用下不同尺寸及不同深度的 Ⅰ 型应力强度因子 K_{I} 值绘成曲线，如图 8-39 所示。

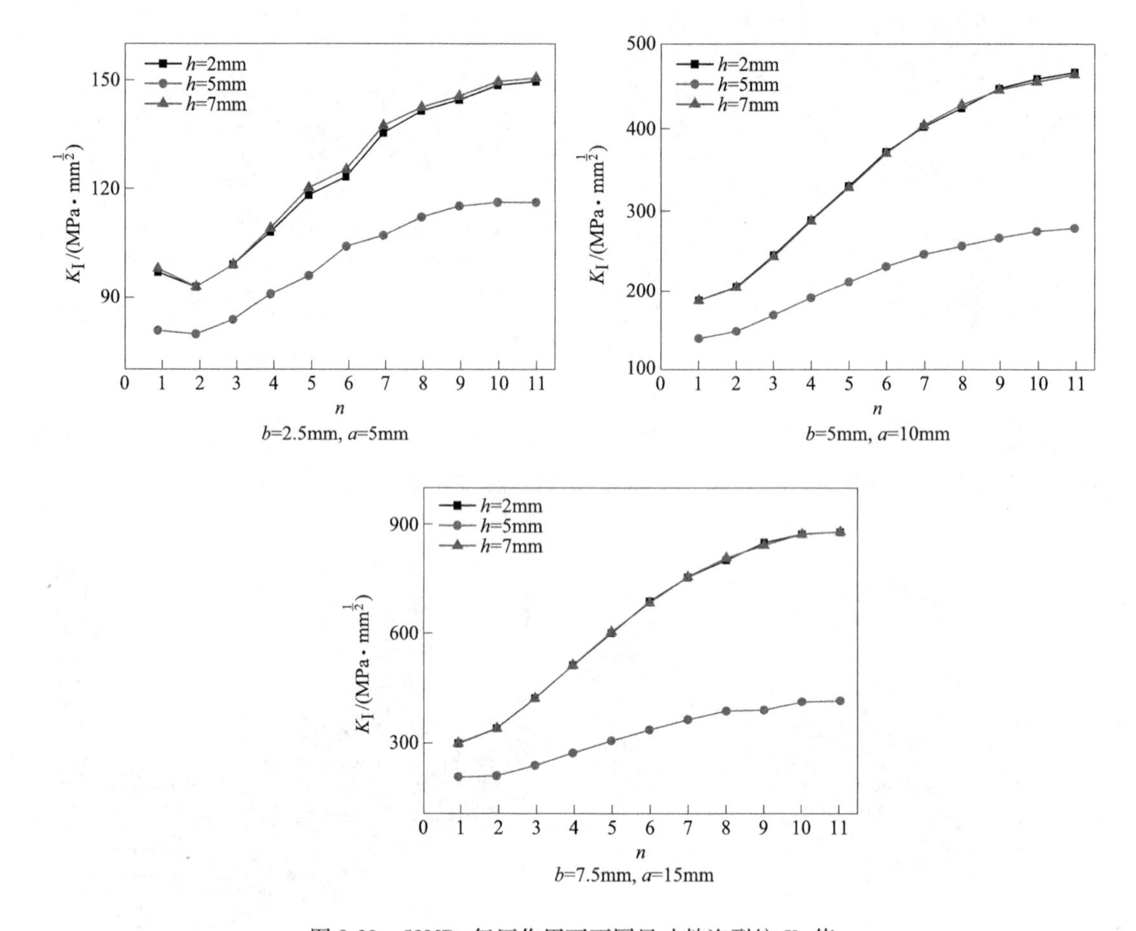

图 8-39　50MPa 氢压作用下不同尺寸鼓泡裂纹 K_{I} 值

从图 8-39 中可见，椭圆形鼓泡裂纹长轴处裂纹尖端 K_{I} 值最小，短轴处 K_{I} 值最大，从长轴逆时针到短轴裂纹尖端 K_{I} 值逐渐增大，但增大趋势逐渐减小。距内壁不同深度处的 K_{I} 值存在较大差别，从该图中可以看出距内壁 $h=2$mm 及 $h=7$mm 处的鼓泡裂纹 K_{I} 值相差无几且都大于处于壁厚正中间 $h=5$mm 处的鼓泡裂纹 K_{I} 值，鼓泡裂纹越靠近内外壁表面，其 K_{I} 值越大，鼓泡裂纹越容易失稳开裂。50MPa 下三种尺寸鼓泡裂纹 K_{I} 值均处于较低值（远小于 5375.87MPa·mm$^{\frac{1}{2}}$），故该氢压下鼓泡没有开裂趋势。

提取鼓泡裂纹内部 200MPa 氢压作用下不同尺寸及不同深度的 I 型应力强度因子值绘成曲线，如图 8-41 所示。

图 8-40 中 K_{I} 值所呈现的变化趋势跟 50MPa 氢压作用下类似，均是鼓泡裂纹越靠近壁表面，其 K_{I} 值越大。图中三种尺寸 K_{I} 值均未超过 K_{IC}，说明在 200MPa 氢压作用下该三种尺寸鼓泡裂纹均未处于开裂趋势状态。

提取鼓泡裂纹内部 500MPa 氢压作用下不同尺寸及不同深度的 I 型应力强度因子值绘成曲线，如图 8-41 所示。

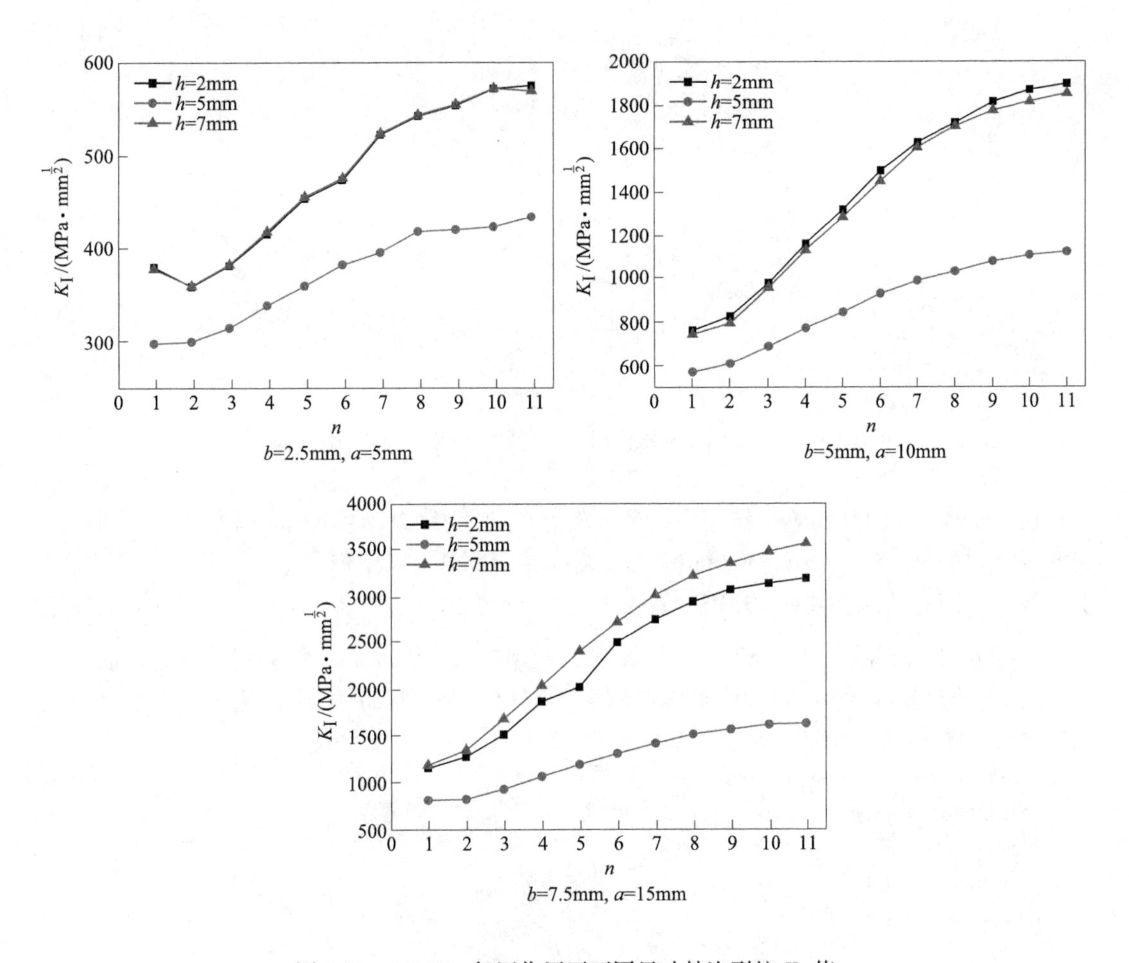

图 8-40 200MPa 氢压作用下不同尺寸鼓泡裂纹 K_{I} 值

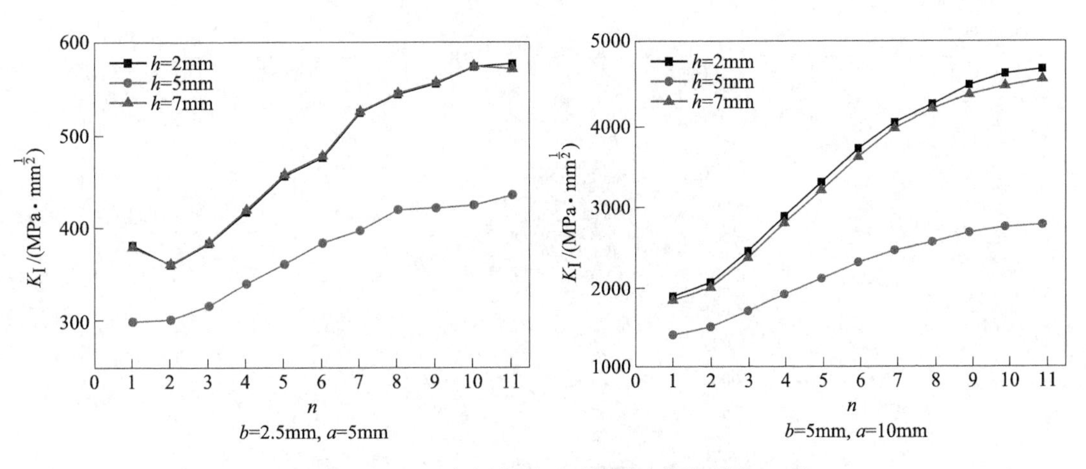

图 8-41 500MPa 氢压作用下不同尺寸鼓泡裂纹 K_{I} 值

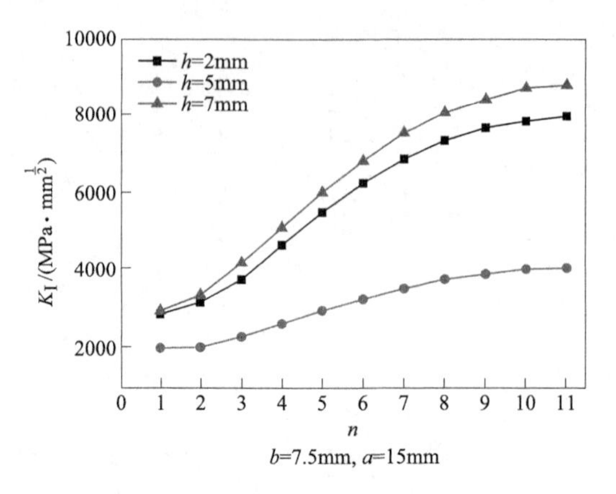

图 8-41 500MPa 氢压作用下不同尺寸鼓泡裂纹 K_I 值（续）

在 500MPa 鼓泡裂纹氢压作用下，尺寸较小的鼓泡裂纹 $2a=10$mm 以及 $2a=20$mm 所对应的 K_I 值均小于 K_{IC}，$2a=30$mm 的鼓泡裂纹在 500MPa 氢压作用下 $h=5$mm 处 $K_I<K_{IC}$，说明处于中间的鼓泡裂纹在 500MPa 氢压作用下不会发生扩展，$h=2$mm 及 $h=7$mm 处鼓泡裂纹在 $n=5$ 时 $K_I>K_{IC}$（5375.87MPa·mm$^{\frac{1}{2}}$），鼓泡裂纹在此状态下将会发生失稳扩展。

提取鼓泡裂纹内部 1000MPa 氢压作用下不同尺寸及不同深度的 I 型应力强度因子值绘成曲线，如图 8-42 所示。

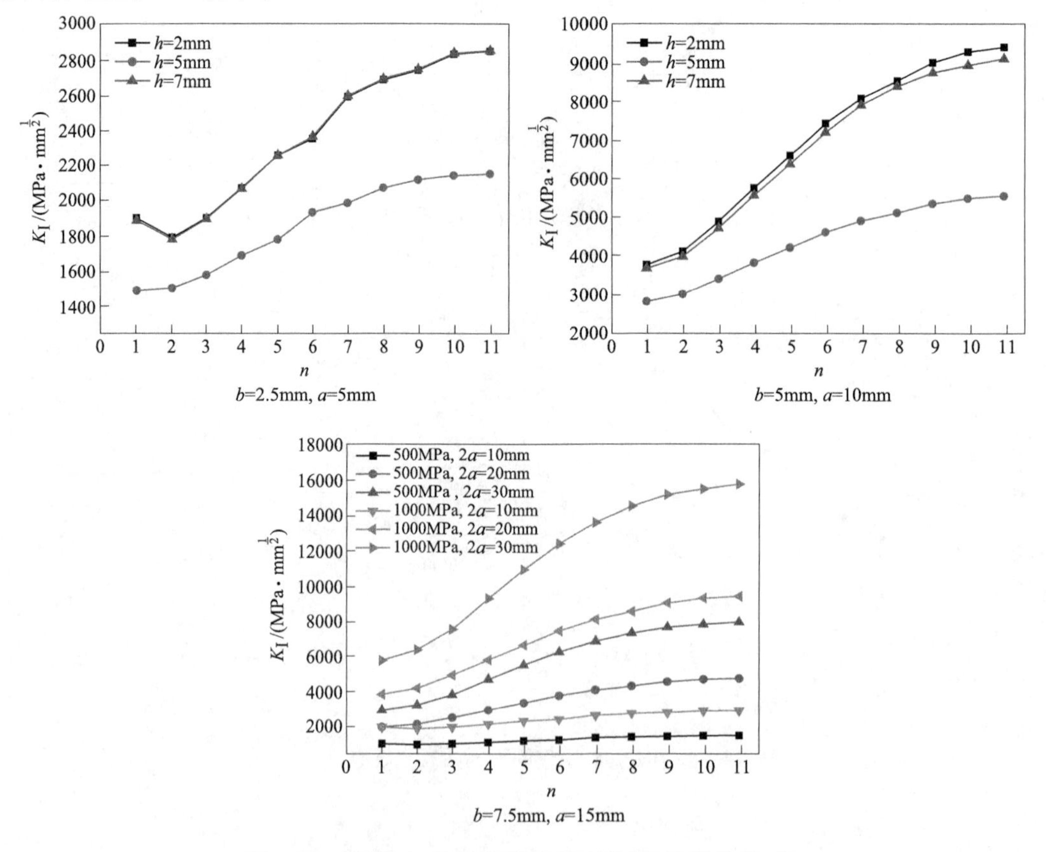

图 8-42 1000MPa 氢压作用下不同尺寸鼓泡裂纹 K_I 值

尺寸 $2a=10\text{mm}$ 的不同尺寸鼓泡裂纹在 1000MPa 氢压作用下的 K_{I} 值均小于 K_{IC}，故该尺寸下裂纹不会发生扩展。尺寸 $2a=20\text{mm}$ 的裂纹鼓泡在 1000MPa 下 $h=2\text{mm}$ 及 $h=7\text{mm}$ 处的裂纹在 $n=4$ 时 $K_{\mathrm{I}}>K_{\mathrm{IC}}$，说明其将会发生失稳扩展。$2a=30\text{mm}$ 尺寸的鼓泡裂纹在 1000MPa 氢压作用下，K_{I} 均处于较高的值，将发生失稳扩展。在 $h=2\text{mm}$ 处的鼓泡裂纹 K_{I} 值小于 $h=7\text{mm}$ 处鼓泡裂纹 K_{I} 值，由于在尺寸 $2a=30\text{mm}$ 时，筒体内部由于内压的存在，其所产生的应力抵消了一部分鼓泡内部氢压，故靠近内壁的鼓泡裂纹在同等鼓泡内氢压作用下其 K_{I} 会较小。

提取同一深度 $h=2\text{mm}$ 处不同氢压下不同尺寸鼓泡裂纹 K_{I} 值绘成曲线，来研究鼓泡裂纹尺寸及氢压对 K_{I} 值的影响，如图 8-43 所示。

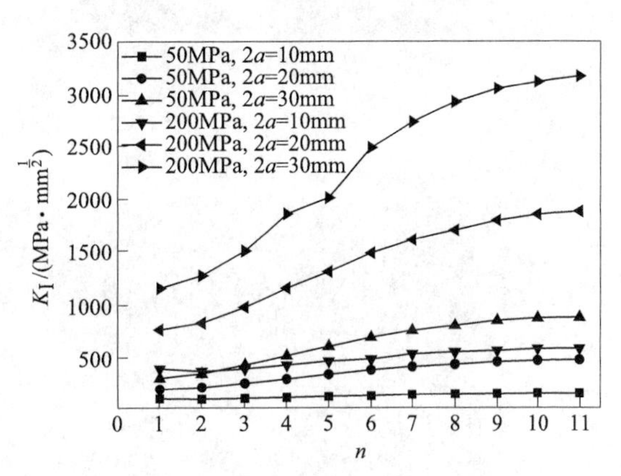

图 8-43 距内壁 2mm 处不同尺寸鼓泡裂纹 K_{I} 值

从图 8-43 可见，鼓泡裂纹 K_{I} 值随着鼓泡内氢压的增大也不断增大。当鼓泡内部氢压值达到足够大时，裂纹 K_{I} 值将大于 K_{IC}值，鼓泡裂纹将会发生失稳扩展。此图中氢压达到 500MPa 后尺寸 $2a=30\text{mm}$ 的裂纹将开始发生失稳扩展。当氢压到达 1000MPa 后，三种尺寸鼓泡裂纹中 $2a=20\text{mm}$ 及 $2a=30\text{mm}$ 裂纹 K_{I} 值均达到很大的程度，开始失稳扩展。

从上述分析结果可以看出，鼓泡裂纹所处深度、内部氢压、鼓泡裂纹尺寸对鼓泡裂纹尖端应力强度因子均有影响。鼓泡的形成与初始阶段的夹杂所处位置直接关联，夹杂位置越靠近筒体内壁，越容易形成初始鼓泡裂纹。同样尺寸的鼓泡裂纹，越靠近壁表面应力强度因子越大，越容易开裂。两方面结合可知大部分氢鼓泡起源于筒体内壁的原因。在同样内压作用下，鼓泡尺寸越大，所对应的应力强度因子也越大，其失稳扩展趋势越明显，尺寸较小的鼓泡裂纹则需要更大的内压才能达到失稳扩展，越不容易发生裂纹扩展。鼓泡裂纹扩展方向与鼓泡裂纹所处位置有关系，裂纹会向着所靠近的筒体壁那一侧扩展。

8.2.3 多个氢鼓泡裂纹的有限元分析

8.2.2 节中所研究的对象均为设备中含有单个氢鼓泡情况，实际情况下设备中含有多个鼓泡裂纹。鼓泡裂纹之间存在着联系，彼此可能相互影响。本节将建立多个鼓泡裂纹模型，研究不同位置、不同大小的鼓泡裂纹彼此之间的影响。本节中采用鼓泡尺寸 $2a=20\text{mm}$（$2b=10\text{mm}$），其中鼓泡裂纹深度 $h=2\text{mm}$。

1. 双氢鼓泡裂纹模型

在 8.2.2 节的基础上建立第二个鼓泡裂纹模型，第二个鼓泡裂纹设定圆形鼓泡裂纹半径为 5mm，内压与初始鼓泡裂纹内压大小相同。为了研究鼓泡之间距离对鼓泡裂纹的影响，现将两个鼓泡边缘距离 L 分别设为 5mm、10mm、20mm 三种。双氢鼓泡裂纹模型如图 8-44 所示，在裂纹尖端处网格加密，如图 8-45 所示。模型各个材料属性与 8.2.2 节中保持一致。模型中所施加边界条件与 8.2.2 节中保持一致，其中鼓泡内氢压为 500MPa。

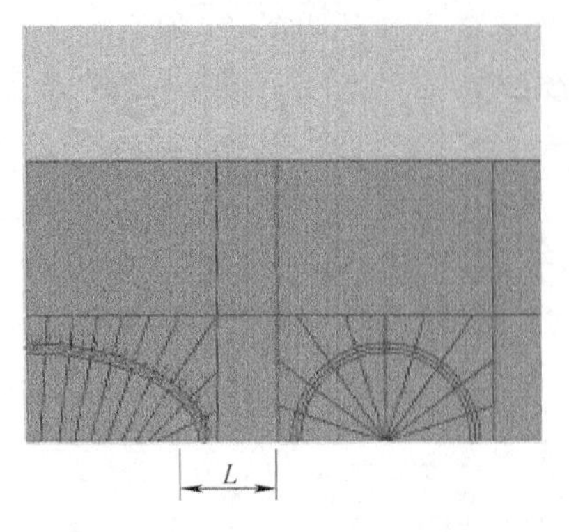

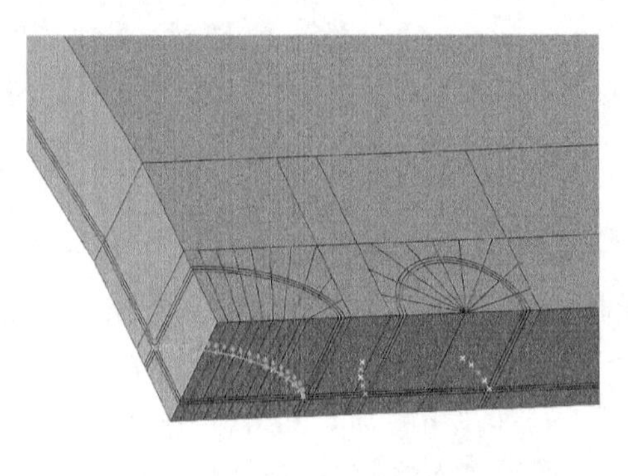

图 8-44　双氢鼓泡裂纹模型

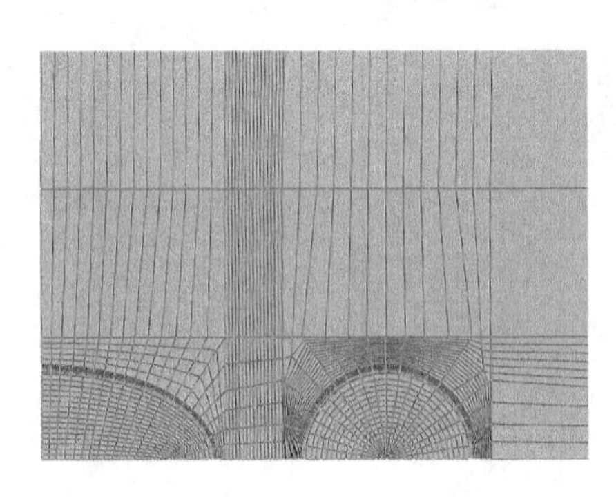

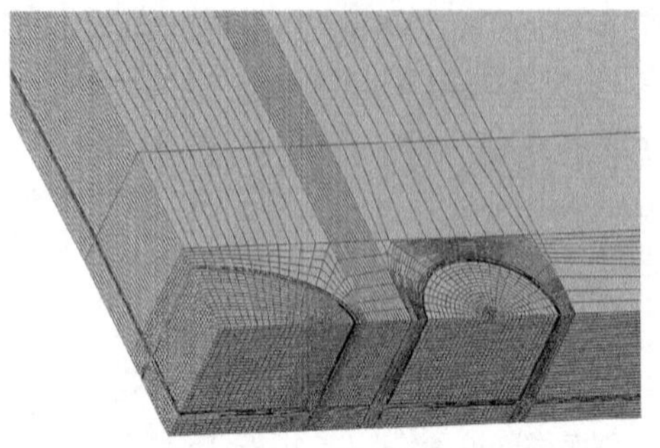

图 8-45　双氢鼓泡裂纹网格模型

2. 双氢鼓泡裂纹有限元计算结果

提取 $L=5\mathrm{mm}$ 双氢鼓泡裂纹在 500MPa 氢压作用下的 Mises 应力云图如图 8-46 所示。

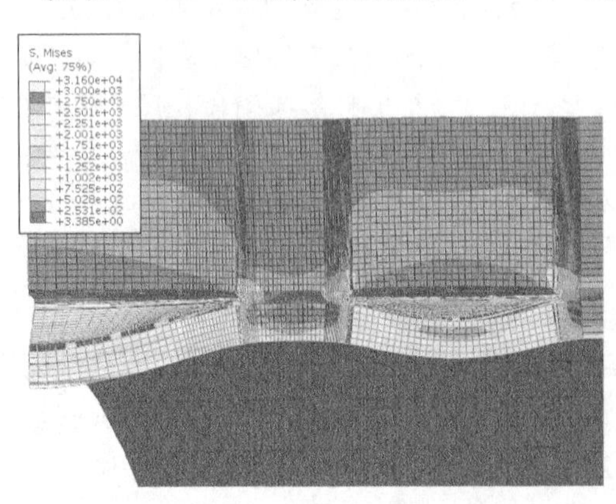

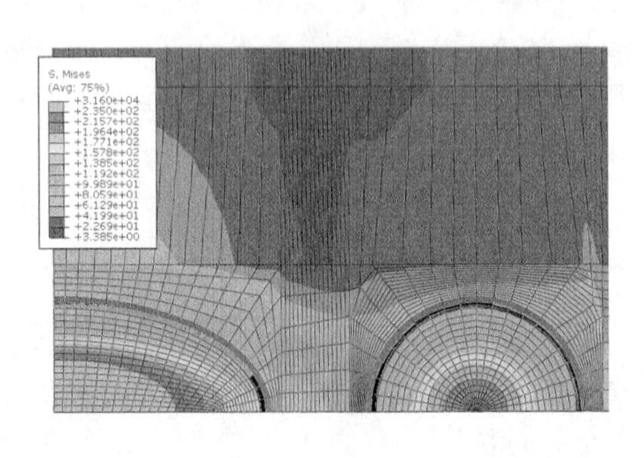

图 8-46　双氢鼓泡裂纹在 500MPa 氢压作用下的 Mises 应力云图

图 8-46 中两个鼓泡裂纹尖端应力均达到很大的值，两个鼓泡裂纹应力分布类似，在鼓泡裂纹的鼓起部位应力比周边区域应力要大。在远离鼓泡裂纹区域的应力处于一个比较低的水平，在两个鼓泡裂纹之间的区域应力水平较低。两个鼓泡鼓起趋势都是趋向内壁处。但由于两个鼓泡距离较近，故最终可能会使彼此鼓泡鼓起相互制约。下面将提取三种不同鼓泡边缘距离下椭圆形鼓泡裂纹的 K_{I} 值，如图 8-47 所示。

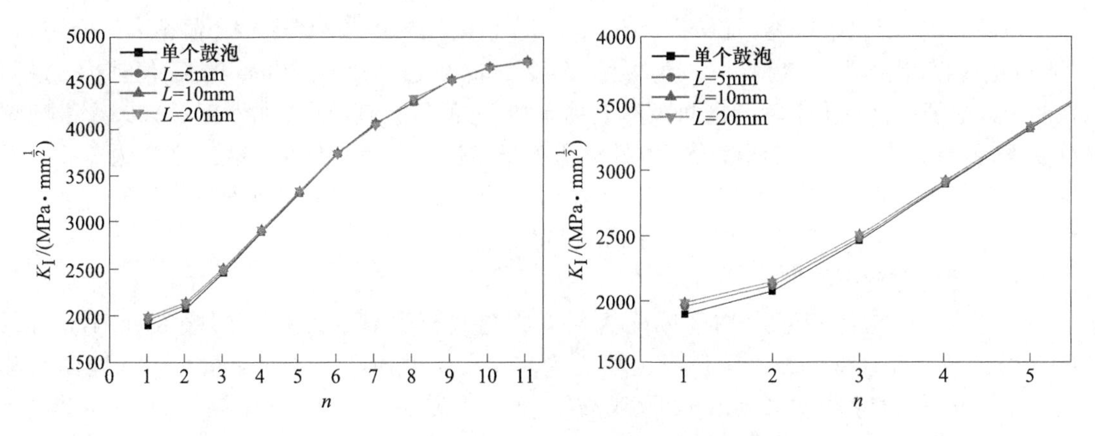

图 8-47 单个鼓泡裂纹与三种边缘距离 L 双鼓泡裂纹 K_{I} 值

从图 8-47 可见，单个鼓泡裂纹与三种距离双鼓泡裂纹之间 K_{I} 值相差不大。四种 K_{I} 值中单个鼓泡裂纹尖端 K_{I} 值比双鼓泡裂纹要小一些，说明在多个鼓泡裂纹存在的情况下，彼此之间Ⅰ型裂纹应力强度因子要更大，裂纹尖端扩展趋势更明显。11 种路径中只有前四种路径的 K_{I} 值相差较明显，远端位置相互之间影响比较小，故路径 5~11 的 K_{I} 值的差别很小。对于路径 1~4 所对应的 K_{I} 值，距离 $L=5\mathrm{mm}$ 的比 $L=10\mathrm{mm}$ 的要稍小，距离 $L=10\mathrm{mm}$ 的与 $L=20\mathrm{mm}$ 的几乎相同，当距离 L 达到足够大时所对应的 K_{I} 值与单个鼓泡裂纹下的 K_{I} 值几乎相同。双鼓泡情况下，鼓泡之间距离对原始椭圆形裂纹的 K_{I} 值影响呈现抛物线趋势，即当距离 L 较近时可能由于鼓泡裂纹之间鼓起趋势存在相互抑制导致 K_{I} 值相比 L 稍大一些时偏小。K_{I} 值随着距离 L 增大会稍微增大，但是当达到另一个临界 L 值时 K_{I} 值反而会随着 L 的增大而逐渐减小，直到趋近于单个鼓泡裂纹下 K_{I} 值为止。

提取单个鼓泡裂纹与不同边缘距离双鼓泡裂纹Ⅱ型应力强度因子绘制曲线，如图 8-48 所示。

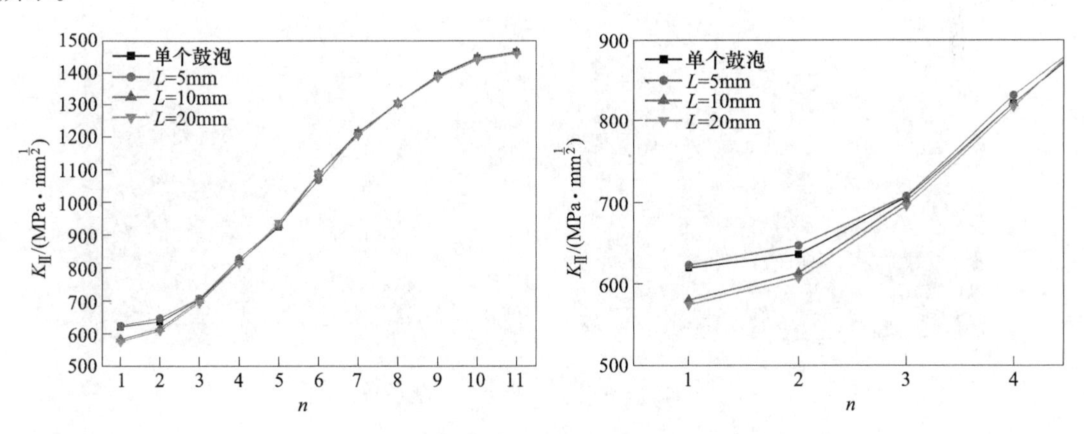

图 8-48 单个鼓泡裂纹与不同边缘距离双鼓泡裂纹 K_{II} 值

图 8-48 中为不同模型Ⅱ型应力强度因子，由于所研究鼓泡主要受到本身裂纹面内压作用，主要为Ⅰ型张开型裂纹，故Ⅱ型应力强度因子相比Ⅰ型应力强度因子要小。两个鼓泡裂纹存在情况下，椭圆形裂纹 K_{II} 值与 K_{I} 值具有相似的分布趋势。鼓泡彼此靠近的前四个路径

1~4 中的 K_{II} 值变化趋势为，距离 $L=5mm$ 的 K_{II} 值要比单个鼓泡裂纹 K_{II} 值稍大，但是 $L=10mm$ 的 K_{II} 值比单个鼓泡裂纹 K_{II} 值要小，$L=20mm$ 的 K_{II} 值比 $L=10mm$ 的 K_{II} 值稍小。说明在两个鼓泡裂纹存在下，两者之间距离 L 越大则 K_{II} 值就会越小。L 很小时，椭圆形鼓泡裂纹的 K_{II} 值将会增大，此时椭圆形裂纹的滑移型开裂趋势增加。双鼓泡裂纹之间距离 L 对原始椭圆形裂纹的 K_{II} 值影响具有双重性，当距离 L 较近时，双鼓泡促进滑移型裂纹扩展，当 L 增大到一定值后，双鼓泡反而抑制了滑移型裂纹扩展。

3. 三个氢鼓泡裂纹模型

上面两个鼓泡的相互影响区域均为两者距离较近区域，就椭圆形裂纹而言为路径 1~5 的区域，路径 6~11 由于位于远端位置，故其应力强度因子变化很小。在前面的基础上，以纵向边缘距离 $L=5mm$ 的双鼓泡模型为基础，在椭圆形裂纹环向距离 $L=2.5mm$ 处设置一个半径为 3.5mm 的圆形鼓泡裂纹。图 8-49 所示为三个氢鼓泡裂纹模型，图 8-50 所示为模型网格。模型各个材料属性与前面中保持一致。模型中所施加边界条件与前面保持一致。

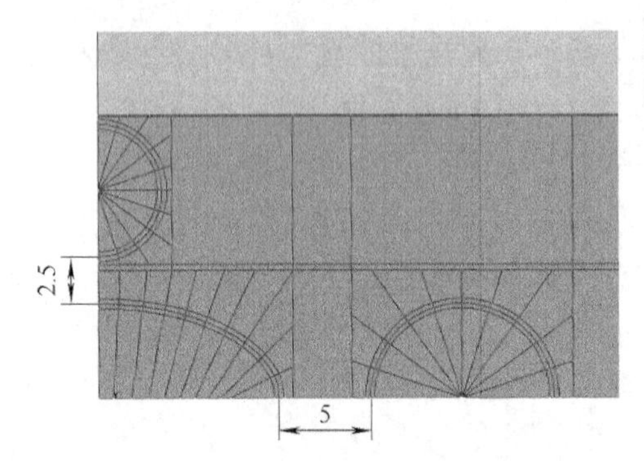

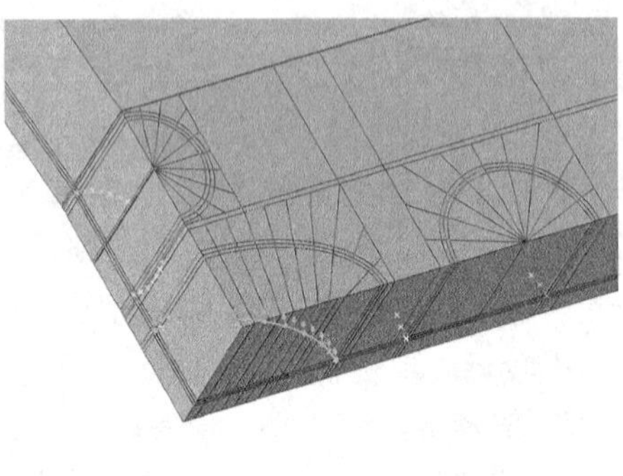

图 8-49　三个氢鼓泡裂纹模型

图 8-50　三个氢鼓泡裂纹模型网格

4. 三个氢鼓泡裂纹有限元计算结果

提取三个氢鼓泡裂纹 Mises 应力云图如图 8-51 所示。

从 Mises 应力云图中可以看出，三个氢鼓泡裂纹尖端应力场均大于周边区域应力场，应力场最大的为椭圆形裂纹短轴端，其次为半径为 5mm 的圆形裂纹尖端，最小的为半径为 3.5mm 的圆形裂纹尖端。

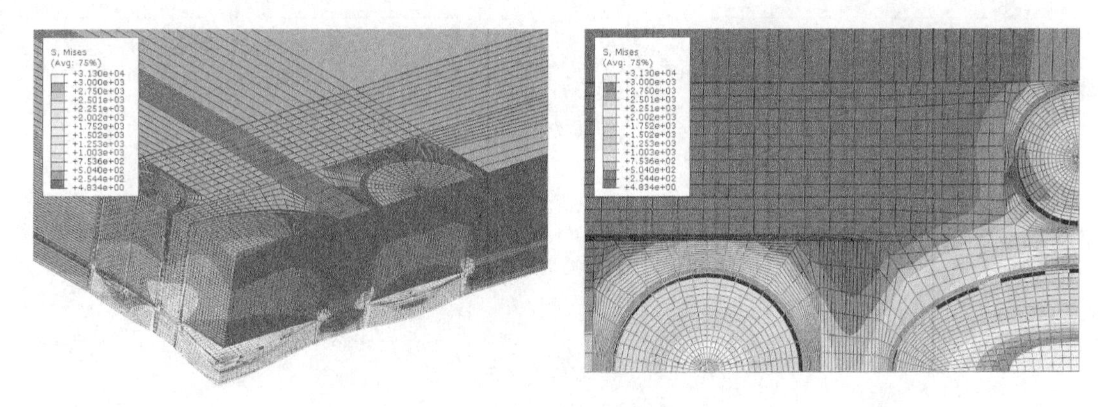

图 8-51　三个氢鼓泡裂纹 Mises 应力云图

提取三个鼓泡、双鼓泡、单个鼓泡裂纹情况下的主鼓泡裂纹 K_I 值绘制成曲线，如图 8-52 所示。

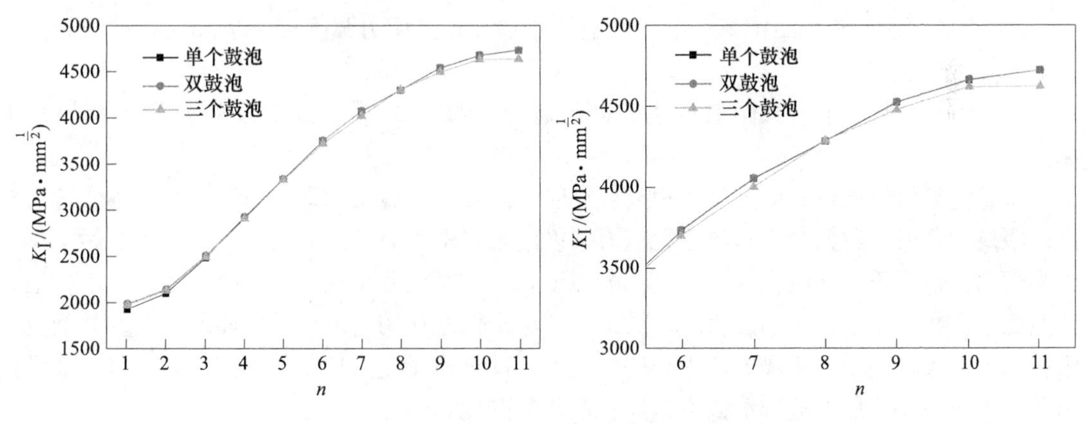

图 8-52　三种不同鼓泡数量的主鼓泡裂纹 K_I 值

从图 8-52 中可以看出，当存在第三个半径为 3.5mm 距椭圆形鼓泡裂纹边缘 2.5mm 的圆形鼓泡时，原椭圆形裂纹的 K_I 值在路径 8~11 中有所降低，这是由于两者距离过近鼓泡鼓起会相互抑制。路径 4~6 的 K_I 值几乎一样。上述结果说明，多个鼓泡存在下，彼此之间的主要影响区域为鼓泡与鼓泡之间。

提取三种不同数量鼓泡裂纹的 K_{II} 值绘成曲线图 8-53。

从图 8-53 中可以看出，三种数量鼓泡 K_{II} 值相差不大，均大致处于 600~1500MPa · $mm^{\frac{1}{2}}$ 范围，均小于对应的 K_I 值，三个鼓泡裂纹下椭圆形鼓泡裂纹 K_{II} 值在路径 9~11 处小于单个及两个鼓泡裂纹下的 K_{II} 值，与三个鼓泡裂纹下 K_I 值的变化趋势一致，3.5mm 的边缘距离使得圆形鼓泡与椭圆形鼓泡之间鼓起长大程度产生相互抑制的作用。

本节通过有限元程序 Abaqus/standard 分别建立了三种不同数量鼓泡裂纹模型，计算得到不同形态下的 Ⅰ 型应力强度因子与 Ⅱ 型应力强度因子。建立多鼓泡裂纹模型来研究同一深度时不同位置鼓泡对原始椭圆形裂纹鼓泡开裂趋势的影响。单鼓泡情况下有以下结论：

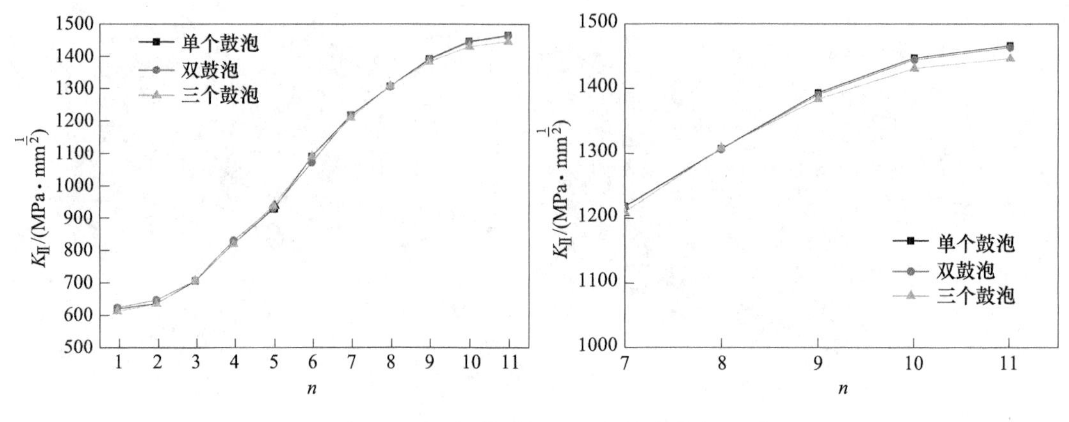

图 8-53　三种不同数量情况下主鼓泡裂纹 K_{II} 值

1）相同深度及相同尺寸鼓泡下，氢压越大Ⅰ型应力强度因子也越大，鼓泡裂纹也越容易发生失稳扩展。

2）相同深度及相同鼓泡氢压下，鼓泡尺寸越大Ⅰ型应力强度因子也越大，鼓泡裂纹也越容易发生失稳扩展。

3）相同鼓泡尺寸及相同氢压下，鼓泡越靠近壁表面那么其Ⅰ型应力强度因子也就越大。

多鼓泡裂纹情况下，鼓泡之间距离较远时，原始鼓泡裂纹Ⅰ型应力强度因子不变，当双鼓泡距离缩短时，原始鼓泡裂纹Ⅰ型应力强度呈现先增大后减小的趋势，但二者之间Ⅰ型应力强度因子仍大于单鼓泡情况下Ⅰ型应力强度因子。对于Ⅱ型应力强度因子而言，当鼓泡距离达到一个相对来说比较小的值时，彼此之间起到促进作用，使得原始椭圆形裂纹Ⅱ型应力强度因子增大，但随着距离 L 增大到一定程度，促进作用变为抑制作用使得原始裂纹Ⅱ型应力强度因子减小，原始椭圆形鼓泡裂纹扩展趋势降低。

8.3　含氢鼓泡充氢材料的弹塑性有限元分析

8.3.1　*J* 积分概述

前面采用线弹性的方法对含氢鼓泡筒体进行了有限元分析，计算 K 因子来探究鼓泡裂纹的发展趋势。然而线弹性断裂力学的研究对象往往是脆性材料，大多数的含氢鼓泡裂纹的金属材料在鼓泡裂纹处发生了大量的塑性形变，鼓泡的鼓起亦表现为塑性形变状态。在役设备中的材料很多都处于塑性变形状态，运用线弹性断裂力学不能很好反映材料的力学性能。Rice 于 1968 年提出了 J 积分的理论，它可以定量地描述裂纹体的应力应变场参量，定义明确并且具有严格的理论依据，如图 8-54 所示为 J 积分的定义。

在弹性状态下，所包围体积的系统势能 U 等于弹性应变能 U_e 与外力功 W 之差。又有厚度 $B=1$，故 G_I 为

$$G_I = -\frac{\partial U}{\partial a} = -\frac{\partial}{\partial a}(U_e - W) \tag{8-33}$$

总的应变能为

$$U_e = \int_{\Gamma} dU_e = \int \omega dV = \iint \omega dx dy \qquad (8\text{-}34)$$

ω 为应变能密度，在整个外围边界上外力所做功为

$$W = \int_{\Gamma} dW = \int_{\Gamma} uTdS \qquad (8\text{-}35)$$

最终为

$$G_{\mathrm{I}} = -\frac{\partial U}{\partial a} = \int_{\Gamma}\left(\omega dy - \frac{\partial u}{\partial x}TdS\right) \qquad (8\text{-}36)$$

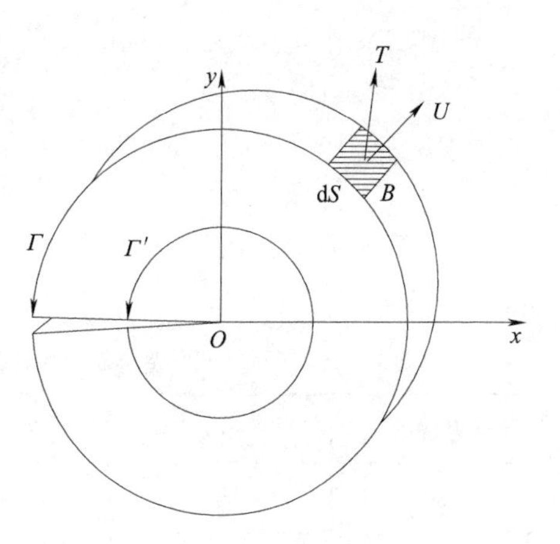

图 8-54　J 积分的定义

在弹塑性的条件下，如果将弹性应变能密度改为弹塑性应变能密度，等号右边的能量积分依然存在，Rice 将其定义为 J 积分，为

$$J_{\mathrm{I}} = \int_{\Gamma}\left(\omega dy - \frac{\partial u}{\partial x}TdS\right) \qquad (8\text{-}37)$$

为了更准确地对含氢鼓泡裂纹进行研究，将通过实验手段来得到充氢材料的弹塑性力学性能参数，然后运用弹塑性有限元方法计算含氢鼓泡裂纹 J 积分及氢鼓泡鼓起高度与内压之间的关系。

8.3.2　充氢材料实验数据处理

金属材料的弹塑性形变行为可以分为以下几个阶段：在应变较小时，材料力学行为主要表现为线弹性，弹性模量 E 为常数；当应力超过了材料的屈服应力后，刚度会显著下降，该阶段材料的应变表现为塑性应变与弹性应变并存；在卸载后，弹性应变将会消失，然而塑性应变是不可恢复的；如果再次加载，材料的屈服应力会提高，即加工硬化。图 8-55 所示为材料的弹塑性行为。

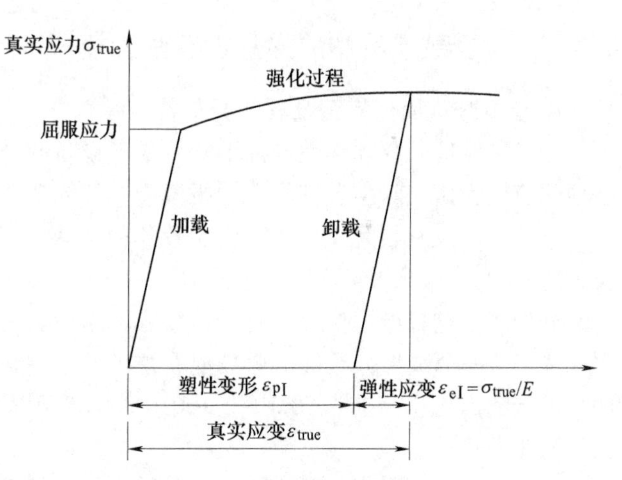

图 8-55　材料的弹塑性行为

在单轴拉伸或压缩实验中得到的数据通常为名义应变 ε_{nom} 和名义应力 σ_{nom}，其计算公式为

$$\varepsilon_{nom} = \frac{\Delta l}{l_0} \qquad (8\text{-}38)$$

$$\sigma_{nom} = \frac{F}{A_0} \qquad (8\text{-}39)$$

在 Abaqus 中定义塑性数据时，必须采用真应力和真应变。二者关系如下：

$$\varepsilon_{true} = \ln(1 + \varepsilon_{nom}) \tag{8-40}$$

$$\sigma_{true} = \sigma_{nom}(1 + \varepsilon_{nom}) \tag{8-41}$$

经过充氢后的材料试样进行单轴拉伸实验，实验数据进行处理后，得到真应力-应变数据，见表 8-5。

表 8-5　材料单轴拉伸试验真应力-应变数据

应力/MPa	塑性应变	应力/MPa	塑性应变	应力/MPa	塑性应变
289	0	350	0.021258	410	0.046441
300	0.009155	360	0.024294	420	0.052457
310	0.011609	370	0.027738	430	0.059288
320	0.013559	380	0.031356	440	0.067756
330	0.015802	390	0.035859	450	0.076131
340	0.01847	400	0.040824	460	0.088073

8.3.3　含氢鼓泡筒体的弹塑性有限元模拟

1. 含氢鼓泡筒体模型及其边界条件

为了更好地研究弹塑性条件下含氢鼓泡设备的力学行为，仍以某炼化公司设备溶剂再生塔顶回流罐为研究对象。有限元分析模型参照 8.2.2 节中研究筒体含单个氢鼓泡时的力学行为。本节所涉及有限元模型中鼓泡位置均位于靠近筒体内壁 2mm 深处，椭圆形鼓泡短轴与长轴之比为 0.5，长轴 $2a$ 的尺寸分别为 10mm、20mm、30mm。实际设备中鼓泡的位置靠近内壁处居多，这样鼓泡位置设备较符合实际情况。有限元模型与各个约束条件与载荷施加参照 8.2.2 节中第 2 部分椭圆形氢鼓泡裂纹模型边界条件和载荷施加的内容。有所不同的是所加载的鼓泡内氢压分别为 50MPa、100MPa、150MPa。有限元分析软件使用 Abaqus，采用单元类型为 C3D8R。

本节将探究不同氢压下应力水平与鼓泡尺寸的关系，鼓泡裂纹尖端处塑性区域的大小与鼓泡尺寸及鼓泡氢压的关系，鼓泡鼓起高度与鼓泡尺寸及鼓泡氢压的关系。在实际鼓泡尺寸及鼓起高度已知的情况下，估计鼓泡内部氢压的大致范围。椭圆形鼓泡裂纹依旧采用 8.2.2 中研究方法，沿鼓泡边缘将鼓泡划分为 11 个不同的路径，探究不同鼓泡尺寸在不同氢压作用下 J 积分值沿 11 个不同路径的变化趋势。

2. 有限元计算结果分析

50MPa 氢压作用下不同尺寸鼓泡裂纹 Mises 应力云图如图 8-56 所示。

从图 8-56 中可以看出，三种不同尺寸鼓泡裂纹在 50MPa 相同鼓泡氢压作用下，鼓泡裂纹尖端均为最大应力集中处，鼓泡鼓起端顶部应力比鼓泡其他部位应力大。$2a=10$mm 的鼓泡最大应力为 306MPa，$2a=20$mm 的鼓泡最大应力为 441MPa，$2a=30$mm 的鼓泡最大应力达

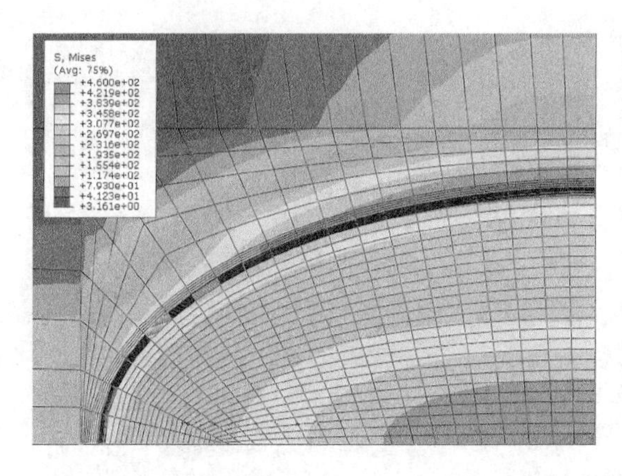

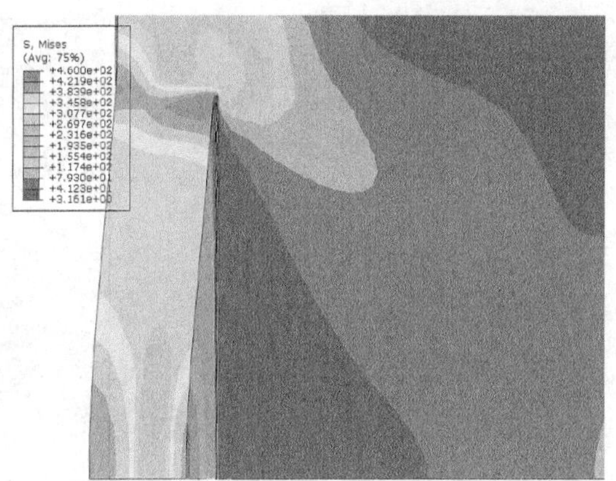

$2a$=30mm鼓泡裂纹

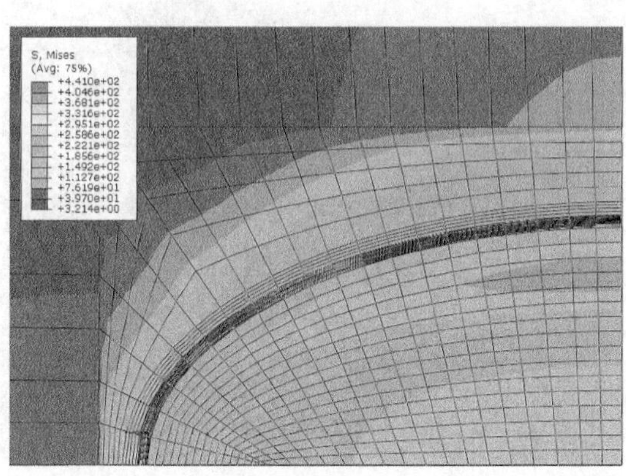

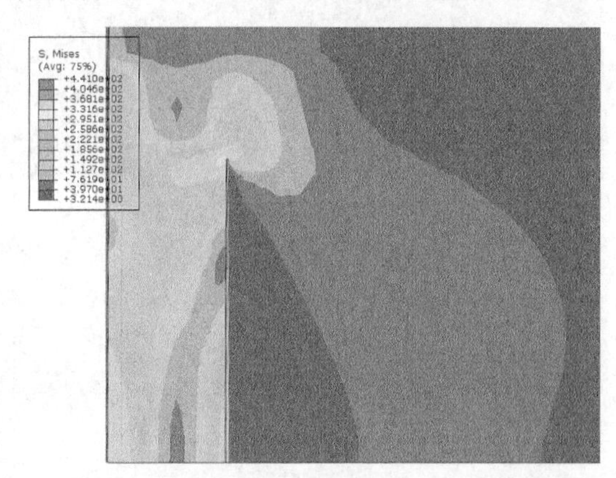

$2a$=20mm鼓泡裂纹

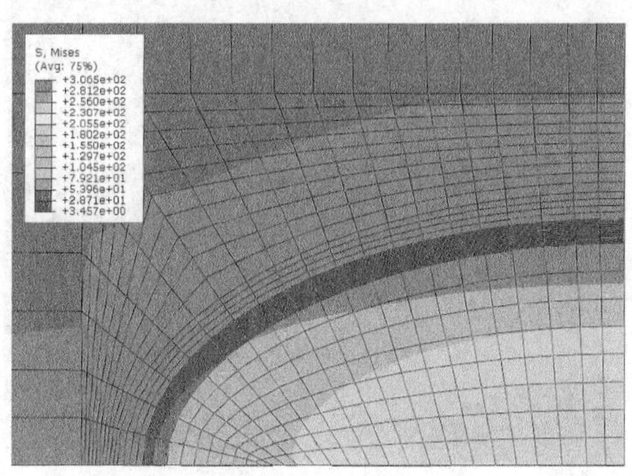

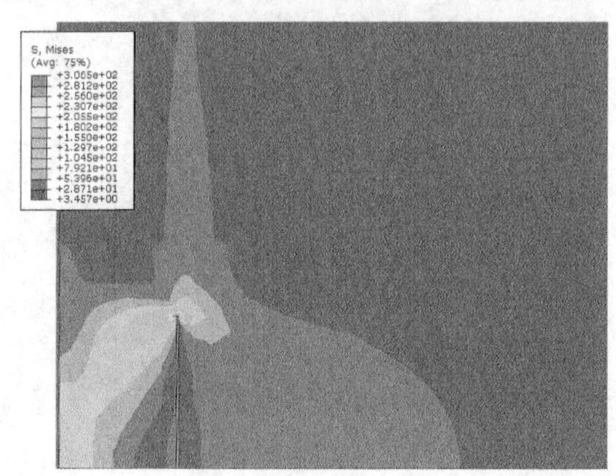

$2a$=10mm鼓泡裂纹

图 8-56　50MPa 氢压作用下不同尺寸鼓泡裂纹 Mises 应力云图

到材料强度极限 460MPa，最大应力处为裂纹尖端及鼓起顶端。鼓泡相同时，应力水平随着鼓泡尺寸的增大而增大。

100MPa 氢压作用下不同尺寸鼓泡裂纹 Mises 应力云图如图 8-57 所示。

从图中可以看出，$2a = 30$mm 的鼓泡在 100MPa 氢压作用下，整体已经达到强度极限，

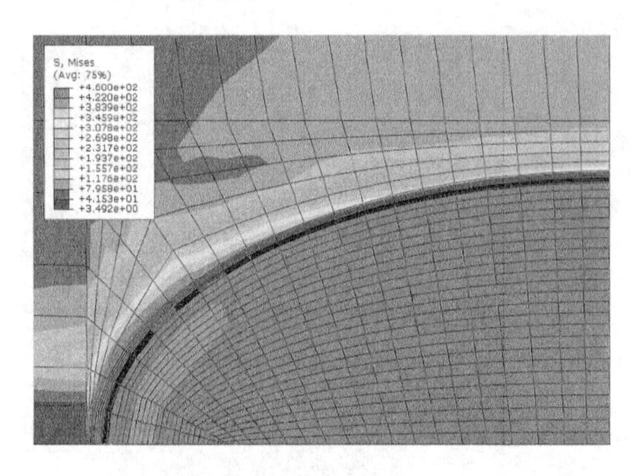

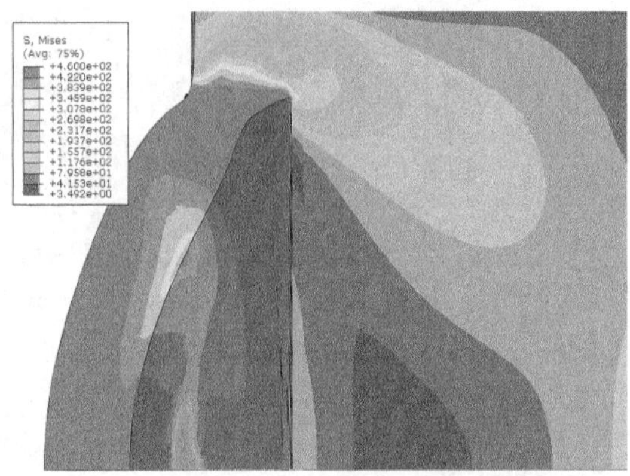

$2a$=30mm鼓泡裂纹

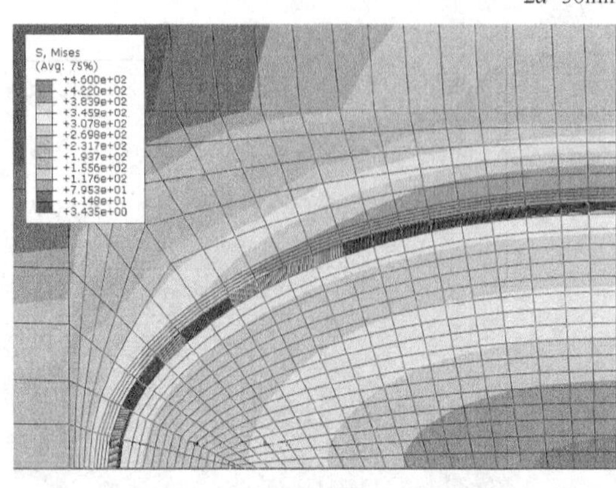

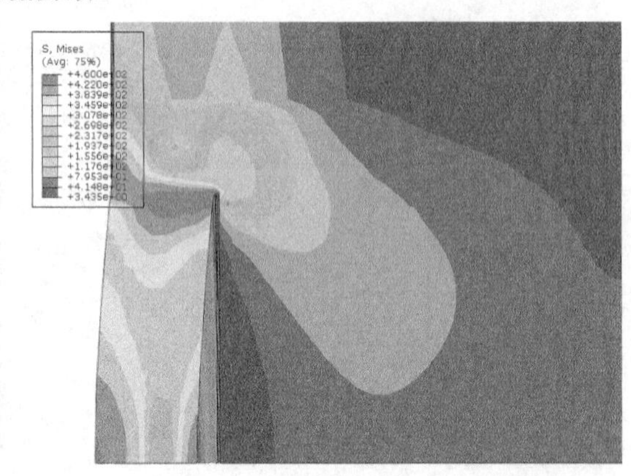

$2a$=20mm鼓泡裂纹

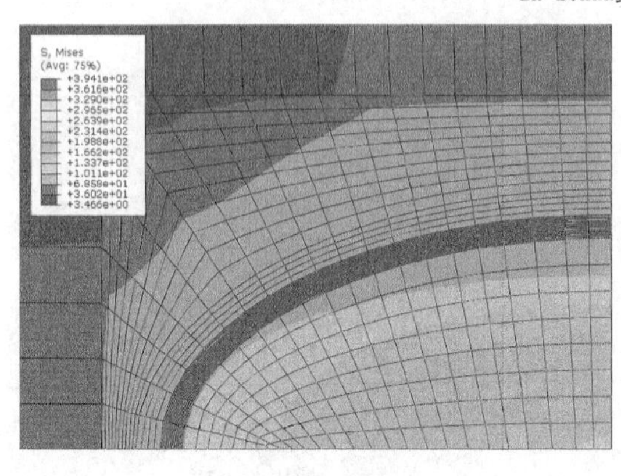

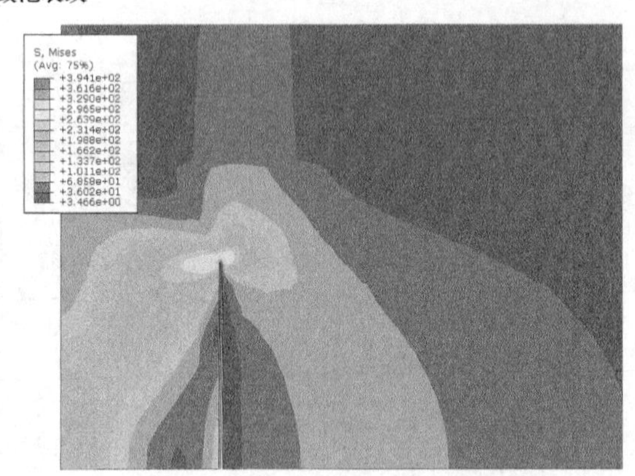

$2a$=10mm鼓泡裂纹

图 8-57　100MPa 氢压作用下不同尺寸鼓泡裂纹 Mises 应力云图

$2a=20$mm 的鼓泡在裂纹尖端处及鼓泡顶端处的应力达到最大极限。$2a=10$mm 的鼓泡只在裂纹尖端处应力达到 391MPa。三种尺寸鼓泡仍然符合在相同氢压下尺寸越大应力也越大的规律。

由于 100MPa 下 $2a=30$mm 的鼓泡区域已经达到强度极限，$2a=20$mm 及 $2a=10$mm 的鼓泡在 150MPa 氢压作用下 Mises 应力云图如图 8-58 所示。

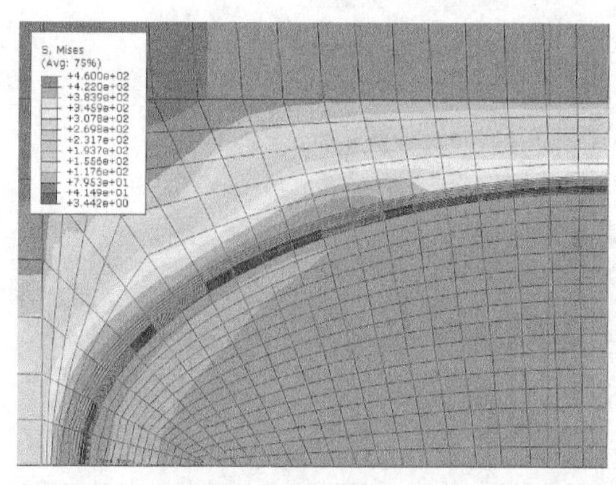

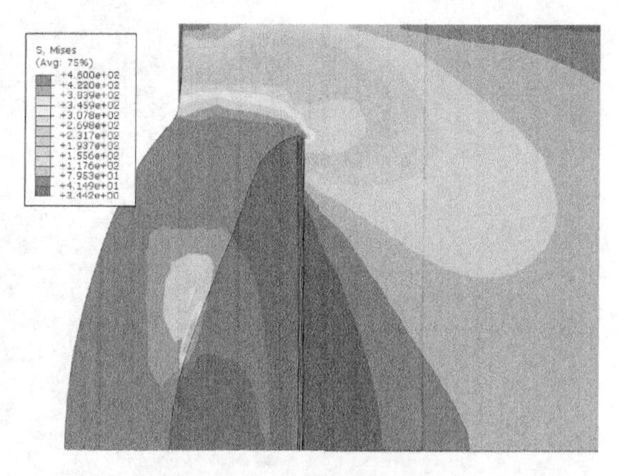

$2a$=20mm鼓泡裂纹

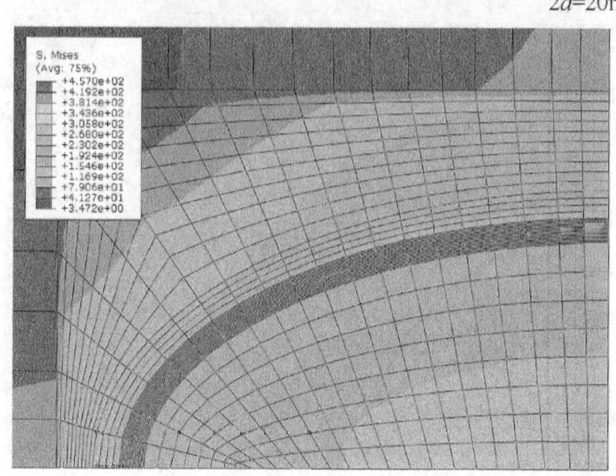

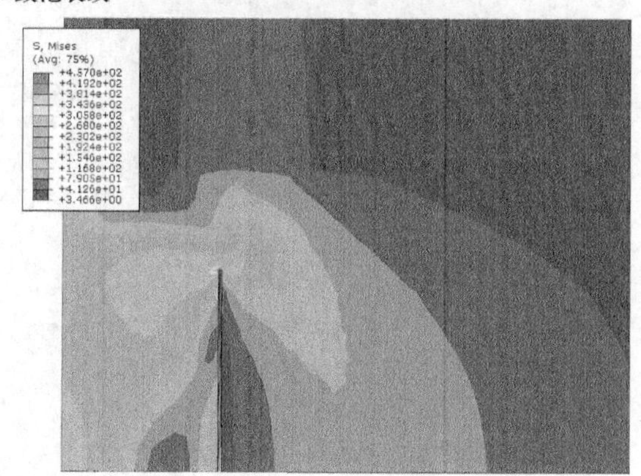

$2a$=10mm鼓泡裂纹

图 8-58 150MPa 氢压作用下不同尺寸鼓泡裂纹 Mises 应力云图

150MPa 下 $2a$ = 30mm 及 $2a$ = 20mm 的鼓泡区域整体应力都达到了材料的强度极限 460MPa，$2a$ = 10mm 的鼓泡裂纹尖端达到了 457MPa 应力。相同条件下，尺寸较大的鼓泡对应的应力比尺寸小的鼓泡大，较大尺寸的鼓泡失稳扩展的趋势更加明显。如果尺寸较小的鼓泡失稳扩展，那么其内部氢压将会更大。如果鼓泡尺寸足够小，其失稳扩展的鼓泡氢压理论上将会达到很大的量级。

弹塑性条件下鼓泡在载荷达到一定值后，鼓泡裂纹尖端将处于塑性区域，随着载荷大小的不同，处于塑性状态的区域会发生变化，图 8-59 所示为 50MPa 氢压作用下不同尺寸鼓泡的等效塑性应变（PEEQ）云图。

由图 8-59 可知，在 50MPa 氢压作用下，裂纹尖端区域均处于塑性状态。$2a$ = 10mm 鼓泡裂纹尖端塑性区域最小，塑性应变也相应最小。相比而言，$2a$ = 30mm 的鼓泡裂纹尖端于塑性区域最大，塑性应变也相应最大。由此可知，在相同大小鼓泡氢压作用下，裂纹尖端塑性区域的大小随着鼓泡裂纹尺寸的增大而增大，裂纹尖端塑性应变大小也随着鼓泡裂纹尺寸的增大而增大。

现以 $2a$ = 20mm 的鼓泡为例来探究在鼓泡裂纹尺寸不变的前提下，鼓泡裂纹尖端塑性区

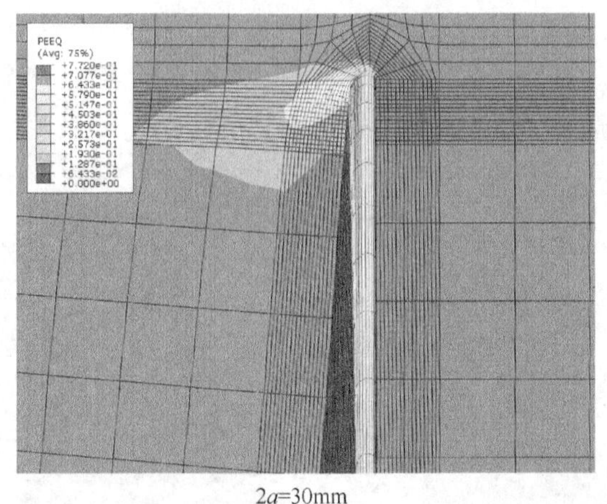

2a=30mm

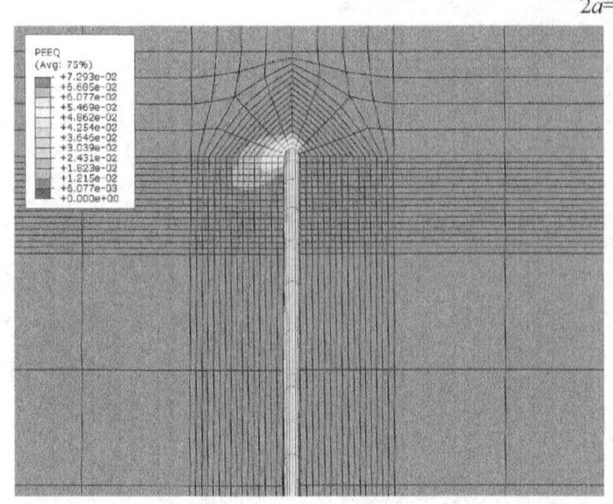

2a=20mm

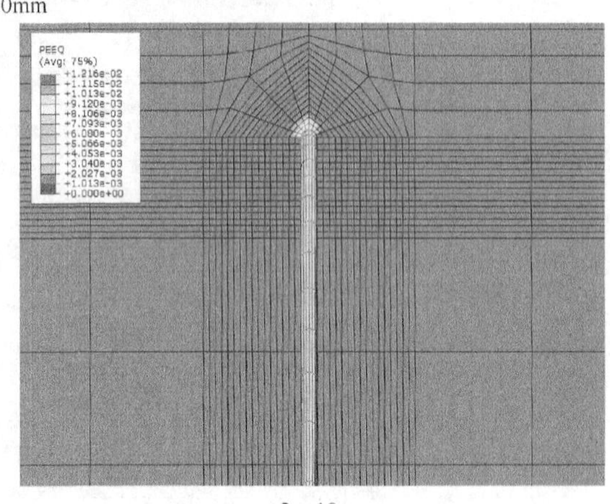

2a=10mm

图 8-59　50MPa 氢压作用下不同尺寸鼓泡裂纹 PEEQ 云图

域及塑性应变大小的变化规律。图 8-60 所示为三种不同氢压作用下 $2a=20$mm 的鼓泡裂纹 PEEQ 云图。

从图 8-60 可知，50MPa 下鼓泡裂纹尖端的塑性区域最小，等效塑性应变最大值为 0.0723。100MPa 下鼓泡裂纹尖端的等效塑性区域比 50MPa 要大，且裂纹尖端等效塑性应变最大值为 0.9098，比 50MPa 下塑性应变值大一个数量级。150MPa 下鼓泡裂纹尖端塑性区最大，并且鼓泡顶端部位也进入塑性状态，裂纹尖端塑性应变的最大值为 2.06。综上可知，$2a=10$mm 鼓泡随着鼓泡氢压的变化，其塑性区域变大，且当氢压达到一定值时，鼓泡顶端区域也将进入塑性屈服状态，塑性应变值也随之增大。

实际化工临氢设备含有的氢鼓泡都不同程度地鼓起，鼓起高度各不相同，鼓起高度取决于鼓泡尺寸和鼓泡氢压。下面探究不同尺寸及氢压作用下鼓泡的鼓起高度。

图 8-61 为尺寸为不同氢压作用下 $2a=10$mm 鼓泡区域位移云图。从图中可知，筒体在氢压作用下的整体位移比较小，其值大概为 0.0642mm。然而，鼓泡顶端区域的位移值比整体位移更小，这可能的原因是鼓泡在氢压作用下反向鼓起的高度较小，未超过筒体在内压作用下的位移。随着鼓泡氢压的增大，鼓泡顶端位移越来越小，这说明鼓泡顶端反向鼓起高度越来越大。可以预测当鼓泡氢压增大到一定值后，鼓泡区域反向位移将会超过筒体整体位移。

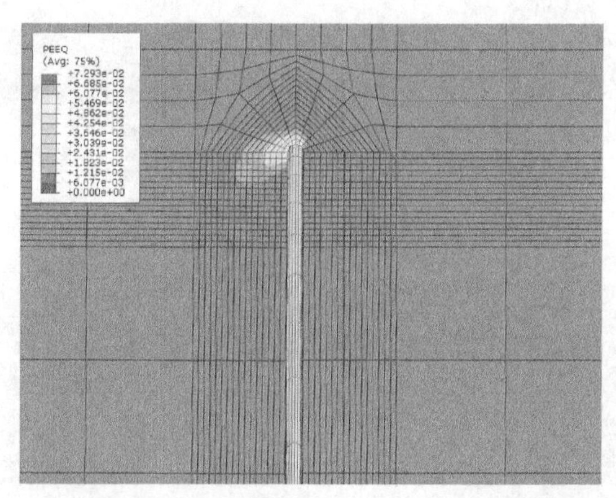

50MPa

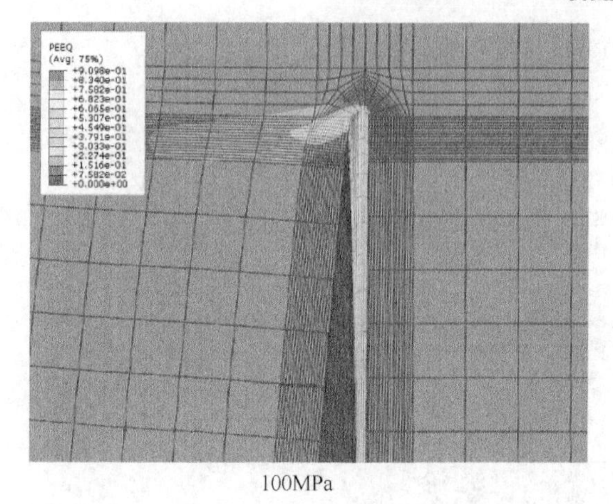

100MPa

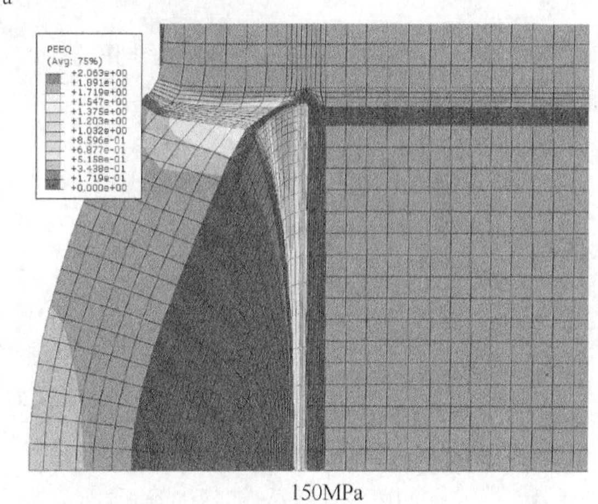

150MPa

图 8-60　不同氢压作用下 $2a = 20$mm 鼓泡裂纹 PEEQ 云图

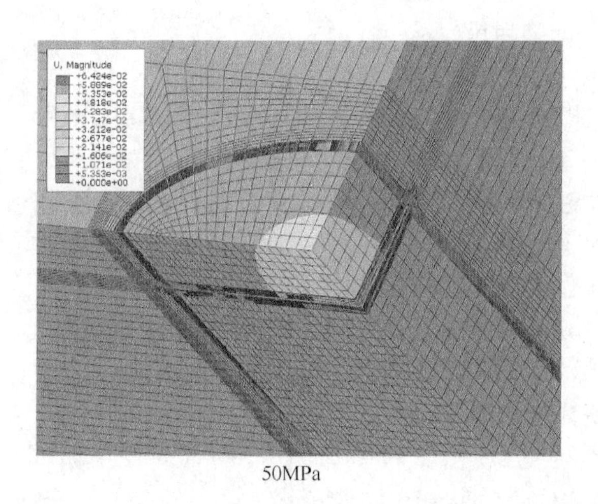

50MPa

图 8-61　不同氢压作用下 $2a = 10$mm 鼓泡区域位移云图

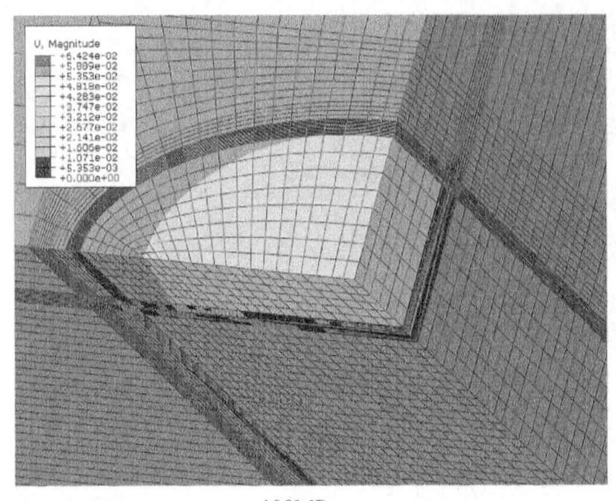
100MPa

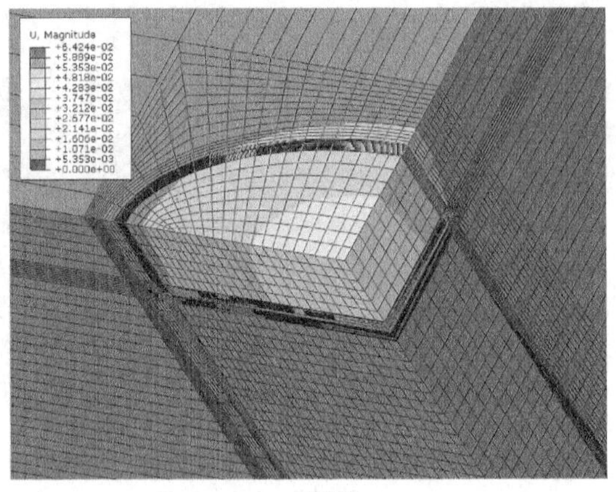
150MPa

图 8-61 不同氢压作用下 $2a=10\text{mm}$ 鼓泡区域位移云图（续）

那么将鼓泡氢压增大到 300MPa，分析 $2a=10\text{mm}$ 在此氢压作用下鼓泡顶端位移鼓起程度，其位移云图如图 8-62 所示。

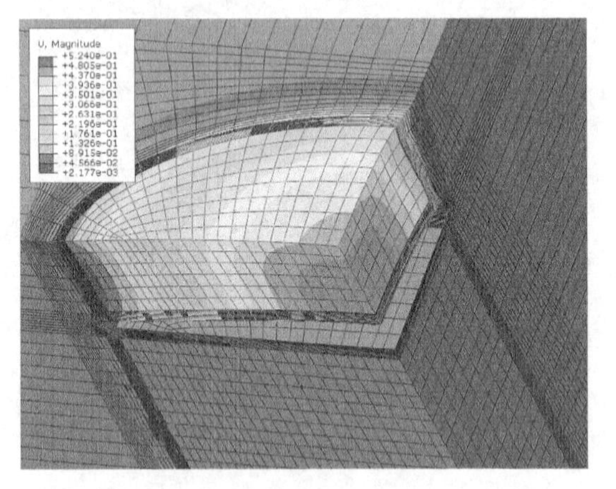
图 8-62 300MPa 氢压作用下 $2a=10\text{mm}$ 鼓泡区域位移云图

在 300MPa 氢压作用下，$2a=10\text{mm}$ 鼓泡鼓起高度大概为 0.524mm，已经大于筒体整体位移。

图 8-63 所示为不同氢压作用下 $2a=20\text{mm}$ 的鼓泡区域位移云图。在 50MPa 氢压作用下，鼓泡顶端主要受筒体内压作用，鼓起高度很小。当氢压达到 100MPa 时，鼓泡主要受到鼓泡氢压作用，鼓起高度已经较为明显，其值为 0.357mm。当鼓泡氢压达到 150MPa 时，鼓泡鼓起更加明显，鼓起高低度达到 2.125mm。在相同氢压下，$2a=20\text{mm}$ 的鼓泡鼓起高度比 $2a=10\text{mm}$ 的鼓泡要大。要达到相同的鼓起高度，尺寸较小鼓泡的氢压将比尺寸较大者大。$2a=10\text{mm}$ 的鼓泡在 300MPa 氢压作用下的鼓起高度大概相当于 $2a=20\text{mm}$ 在 100MPa 氢压作用下的鼓起高度。

图 8-64 所示为 50MPa 及 100MPa 氢压作用下 $2a=30\text{mm}$ 鼓泡区域位移云图。从该图可以看出，在 50MPa 氢压作用下鼓泡鼓起高度已经达到 0.558mm，比 100MPa 鼓泡氢压作用下 $2a=20\text{mm}$ 的鼓泡鼓起高度还要大，相当于 300MPa 鼓泡氢压作用下 $2a=10\text{mm}$ 的鼓泡鼓起高度。100MPa 氢压作用下，鼓泡鼓起高度达到 3.298m。

3. 鼓泡裂纹 *J* 积分值

图 8-65 所示为不同氢压作用下 $2a=10\text{mm}$、$2a=20\text{mm}$、$2a=30\text{mm}$ 三种尺寸鼓泡裂纹 J 积分值。图中横坐标为椭圆形裂纹的 11 个路径（参见图 8-32）。从图中可知，J 积分值均随着鼓泡氢压的增大而增大，鼓泡氢压越大鼓泡裂纹失稳扩展的趋势也就越大。鼓泡裂纹 J 积分值从长半轴到短半轴逐渐增大，说明短半轴处鼓泡裂纹失稳扩展趋势比长半轴要大。当鼓

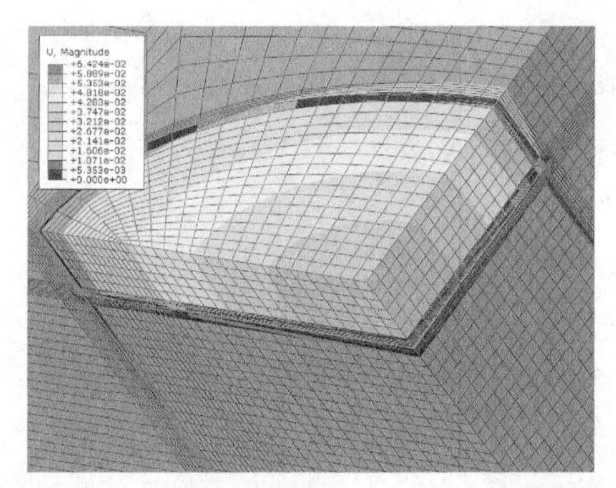

50MPa

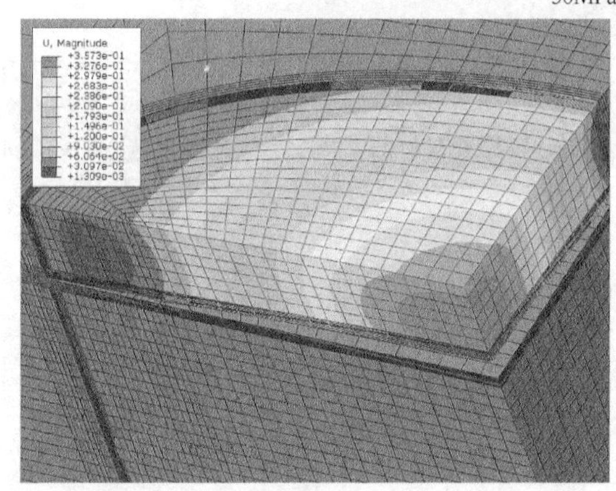

100MPa　　150MPa

图 8-63　不同氢压作用下 $2a=20$mm 鼓泡区域位移云图

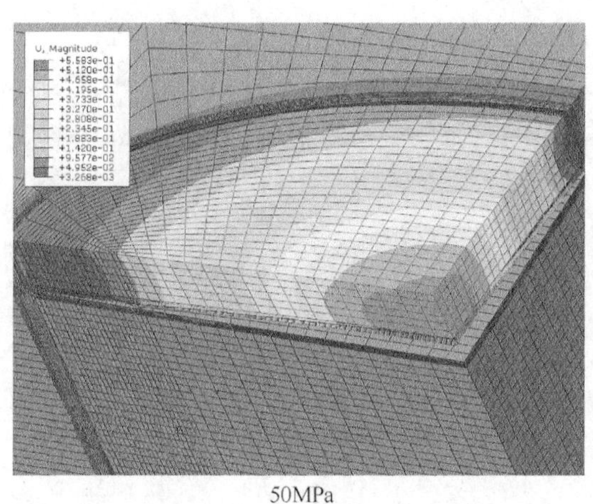

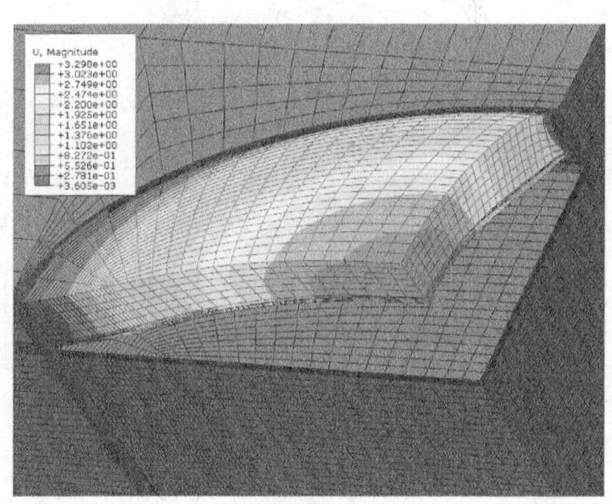

50MPa　　100MPa

图 8-64　不同氢压作用下 $2a=30$mm 鼓泡区域位移云图

泡氢压较小时，J 积分值随着路径变化趋势较为平缓，鼓泡氢压增大时，J 积分值随着路径从长半轴到短半轴变化趋势显著增加。在相同氢压作用下，鼓泡 J 积分值随着鼓泡尺寸的增

大而增大。相同氢压作用下，尺寸大的鼓泡裂纹失稳扩展趋势更加明显。

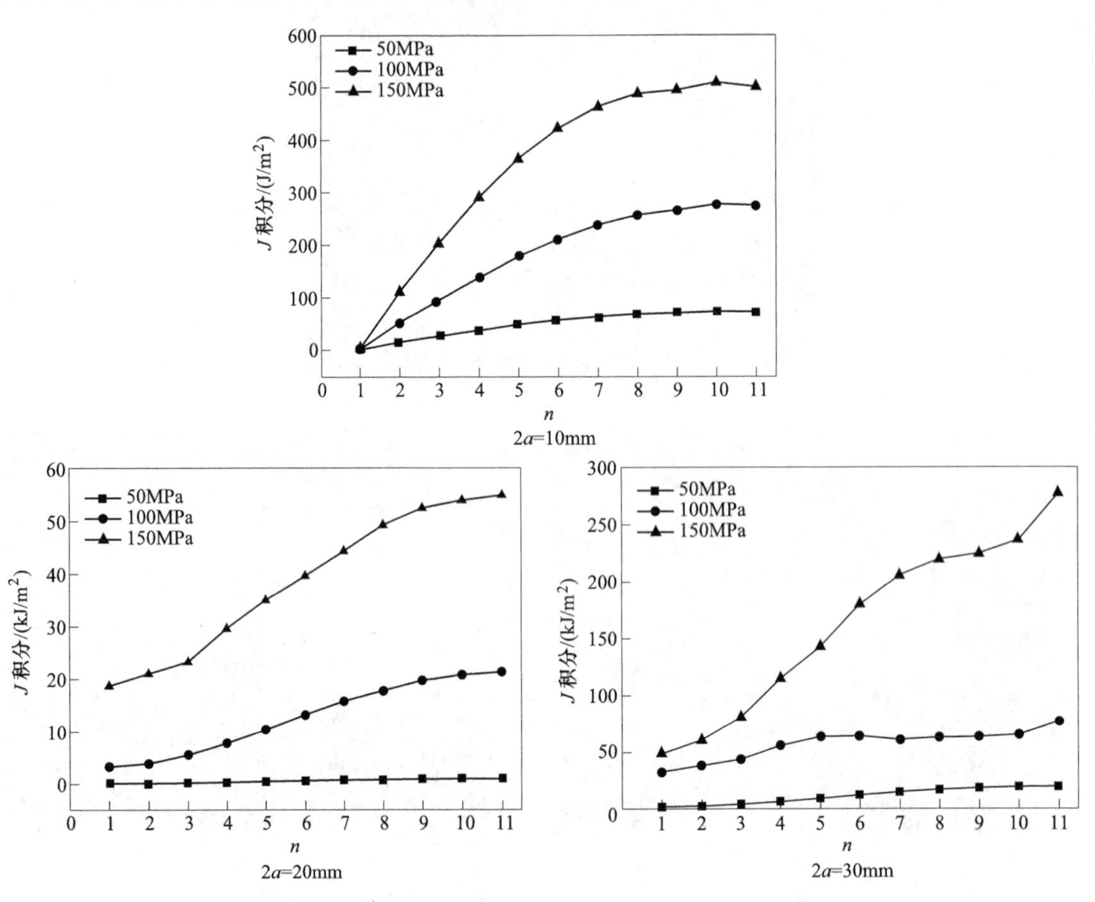

图 8-65　不同氢压作用下不同尺寸鼓泡裂纹 J 积分值

鼓泡区域位移云图中，$2a$ = 30mm 鼓泡在 50MPa 氢压作用下的鼓起高度比 $2a$ = 20mm 在氢压作用下 100MPa 下的鼓起高度稍大，与 $2a$ = 10mm 在 300MPa 氢压作用下的鼓起高度相当。现提取这三种情况下鼓泡裂纹 J 积分绘制成曲线如图 8-66 所示，图中 a5-300 表示在 300MPa 氢压作用下尺寸 $2a$ = 10mm 的鼓泡。

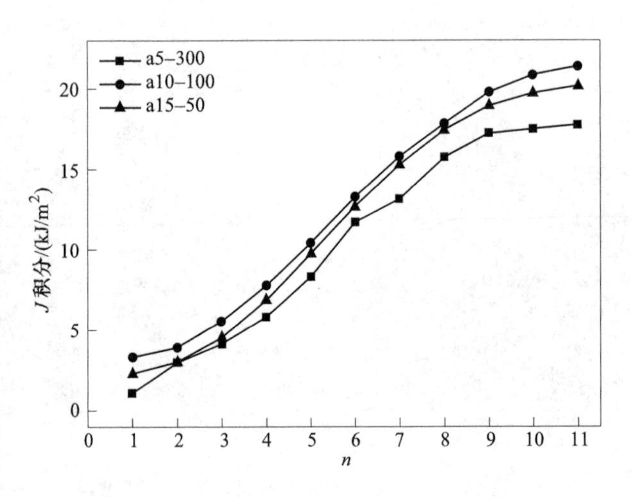

图 8-66　不同氢压作用下三种鼓泡裂纹 J 积分值

从图中可知，鼓起高度近似的三种情况下鼓泡裂纹 J 积分值相差无几，说明该三种情况下鼓泡裂纹失稳扩展趋势近似。这也说明，鼓泡裂纹尺寸较小，则其扩展所需的鼓泡氢压要比同等条件下尺寸较大的鼓泡裂纹更大。

对弹塑性条件下的含氢鼓泡筒体有限元分析，筒体整体应力处于低应力水平，但氢鼓泡裂纹尖端应力最大远远高出整体应力。相同鼓泡氢压作用下，鼓泡尺寸越大，相应的鼓泡区域应力水平越高。在较高鼓泡氢压作用下，鼓泡裂纹尖端区域发生塑性应变，塑性应变区域随着氢压增大而增大。当鼓泡氢压增大到一定值时，鼓泡顶端区域也将进入塑性屈服状态。相同鼓泡氢压作用下，鼓泡尺寸越大，其塑性区域也越大，塑性应变量也越大，鼓泡的鼓起高度也越大。相同鼓泡氢压作用下，J 积分值也是随着鼓泡尺寸的增大而增大。综上所述，相同条件下，鼓泡尺寸越大，那么其失稳扩展的趋势也就越明显。

第 9 章

湿硫化氢损伤的合于使用评价

TSG 21—2016《固定式压力容器安全技术监察规程》第 8.9 条规定“监控使用期满的压力容器，或者定期检验发现严重缺陷可能导致停止使用的压力容器，应当对缺陷进行处理。缺陷处理的方式包括采用修理的方法消除缺陷或者进行合于使用评价”。因此定期检验时，当存在严重的湿硫化氢损伤时，或者因生产需要暂时不能返修时，就可以进行合于使用评价。目前国内标准中还没有湿硫化氢损伤的合于使用评价方法，因此开展湿硫化氢损伤的合于使用评价研究具有现实意义。本项目研究的湿硫化氢损伤主要为氢鼓泡，氢致开裂的合于使用评价可以简化为未充分鼓起的氢鼓泡，故本章将主要围绕氢鼓泡缺陷，结合第 8 章介绍的有限元模拟，对其进行合于使用评价研究。

本章采用合于使用评价中对氢致损伤的评价方法来对含氢鼓泡缺陷的在役设备进行评价，给予现场检测及工程人员一种评价准则。本章中所涉及的合于使用评价适用于含氢致裂纹（HIC）、氢鼓泡以及应力导向性氢损伤（SOHIC）低强度承压碳钢或者低合金钢，所研究设备的操作温度应低于 205℃。该准则不适用于硫化物应力腐蚀开裂（SSC）和高强度钢的氢脆，以及高温下损伤和氢腐蚀。本章主要探讨含氢鼓泡缺陷在役设备的合于使用评价。

氢鼓泡主要表现为化工设备表面的物理性膨胀，原因主要是钢材缺陷处（夹杂等）氢不断聚集。由湿硫化氢或者酸性环境下产生的氢原子扩散进入钢中，在夹杂缺陷处氢原子结合成氢分子，由于氢分子足够大以至于其不能在钢中扩散。氢分子不断聚集，在聚集处产生高压。聚集产生的氢压在夹杂附近超过了材料本身的屈服强度，而导致材料的屈服和随后的塑性形变，最终产生了鼓泡。鼓泡裂纹可以沿着鼓泡周边扩展，也可能沿着厚度方向扩展。图 9-1 所示为典型鼓泡截面。

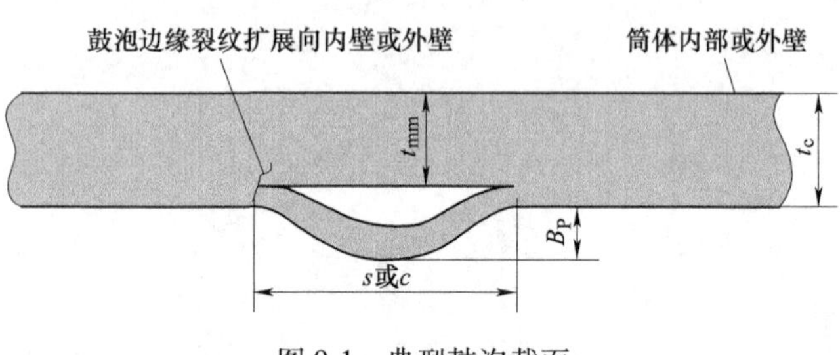

图 9-1　典型鼓泡截面

9.1　合于使用评价概述

9.1.1　合于使用评价含义

合于使用评价源于 ASME 中的 Fitness For Service 评价准则，其目的是给予在役设备一个在含缺陷的情况下是否仍具有一定使用价值的评价标准。

压力容器不可避免地存在不同程度的缺陷，而且压力容器在使用过程中，还会因载荷、介质等各种因素的影响，萌生出新的缺陷。如果坚持不允许任何缺陷存在，那是不经济的，如果不加分析任其存在，那也是危险的。实践证明，并非所有超标缺陷都导致压力容器失效，重点问题是对缺陷加以区别，进行必要的分析评定，消除那些带有潜在危险的缺陷，而对安全没有威胁的缺陷则予以保留。实践也证明，返修过程中的电弧气刨、焊接等过程不可避免地对材料性能产生影响，有可能加速材料的劣化，从而使结构失效。另外，不必要的返修和报废压力容器会造成巨大的经济损失。为此，工程界提出了基于合于使用原则的压力容器安全评定方法。在对缺陷进行定量检测的基础上，通过严格的理论分析与计算，确定缺陷是否危害结构的安全可靠性，并基于缺陷的动力学发展规律研究，确定结构的安全服役寿命。

合于使用原则是针对“完美无缺”原则而言的。合于使用评定技术是以断裂力学、材料力学、弹塑性力学及可靠性系统工程为基础，承认结构存在构件形状、材料性能偏差和缺陷的可能性，但在考虑经济性的基础上，科学分析已存在缺陷对结构完整性的影响，保证结构不发生任何已知机制的失效，因而被广泛应用于工程结构质量评估。

9.1.2　合于使用评价的发展

自 20 世纪 70 年代起，在国际上较早提出的评定方法中，如国际焊接学会于 1975 年提出的 IIS/IIW-471-74，英国的 PD 6493：1980，日本的 WES 2805K-83 和我国压力容器缺陷评定规范 CVDA—1984 等都是采用裂纹张开位移 Crack Opening Displacement，COD 准则，即以 COD 设计曲线方法作为评定缺陷的准则。虽然方法简洁直观，但作为一种半经验方法，在应用过程中也存在不符合实际的情况，要进行精确的缺陷评定，尚有一定的局限性。因此，近年来国际上提出了考虑弹塑性形变的三级评定方法。目前工程验证很好并普遍采用的主要有 API 579、R6、SINTAP 及 BS 7910 等。

API 579 的工业背景是石油化工承压设备，其更多地反映了石油化工在役设备的安全评估。API 579 与其他标准的不同之处是不仅包括在役设备缺陷安全评估，还在很广的范围内给出在役设备及其材料的退化损伤的安全评估方法，如均匀腐蚀的评定、局部减薄及槽状缺陷的评定、点蚀的评定、鼓泡及分层的评定、高温蠕变操作元件的评定、火灾对设备造成损伤的评定。

英国中央电力局提出的 R6 评定准则是一个双判据准则，该准则经历了 4 次修订。1976 年英国中央电力局发表了题为“带缺陷结构完整性评价”R/H/R6 报告，给出了一条失效评定曲线，1977 年进行了第一次修订，1980 年又进行了第二次修订，1986 年第三次修订是一次极为重要的修订，对老 R6 曲线做了彻底地修改，以 J 积分取代窄条区屈服模型，给出了 3 条失效评定曲线；关于塑性失稳载荷的计算，将 1986 年以前的以材料的流变应力为基础改为以材料的屈服强度为基础。而最近的一次修订是在 2001 年，是由英国核电公司、英国核燃料公司及英国原子能管理局组成的结构完整性评定规程联合体下的 R6 研究组编制的。

SINTAP 是由欧洲多个国家、企业资助，于 2000 年发布试行的最新欧洲统一工业结构完整性评定标准。该标准对脆性断裂、延性撕裂和塑性失稳等都有表述。它结合欧洲及其他国家现有的部分评定标准，并在其基础上做出了适当的改进和发展。该标准共分 7 个评定水平，当只知屈服应力时使用缺省 0 水平，该水平从夏比冲击数据估计断裂韧性；当屈服应力、最大拉伸应力及接头强度不匹配程度小于10%时，可进行水平1基本评定；水平2失配评定与水平1数据基本相同，在母材和焊材参数已知的情况下，接头不匹配程度可以稍高于10%；水平3应力-应变评定要求全部应力-应变曲线已知；水平4拘束评定需要额外的数据进行与裂尖拘束状况相关的断裂韧性估计；水平5*J*积分评定采用应力-应变数据进行数值分析以确定*J*值，与低水平相比降低了保守度；水平6裂前泄露评定，可对部分穿透及穿透裂纹的稳定与扩展进行考察。

英国标准委员会在1999年底公布、2000年发表的修正版英国标准，称为BS 7910：1999。在使用了近20年的PD 6493及其发展版本的基础上，PD 6493：1991已与PD 6539：1994（高温评定方法）合并，根据它们近十年来的研究成果，包括SINTAP的评定方法的研究成果，仍然采用三级评定方法对金属结构的缺陷进行安全评定，2005年又进行了一些修正和补充，更新为BS 7910：2005。

9.1.3 我国相关法规标准

我国针对承压设备的合于使用评价，其标准规范的修订经历了从CVDA—1984《压力容器缺陷评定规范》、SAPV—1995《压力容器安全评定规范》到最新的GB/T 19624—2019《在用含缺陷压力容器安全评定》的过程，对承压设备的安全评价工作进行了进一步的规范。

在其他一些相关标准规范中，对压力容器等的合于使用评价也有所涉及，主要整理如下，可以进行一定借鉴。

1. TSG 21—2016《固定式压力容器安全技术监察规程》

> 8.9 合于使用评价
>
> 监控使用期满的压力容器，或者定期检验发现严重缺陷可能导致停止使用的压力容器，应当对缺陷进行处理。缺陷处理的方式包括采用修理的方法消除缺陷或者进行合于使用评价。

合于使用评价工作应当符合以下要求：

1）承担压力容器合于使用评价的检验机构应当经过核准，具有相应的检验资质并且具备相应的专业评价人员和检验能力，具有评价经验，参加相关标准的制修订工作，具备材料断裂性能数据测试能力、结构应力数值分析能力以及相应损伤模式的试验测试能力。

2）压力容器使用单位应当向具有评价能力的检验机构提出进行合于使用评价的申请，同时将需评价的压力容器基本情况书面告知使用登记机关。

3）压力容器的合于使用评价参照GB/T 19624《在用含缺陷压力容器安全评定》等相应标准的要求进行，承担压力容器合于使用评价的检验机构，根据缺陷的性质、缺陷产生的原因，以及缺陷的发展预测在评价报告中给出明确的评价结论，说明缺陷对压力容器安全使用的影响。

4）压力容器合于使用评价报告，由具有相应经验的评价人员出具，并且经过检验机构法定代表人或者技术负责人批准，承担压力容器合于使用评价的检验机构对合于使用评价结论的正确性负责。

5）负责压力容器定期检验的检验机构根据合于使用评价报告的结论和其他检验项目的检验结果出具检验报告，确定压力容器的安全状况等级、允许运行参数和下次检验日期。

6）使用单位将压力容器合于使用评价的结论报使用登记机关备案，并且严格按照检验报告的要求控制压力容器的运行参数，落实监控和防范措施，加强年度检查。

2. TSG R7001—2013《压力容器定期检验规则》

第五十条　安全状况等级定为 4 级并且监控期满的压力容器，或者定期检验发现严重缺陷可能导致停止使用的压力容器，应当对缺陷进行处理。缺陷处理的方式包括采用维修的方法消除缺陷或者进行合于使用评价。负责压力容器定期检验的检验机构应当根据合于使用评价报告的结论和其他定期检验项目的结果综合确定压力容器的安全状况等级、允许使用参数和下次检验日期。

3.《在用工业管道定期检验规程（试行）》

第四十条　可以采用如下方法对在检验中发现的超标缺陷进行处理：

1）修复处理消除缺陷。

2）采用安全评定的方法，确认缺陷是否影响管道安全运行到下一检验周期。

第四十四条　管道位置不当或不合理结构，安全状况等级划分如下：

1）位置不当

① 当管道与其他管道或相邻设备之间存在碰撞及摩擦时，应进行调整，调整后符合安全技术规范的，不影响定级；否则，可定为 3 级或 4 级。

② 管道位置不符合安全技术规范和现行国家标准的要求，应进行调整。受条件限制，无法调整的，应根据具体情况定为 2 级或 3 级，如对管道安全运行影响较大，应定为 4 级。

2）不合理结构

管道有不符合安全技术法规或者设计、安装标准的不合理结构时，应进行调整或修复，调整或修复完好后，不影响定级；如一时无法进行调整或修复，对于不承受明显交变载荷并且经全面检验未发现新生缺陷（不包括正常的均匀腐蚀）的，可定为 2 级或 3 级；否则，应对管道进行安全评定，经安全评定确认不影响安全使用的，则可定为 2 级，反之则可定为 3 级或 4 级。

第四十八条　若管道组成件的内外表面或管壁中存在裂纹，则应打磨消除或更换，打磨凹坑按第四十七条的规定进行定级。在特殊情况下，一时无法进行打磨消除或更换的，需通过安全评定确定管道的安全状况。

第五十一条　管道支吊架异常时，应进行修复或更换，修复或更换完好后，不影响定级；如一时无法进行修复或更换的，则应对管道进行应力分析或安全评定，应力分析或安全评定结果如不影响安全使用，则可定为 2 级，反之则可定为 3 级或 4 级。

4. TSG D0001—2009《压力管道安全技术监察规程——工业管道》

第一百二十二条：全面检验所发现的管道严重缺陷，使用单位应当制定修复方案。修复后，检验机构应当对修复部位进行检查确认；对不易修复的严重缺陷，也可采用安全评定的方法，确认缺陷是否影响管道安全运行到下一全面检验周期。

9.2　合于使用评价具体步骤

ASME合于使用评价准则包含三种不同等级的评价标准，分别为等级一评价、等级二评价及等级三评价。下面将介绍适用于氢鼓泡评价的这三种评价标准。

9.2.1　等级一评价准则

下面是等级一评价准则步骤及方法。

步骤一　确定评价所需各项数据。

1）鼓泡的纵向与周向最大尺寸 s 与 c，详见图9-1。

2）鼓泡边缘距最近氢致损伤或氢鼓泡边缘用 L_B 表示（见图9-2）。测量时需注意一定要是鼓泡边缘距最近鼓泡边缘的距离。如果同一区域存在多个鼓泡并且彼此之间距离较近，那么评估时需要考虑鼓泡之间的相互影响（使用局部金属损失准则）。如果彼此邻近的两个鼓泡之间距离小于或等于两倍的腐蚀厚度 t_c，那么此两个鼓泡需要合并为一个鼓泡进行评价。存在多个较近鼓泡时的尺寸确定方法如图9-2所示。

3）鼓泡鼓起方向及高度 B_P，详见图9-1。

4）最小剩余厚度 t_{mm}，对于内部鼓泡来说，该尺寸为鼓泡到外表面距离，相反对于外部鼓泡来说，该尺寸为鼓泡到内表面距离，详见图9-1。

5）鼓泡是否存在边缘裂纹及穿透性裂纹。

6）鼓泡顶部裂纹及空洞尺寸 s_c，鼓泡顶部裂纹或空洞影响设备的强度计算（见图9-3）。

7）鼓泡到最近焊缝距离 L_W（见图9-4）。

8）到最近最大结构不连续处的距离 L_{msd}。

步骤二　确定评价所用壁厚 t_c，用以下公式进行计算：

$$t_e = t_{nom} - \text{LOSS} - \text{FCA} \tag{9-1}$$

$$t_e = t_{rd} - \text{FCA} \tag{9-2}$$

式中　t_{nom}——名义厚度；

LOSS——远离局部金属损失处的大量均匀金属损失；

FCA——腐蚀裕量；

t_{rd}——远离金属损失部位的均匀厚度。

步骤三　以下所有条件均得到满足可以直接转到步骤四，否则等级一评价不满足。

1）鼓泡需满足以下两个条件中一个：

① 鼓泡直径需小于或等于50mm。

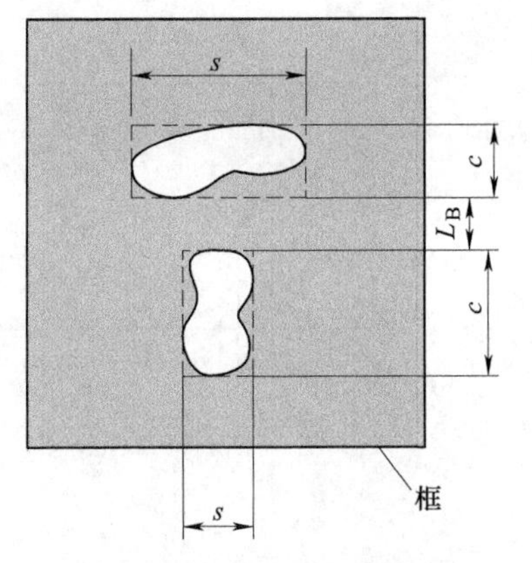

第一步：画一个矩形框使缺陷恰好被完全包含，量取其中最大的纵向尺寸s及最大周向尺寸c

第二步：画出一个两倍于纵向尺寸s以及周向尺寸c

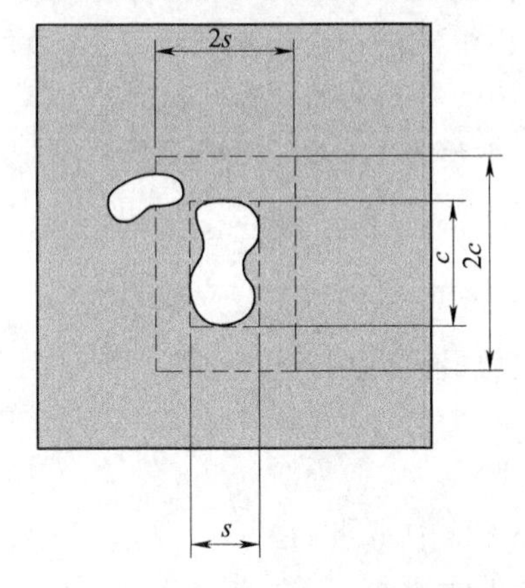

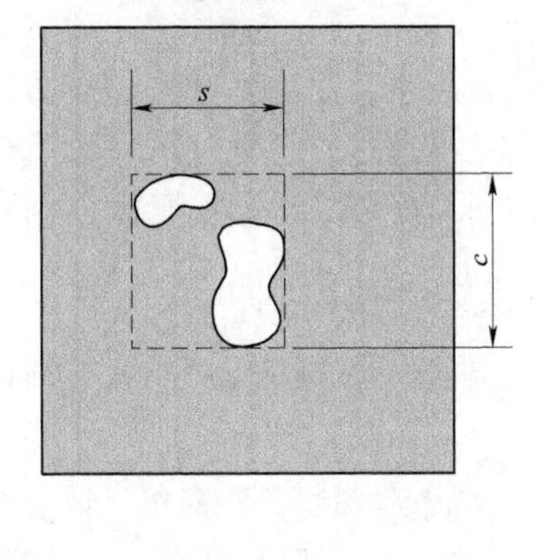

第三步：如果其他较小尺寸的缺陷包含于较大的矩形框内，调整纵向尺寸s以及周向尺寸c使其完全包含额外的缺陷，返回到第二步

图 9-2　多鼓泡存在下用于评价的尺寸确定步骤

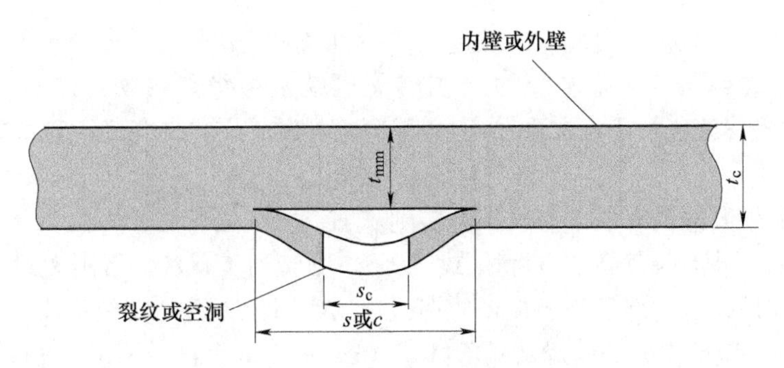

图 9-3　含顶部裂纹或空洞鼓泡示意

② 鼓泡内氢压被释放且其尺寸满足

$$s \leqslant 0.6\sqrt{Dt_c} \tag{9-3}$$

$$c \leqslant 0.6\sqrt{Dt_c} \tag{9-4}$$

2）未损伤区域的最小未损伤厚度需满足

$$t_{nom} - FCA \leqslant 0.5t_c \quad (9-5)$$

3）鼓泡突出部位满足

$$B_P \leqslant 0.1\min[s,c] \quad (9-6)$$

4）鼓泡边缘不存在扩展方向朝着内壁或外壁的裂纹（见图 9-1）。

5）鼓泡边缘到最近焊缝的距离 L_W需满足

$$L_W > \max[2t_c, 25\text{mm}] \quad (9-7)$$

6）鼓泡边缘到最近的大结构不连续处的距离 L_{msd}需满足

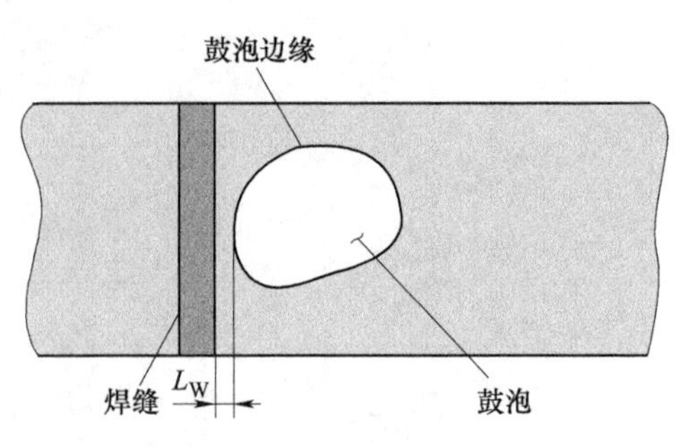

图 9-4　鼓泡平面视图

$$L_{msd} > 1.8\sqrt{Dt_c} \quad (9-8)$$

步骤四　等级一评价完成，设备通过评估可以继续服役。

如果等级一评价没有通过，那么将要考虑以下几点：

1）损伤的材料也许要被更换、维修或移除。

2）损伤区域通过研磨被去掉，剩下区域可以基于局部减薄区域评价准则来评估。

3）可以进行等级二评价或等级三评价。

9.2.2　等级二评价准则

该评价步骤适用于评估承压设备未损伤区域最大许用工作压力。等级二评价准则步骤及方法如下：

步骤一　确定各项参数同等级一评价中步骤一。

步骤二　确定用于评价的壁厚 t_c同等级一评价中步骤二。

步骤三　如果鼓泡边缘到最大结构不连续处距离 L_{msd}满足式（9-8）则直接转到步骤四，否则等级二评价不满足。

步骤四　如果鼓泡边缘存在扩展方向朝着内壁或外壁的裂纹则转到步骤五，否则将其转到步骤六。

步骤五　如果鼓泡朝着内壁方向鼓起且存在边缘裂纹朝着外壁方向扩展，或者鼓泡朝着外壁方向鼓起且边缘裂纹朝着内壁方向扩展（也就是边缘裂纹朝着鼓泡鼓起的反方向扩展），那么该鼓泡不能通过等级二评价 。如果边缘裂纹扩展方向与鼓泡鼓起方向一致那么转到步骤九。

步骤六　如果鼓泡没有顶部裂纹那么转到步骤七，否则转到步骤九。

步骤七　如果鼓泡鼓起高度 B_P满足式（9-6）则转到步骤八，否则转到步骤九。

步骤八　如果鼓泡内部氢压已被释放那么转到步骤十，否则转到步骤十一。

步骤九　鼓泡应被作为等效局部减薄区域（Local Thin Area，LTA）进行评估，分析中所用的优质金属剩余厚度为 t_{mm}，如图 9-1 或图 9-3 所示。LTA 的尺寸应当使用以下准则来确定：

1）如果鼓泡鼓起高度 B_P不满足式（9-6）且鼓泡不含边缘裂纹，那么鼓泡的尺寸就可以作为 LTA 的尺寸。

2）如果鼓泡鼓起高度 B_P 满足式（9-6）且鼓泡仅含顶部裂纹，那么鼓泡的尺寸或者顶部裂纹的尺寸可以作为 LTA 的尺寸。

3）如果鼓泡含有边缘裂纹，那么 LTA 的尺寸就为鼓泡的尺寸加上任一边缘裂纹扩展尺寸。

步骤十　如果鼓泡到最近焊缝处的距离满足式（9-7）那么转到步骤十二，否则转到步骤十一。

步骤十一　使用在役检测系统对在役设备中的鼓泡长大进行监控。

步骤十二　等级二评价完成，设备可能可以继续服役。

如果等级二评价没有通过，那么将要考虑以下两点：

1）损伤区域材料进行替换、维修或移除。

2）可以进行等级三评价。

图 9-5 所示为整个等级二评价步骤流程。

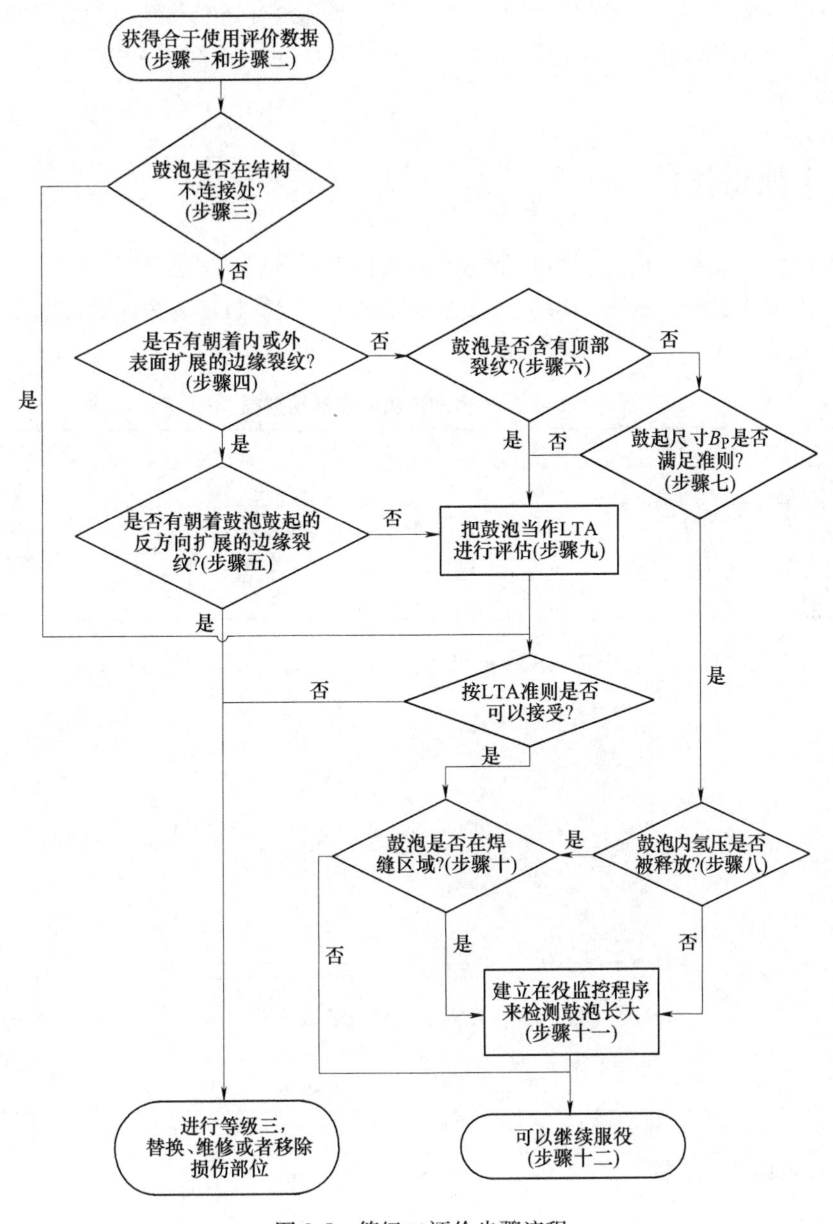

图 9-5　等级二评价步骤流程

9.2.3 等级三评价准则

等级三评价需要进行详细的应力分析，如果损伤区域在进行了等级一评价和等级二评价之后不能通过评价，那么损伤区域进行替换、维修与移除的可能性将大大增加，损伤设备的安全隐患也更加突出。现场工程人员在进行前两种评价之后，大体上可以得出结论。

如果所检测的鼓泡满足所有评价准则，需要注意的是当鼓泡所在深度大于 3mm 并且鼓泡直径大于 50mm 时，鼓泡内部氢压仍然需要被释放掉。

9.2.4 鼓泡检测方法

通常通过直接观察来初步判断压力容器设备上是否含有鼓泡及鼓泡的大概位置。对于在役化工设备，鼓泡可以通过超声检测来发现。超声检测可以用来检测鼓泡的深度与设备的剩余厚度。

9.3 合于使用评价

根据现场化工设备（压力容器）所得部分数据进行等级一评价和等级二评价。

本设备为干气脱硫吸收塔，操作压力为 1.37MPa，所用材料为 20g 钢，壁厚达到 18mm，各项数据见表 9-1。

表 9-1 干气脱硫吸收塔各项数据

项目	数据	项目	数据
材料	20g	厚度 t_{rd}	18mm
设计压力	1.37MPa	腐蚀裕量 FCA	3mm
设计温度	322K	许用应力	163MPa
内径 D_i	1200mm	焊缝系数	0.85

含鼓泡干气脱硫塔试样局部如图 9-6 所示，评价所需各项数据见表 9-2。

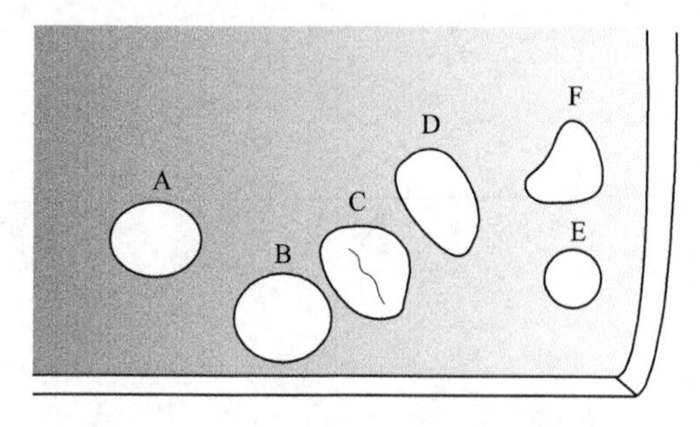

图 9-6 含鼓泡干气脱硫塔试样局部

表 9-2 评价所需各项数据

鼓泡序号	A	B	C	D	E	F
纵向尺寸 s/mm	53	50	50	58	30	56
周向尺寸 c/mm	41	48	49	48	30	46

（续）

鼓泡序号	A	B	C	D	E	F
鼓泡到最近鼓泡距离 L_B/mm	36	8	8	12	31	31
鼓起方向	内部	内部	内部	内部	内部	内部
鼓泡鼓起高度 B_P/mm	2.5	3	3	2.4	2.2	2.5
最小剩余厚度 t_{mm}/mm	13	14	14	13	12	13
是否有边缘裂纹	否	否	否	否	否	否
鼓泡顶部是否含有裂纹或开孔	否	否	裂纹	否	否	否
鼓泡顶部裂纹或开孔尺寸 s_c/mm			30			
距最近焊缝距离 L_W/mm	510	590	630	675	755	750
距最近最大结构不连续处的距离 L_{msd}/mm	510	590	630	675	755	750

图 9-6 中鼓泡分布在试样板的内表面，形状规则各异。A、B、D、E、F 五个鼓泡鼓起顶部均未出现裂纹或开孔，C 鼓泡在顶端区域出现裂纹。区域中鼓泡均未出现边缘裂纹。

9.3.1 鼓泡 A 安全评价

1. 等级一评价准则

步骤一 确定用于评价的壁厚：

$$t_c = t_{rd} - \mathrm{FCA}$$

$$t_c = (18 - 3)\mathrm{mm} = 15\mathrm{mm}$$

步骤二 确定用于评价的设备内径：

$$D = D_i + 2\mathrm{FCA} = (1200 + 2 \times 3)\mathrm{mm} = 1206\mathrm{mm}$$

鼓泡 A 距最近鼓泡的距离为

$$L_B = 36\mathrm{mm} \geqslant 2t_c = 30\mathrm{mm}$$ 满足

步骤三 如果以下条件均满足，鼓泡不进行维修即可继续使用。

1）鼓泡尺寸满足以下两式之一，及内部氢压被释放：

$$\max(s,c) = 53\mathrm{mm} \leqslant 50\mathrm{mm}$$ 不满足

$$\max(s,c) = 53\mathrm{mm} \leqslant 0.6\sqrt{Dt_c} = 80.7\mathrm{mm}$$ 满足

2）最小未损伤厚度 t_{mm} 的条件：

$$t_{mm} = 13\mathrm{mm} \geqslant 0.5t_c = 7.5\mathrm{mm}$$ 满足

3）鼓泡鼓起高度 B_P 的条件：

$$B_P = 3\mathrm{mm} \leqslant 0.1\min[s,c] = 4.1\mathrm{mm}$$ 满足

4）鼓泡边缘裂纹：鼓泡边缘不存在鼓泡裂纹。

5）鼓泡边缘距最近焊缝处距离 L_W 的条件：

$$L_W = 510\mathrm{mm} > \max[2t_c, 25\mathrm{mm}] = 30\mathrm{mm}$$ 满足

6）鼓泡边缘距最近大结构不连续处距离 L_{msd} 的条件：

$$L_{msd} = 510\text{mm} \geqslant 1.8\sqrt{Dt_c} = 242\text{mm} \quad \text{满足}$$

步骤四　上述条件中第一项不满足，等级一评价不满足。

2. 等级二评价准则

步骤一　见等级一评价中的步骤一。

步骤二　见等级一评价中的步骤二。

步骤三　鼓泡边缘到最近大结构不连续处距离 L_{msd}的条件：

$$L_{msd} = 510\text{mm} \geqslant 1.8\sqrt{Dt_c} = 242\text{mm} \quad \text{满足}$$

步骤四　鼓泡不存在边缘裂纹，转到步骤六。

步骤六　鼓泡不存在顶部裂纹。

步骤七　鼓泡鼓起高度 B_P 的条件：

$$B_P = 2.5\text{mm} \leqslant 0.1\min[s,c] = 4.1\text{mm} \quad \text{满足}$$

步骤八　鼓泡内部氢压未被释放。

步骤十一　应使用在役检测系统对在役设备中的鼓泡长大进行监控。

等级二评价完成，设备可以继续服役，但必须时时检测。

9.3.2　鼓泡 B、C、D 安全评价

由于鼓泡 B 与 C 及 C 与 D 之间的距离 L_B小于两倍的腐蚀厚度 t_c，故将这三个鼓泡合并为一个鼓泡来进行评价。

1. 等级一评价

步骤一　确定用于评价的壁厚：

$$t_c = t_{rd} - \text{FCA}$$

$$t_c = (18 - 3)\text{mm} = 15\text{mm}$$

步骤二　确定用于评价的设备内径：

$$D = D_i + 2\text{FCA} = (1200 + 2 \times 3)\text{mm} = 1206\text{mm}$$

鼓泡 B 距最近鼓泡 C 距离为

$$L_B = 36\text{mm} \geqslant 2t_c = 30\text{mm} \quad \text{不满足}$$

鼓泡 C 距最近鼓泡 D 距离为

$$L_B = 31\text{mm} \geqslant 2t_c = 30\text{mm} \quad \text{不满足}$$

那么将鼓泡 B、C 及 D 合并为一个鼓泡进行评价。合并后 $s = 135\text{mm}$，$c = 120\text{mm}$。

步骤三　如果以下条件均满足，鼓泡不进行维修即可继续服役。

1）鼓泡尺寸满足以下两式之一及内部氢压被释放：

$$\max(s,c) = 135\text{mm} \leqslant 50\text{mm} \quad \text{不满足}$$

$$\max(s,c) = 135\text{mm} \leqslant 0.6\sqrt{Dt_c} = 80.7\text{mm} \quad \text{不满足}$$

2）最小未损伤厚度 t_{mm}的条件：

$$t_{mm} = 13\text{mm} \geqslant 0.5t_c = 7.5\text{mm} \quad \text{满足}$$

3）鼓泡鼓起高度 B_P的条件：

$$B_P = 3\text{mm} \leqslant 0.1\min[s,c] = 4.1\text{mm} \quad \text{满足}$$

4）鼓泡边缘裂纹，鼓泡边缘不存在鼓泡裂纹。

5）鼓泡边缘距最近焊缝处距离 L_W 的条件：

$$L_W = 590\text{mm} > \max[2t_c, 25\text{mm}] = 30\text{mm} \qquad \text{满足}$$

6）鼓泡边缘距最近大结构不连续处距离 L_{msd} 的条件：

$$L_{msd} = 590\text{mm} \geqslant 1.8\sqrt{Dt_c} = 242\text{mm} \qquad \text{满足}$$

步骤四　上述条件中第一项不满足，等级一评价不满足。

2. 等级二评价

步骤一　见等级一评价中步骤一。

步骤二　见等级一评价中步骤二。

步骤三　鼓泡边缘到最近大结构不连续处距离 L_{msd} 为

$$L_{msd} = 590\text{mm} \geqslant 1.8\sqrt{Dt_c} = 242\text{mm} \qquad \text{满足}$$

步骤四　鼓泡不存在边缘裂纹，转到步骤六。

步骤六　鼓泡 C 中含有顶部裂纹，合并后的鼓泡也含有该裂纹，裂纹尺寸 $s_c = 30\text{mm}$，转到步骤九。

步骤九　对鼓泡应用局部减薄区域评价准则进行评价。

1）确定剩余厚度比以及纵向缺陷长度参数：

$$R_t = \frac{t_{mm} - \text{FCA}}{t_c} = \frac{13 - 3}{15} = 0.6667$$

$$\lambda = \frac{1.285s}{\sqrt{Dt_c}} = \frac{1.285 \times 135}{\sqrt{1206 \times 15}} = 1.2898$$

2）鼓泡参数是否满足以下条件，均满足则转到 3），否则评价为失效：

$$R_t = 0.6667 \geqslant 0.20 \qquad \text{满足}$$

$$t_{mm} - \text{FCA} = 10\text{mm} \geqslant 2.5\text{mm} \qquad \text{满足}$$

$$L_{msd} = 590\text{mm} \geqslant 1.8\sqrt{Dt_c} = 242\text{mm} \qquad \text{满足}$$

3）确定该组件最大许可工作应力（MAWP），当鼓泡远离焊缝处时 E 取 1.0：

$$R = \frac{D}{2} = \frac{1206}{2}\text{mm} = 603\text{mm}$$

$$\text{MAWP}_C = \frac{S \cdot E \cdot t_c}{R + 0.6t_c} = \frac{163 \times 1.0 \times 15}{603 + 0.6 \times 15}\text{MPa} = 4.00\text{MPa}$$

$$\text{MAWP}_L = \frac{2S \cdot E \cdot (t_c - t_{sl})}{R - 0.4(t_c - t_{sl})} = \frac{2 \times 163 \times 1.0 \times (15 - 7.5)}{603 - 0.4 \times (15 - 7.5)}\text{MPa} = 4.08\text{MPa}$$

$$\text{MAWP} = \min[\text{MAWP}_C, \text{MAWP}_L] = \min[4.00, 4.08]\text{MPa} = 4.00\text{MPa}$$

4）评估缺陷的纵向严重程度，按照图 9-7 来评价，若在接受区域则通过，若在其他区域还需进行 MAWP_r 计算。

可以看出，最终 $R_t = 0.6667$，$\lambda_c = 1.2898$ 恰好位于不可接受区域，需要进行 MAWP_r 计算：

$$M_t = 1.3078$$

$$\text{RSF} = \frac{R_t}{1 - \frac{1}{M_t}(1 - R_t)} = \frac{0.6667}{1 - \frac{1}{1.3078}(1 - 0.6667)} = 0.895 < \text{RSF} = 0.9$$

$$MAWP_r = MAWP\left(\frac{RSF}{RSF_a}\right) = 3.92MPa$$

局部金属损失区域最大工作压力为3.92MPa。

5）评估缺陷的周向严重程度。

① 确定缺陷周向参数：

$$c = 120mm$$

$$\lambda_c = \frac{1.285c}{\sqrt{Dt_c}} = \frac{1.285 \times 120}{\sqrt{1206 \times 15}} = 1.146$$

② 鼓泡参数是否均满足下列条件，若不满足则评估不能通过：

$$\lambda_c = 1.146 < 9 \quad 满足$$

$$\frac{D}{t_c} = \frac{1206}{15} = 80.4 \geqslant 20 \quad 满足$$

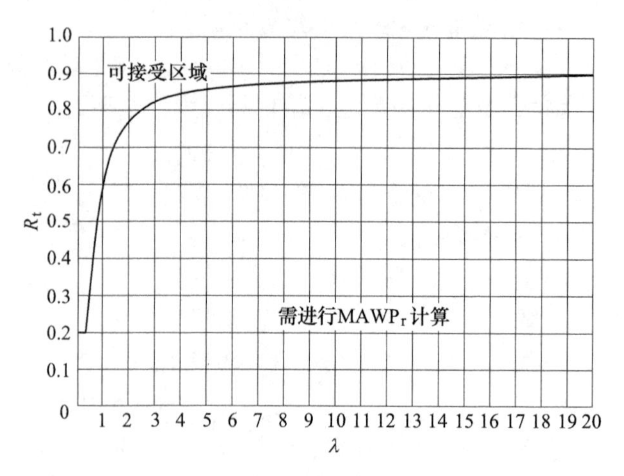

图9-7　纵向缺陷筛选评定

$$0.7 < E_L = 0.85 \leqslant 1.0 \quad 满足$$

$$0.7 \leqslant RSF = \frac{R_t}{1 - \frac{1}{M_t}(1 - R_t)} = 0.895 \leqslant 1.0 \quad 满足$$

$$0.7 < E_c = 0.85 \leqslant 1.0 \quad 满足$$

③ 计算抗拉强度系数：

$$TSF = \frac{E_c}{2 \times RSF}\left(1 + \frac{\sqrt{4 - 3E_L^2}}{E_L}\right) = \frac{0.85}{2 \times 0.895}\left(1 + \frac{\sqrt{4 - 3 \times 0.85^2}}{0.85}\right) = 1.23$$

如果 λ_c 及 R_t 在图9-8中所对应的点在对应TSF线以上，那么该缺陷可以通过评估。

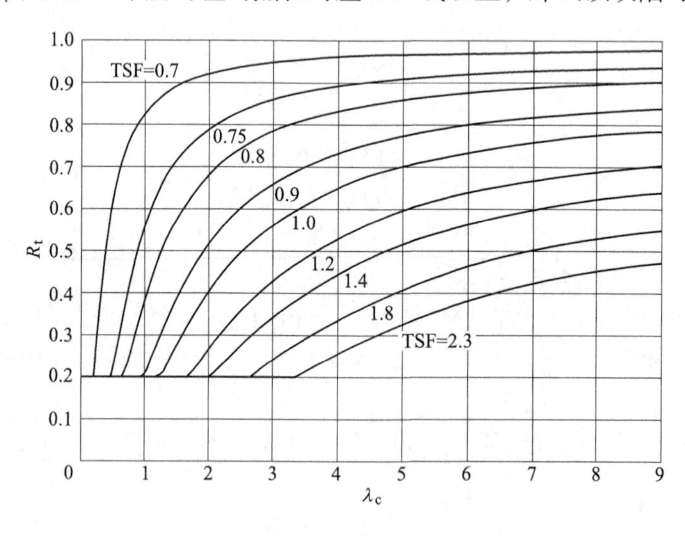

图9-8　周向缺陷筛选评定图

$\lambda_c = 1.146$ 及 $R_t = 0.6667$ 所对应的点在 $TSF = 1.23$ 以上，通过评估。又最小剩余厚度比

$R_{t\_min} = 0.2$，$R_t = 0.6667 \geqslant 0.2$。

6）判断鼓泡是否在焊缝区域：

$$L_W = 590\text{mm} > \max[2t_c, 25\text{mm}] = 30\text{mm}$$　　不在焊缝区域

$\text{MAWP} = 3.92\text{MPa} \geqslant 1.37\text{MPa}$，如果鼓泡位于焊缝区域，需要考虑焊缝系数 0.85。

该鼓泡通过等级二评估，可以继续服役。

9.3.3　鼓泡 E 安全评价

下面是等级一评价步骤。

步骤一　确定用于评价的壁厚：

$$t_e = t_{rd} - \text{FCA}$$

$$t_e = (18 - 3)\text{mm} = 15\text{mm}$$

步骤二　确定用于评价设备内径：

$$D = D_i + 2\text{FCA} = (1200 + 2 \times 3)\text{mm} = 1206\text{mm}$$

鼓泡 E 距最近鼓泡的距离为

$$L_B = 31\text{mm} \geqslant 2t_c = 30\text{mm}$$　　不满足

步骤三　如果以下条件均满足，鼓泡不进行维修即可继续使用。

1）鼓泡尺寸满足以下两式之一及内部氢压被释放：

$$\max(s, c) = 30\text{mm} \leqslant 50\text{mm}$$　　满足

$$\max(s, c) = 30\text{mm} \leqslant 0.6\sqrt{Dt_c} = 80.7\text{mm}$$　　满足

2）最小未损伤厚度 t_{mm} 的条件：

$$t_{mm} = 12\text{mm} \geqslant 0.5t_c = 7.5\text{mm}$$　　满足

3）鼓泡鼓起高度 B_P 的条件：

$$B_P = 2.2\text{mm} \leqslant 0.1\min[s, c] = 3.0\text{mm}$$　　满足

4）鼓泡边缘裂纹，鼓泡边缘不存在鼓泡裂纹。

5）鼓泡边缘距最近焊缝处距离 L_W 的条件：

$$L_W = 510\text{mm} \geqslant \max[2t_c, 25\text{mm}] = 30\text{mm}$$　　满足

6）鼓泡边缘距最近大结构不连续处距离 L_{msd} 的条件：

$$L_{msd} = 510\text{mm} \geqslant 1.8\sqrt{Dt_c} = 242\text{mm}$$　　满足

步骤四　上述条件均满足，等级一评价满足，该鼓泡可以继续服役而不需要做任何措施。

9.3.4　鼓泡 F 安全评价

以下是等级一评价步骤。

步骤一　确定用于评价的壁厚：

$$t_e = t_{rd} - \text{FCA}$$

$$t_e = (18 - 3)\text{mm} = 15\text{mm}$$

步骤二　确定用于评价设备内径：

$$D = D_i + 2FCA = (1200 + 2 \times 3)\text{mm} = 1206\text{mm}$$

鼓泡 E 距最近鼓泡距离为

$$L_B = 31\text{mm} \geqslant 2t_c = 30\text{mm} \quad \text{满足}$$

步骤三　如果以下条件均满足，鼓泡不进行维修即可继续使用。

1）鼓泡尺寸满足以下两式之一及鼓泡氢压被释放：

$$\max(s,c) = 46\text{mm} \leqslant 50\text{mm} \quad \text{满足}$$

$$\max(s,c) = 46\text{mm} \leqslant 0.6\sqrt{Dt_c} = 80.7\text{mm} \quad \text{满足}$$

2）最小未损伤厚度 t_{min} 的条件：

$$t_{min} = 13\text{mm} \geqslant 0.5t_c = 7.5\text{mm} \quad \text{满足}$$

3）鼓泡鼓起高度 B_P 的条件：

$$B_P = 2.5\text{mm} \leqslant 0.1\min[s,c] = 4.6\text{mm} \quad \text{满足}$$

4）鼓泡边缘不存在鼓泡裂纹。

5）鼓泡边缘距最近焊缝处距离 L_W 的条件：

$$L_W = 740\text{mm} \geqslant \max[2t_c, 25\text{mm}] = 30\text{mm} \quad \text{满足}$$

6）鼓泡边缘距最近大结构不连续处距离 L_{msd} 的条件：

$$L_{msd} = 740\text{mm} \geqslant 1.8\sqrt{Dt_c} = 242\text{mm} \quad \text{满足}$$

步骤四　上述条件中均满足，等级一评价满足，该鼓泡可以继续服役不需采取任何措施。

9.3.5　合于使用评价汇总

合于使用评价汇总见表 9-3。

表 9-3　合于使用评价结果汇总

鼓泡序号	是否与其他鼓泡合并	等级一评价	等级二评价	评价结果
A	否	未通过	通过	可以继续服役但须建立检测机制
B	B、C、D 三鼓泡合并为一个鼓泡	未通过	通过	可以继续服役但须建立检测机制
C				
D				
E	否	通过	—	可继续服役
F	否	通过	—	可继续服役

本章基于合于使用规范，将其运用于化工设备含氢鼓泡缺陷的合于使用评价。通过对含

内表面氢鼓泡的样板进行测量与统计得到评价所需各项数据，并最终对样板中所含的各个单个鼓泡进行合于使用评价。本章旨在通过一种对在役设备氢鼓泡评估方法来快速判断含氢鼓泡缺陷设备是否可以继续服役，给予现场设备检测人员一种快速评估方法。通过评价发现影响氢鼓泡失效的几个主要原因：鼓泡位置是否足够靠近壁面；鼓泡顶端区域是否有裂纹或开孔以释放内部氢压；鼓泡是否靠近焊缝或结构不连续处。

第 10 章

湿硫化氢损伤的修复和预防措施

当发现压力容器存在氢鼓泡、氢致开裂损伤后，按照相关标准要求评定为不符合，或进行合于使用评价不能通过时，需要对氢鼓泡等进行修复处理才能继续服役。目前，国内外对氢鼓泡或氢致开裂的防治措施主要集中在材料的抗腐蚀性能改善上，但是其防治效果一般，不能解决氢鼓泡的长期防治问题。本章主要介绍在湿硫化氢腐蚀环境下氢鼓泡的修复补焊方法及其预防措施，为压力容器防腐提供一定的科学依据。

10.1 湿硫化氢损伤的修复措施

一般来说，设备产生氢鼓泡后，鼓泡部位有一定的材质劣化现象，由于鼓泡部位的材质劣化是在局部范围内，因此可以通过适当的方法将其修复清除，满足合于使用的原则。

10.1.1 氢鼓泡的修复补焊综合分析

压力容器出现氢鼓泡的内在原因是，由于设备材质质量较差，硫、磷含量偏高，存在大量非金属夹杂物、分层及带状组织等缺陷，氢原子会在这些缺陷处聚集，使得缺陷部位的材质进一步恶化。因此，在氢鼓泡修复补焊前不但要对氢鼓泡周边区域进行材质劣化分析检验，而且还要对整体设备材质进行劣化分析，验证未发生氢鼓泡部位是否有材质劣化迹象。通常情况下，壳体表面出现氢鼓泡后，鼓泡部位及其周边区域材质或多或少均存在劣化现象。由于氢鼓泡一般发生在壳体局部，因此可通过挖掉、补焊的办法去掉氢鼓泡部位。而如果未起鼓泡部位的材质劣化严重，无法修复补焊，则设备需做报废处理。

除此之外，压力容器的制造质量、使用工况条件（包括介质、压力、温度等）、修复后的设备在使用过程中是否又会有新的缺陷产生，这些也是压力容器产生氢鼓泡后分析是否有修复补焊价值的考虑因素。

氢鼓泡修复补焊前还需要根据设备材质、壳体壁厚、氢鼓泡位置、氢鼓泡形貌特征、氢鼓泡磨削后形态特征等各种因素，综合考虑进行焊接工艺评定。经评定合格后的焊接工艺方可用来进行氢鼓泡的修复补焊。

氢鼓泡的修复补焊方式必须有利于全熔透，以尽可能减少焊接残余应力和变形，避免产生新的缺陷，易于综合检测。由于氢鼓泡的形式不同，位置各异，对于可修复处理的氢鼓泡容器应该综合采用多种修复补焊方式以求达到最佳效果。

综上所述，氢鼓泡修复补焊前应根据容器的全面检验结果进行技术分析及经济分析，确认可以并值得修复补焊，确定可行性方案后再进行修复补焊。

10.1.2　修复补焊前的准备工作

根据氢鼓泡宏观检查结果做出设备壳体上的氢鼓泡分布图，内容包括设备编号、设备名称、工况条件及有关参数、氢鼓泡编号、位置、尺寸、凸起部位的厚度值、表面特征和内在特征等内容，根据以上内容提出综合分析意见。

发现湿硫化氢损伤后，可根据需要采用 API 579-2/ASME FFS-2：2009 等合于使用评价标准对其进行安全评估，确定能否继续服役，若必须修复后才能使用，则需要制定修复补焊方案。

10.1.3　氢鼓泡的补焊方式

1. 打磨修复法

如果氢鼓泡凸起高度不高，鼓泡面积不大，并经磁粉检测未发现鼓泡部位及周边区域存在裂纹，经超声检测 、射线检测、金相检验等发现氢鼓泡及其周边区域没有材质劣化迹象，则这类氢鼓泡容器仍可继续使用，不做修复处理。

如果经上述检测发现鼓泡及周边区域存在裂纹或有材质劣化迹象时，首先对凸起部位进行打磨处理，并经磁粉检测确认裂纹全部消除，然后根据《压力容器定期检验规则》的规定，如果打磨部位形成的凹坑过渡圆滑且剩余壁厚满足使用要求，则不需要进行补焊处理，否则应该进行修复补焊处理。

2. 手工堆焊法

当氢鼓泡出现在钢板一侧时，即是外鼓泡或内鼓泡时，一般将凸起部分打磨消除，如果打磨深度较大，经磁粉检测没有磁痕显示后进行手工堆焊修复。手工堆焊可以采取平焊、立焊、横焊、仰焊，其中平焊是最常用的手工堆焊方式，它有利于保证堆焊质量，如图 10-1 所示。

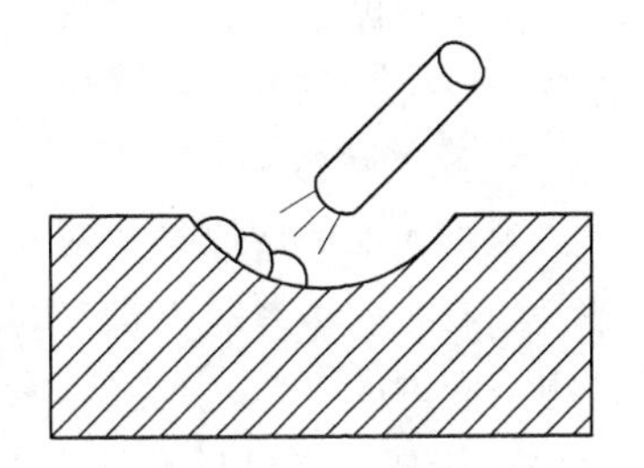

图 10-1　平焊手工堆焊示意

3. 挖补法

当钢板中出现内外对称鼓泡，且氢鼓泡面积较大时，常采用挖补法修复补焊。有两种操作方法：用气割或角向砂轮机将氢鼓泡部位全部挖掉，气割后需要用砂轮沿氢鼓泡周边打磨干净，然后将其打磨成双面焊坡口。用相同厚度和材质的钢板加工成与开孔面积相等、曲率一致且坡口相同的圆板，采用双面对接焊方法将圆板补焊在开孔部位，如图 10-2 所示，这种方法称为补板法。也可采用接管法，即将氢鼓泡部位全部挖掉，在此部位焊接一个新的接管，焊接方法与容器加工制造时的焊接方法相同，并根据开孔强度削弱情况进行开孔补强处理，最后在接管开口处加盲板，如图 10-3 所示。

如果单个氢鼓泡面积较大、分层较深且劣化比较严重，利用打磨堆焊修复难以保证质量，可以采用补板法或接管法修复补焊处理。

4. 换板修复法

如果氢鼓泡分布范围较大、分布密集且需要修复补焊，由于其挖补困难，可以采用换板修复法，即将出现氢鼓泡群部位的钢板去掉，然后焊接一块新的钢板，新钢板的长度为鼓泡所占有的长度，宽度为壳体筒节宽度，焊接方法采用双面对接焊。

必须注意，修复补焊后的压力容器不能直接使用，必须对其内表面进行可靠的防腐处理，否则，设备原有的氢鼓泡会继续发展长大，并且会不断产生新的氢鼓泡。

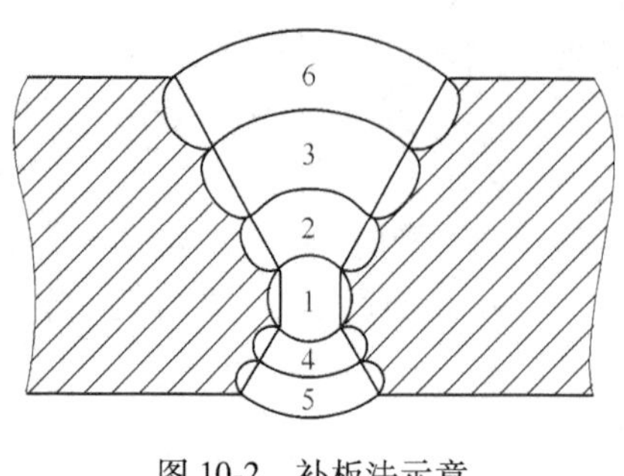

图 10-2　补板法示意

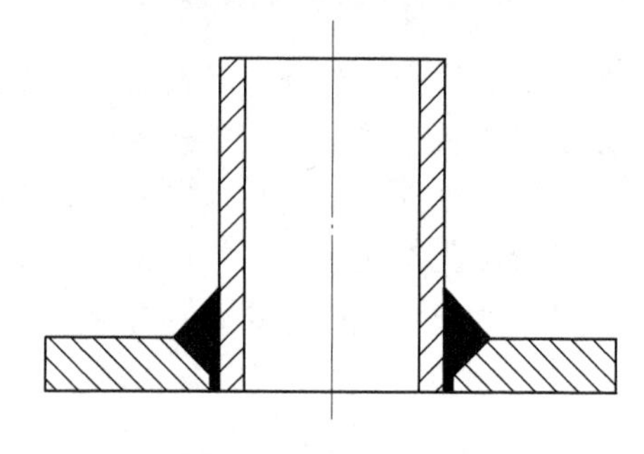

图 10-3　接管法示意

10.1.4　氢鼓泡修复补焊技术要求和焊接工艺

1. 焊工资格

进行氢鼓泡修复补焊操作的焊工必须符合《特种设备焊接操作人员考核细则》的要求，由持证的熟练焊工承担。修复补焊的钢材种类、焊接方式及焊接位置等必须符合焊工本人考试合格的项目。

2. 电源、极性和焊材

采用直流反接、小电流，短弧施焊，焊材为碱性焊条，必须严格控制硫、磷含量，强度等级与母材一致或适当降低，在焊前必须按规定要求对焊条烘干并保温。

3. 氢的释放

为了保证焊接质量，在氢鼓泡修复补焊前应将钢板中的氢提前释放。打开设备人孔使其静置一段时间，释放钢板中的可扩散氢，同时采用钢板空腔气体取样装置或钻孔的方式取出鼓泡空腔内的气体，也可以采取预热处理释放氢。

4. 修复补焊坡口准备

用砂轮沿氢鼓泡周边区域进行打磨处理，消除氢鼓泡周边区域劣化部分后，经磁粉检测无磁痕显示时，即可开始准备坡口。

10.1.5　修复补焊方法和注意事项

1. 手工堆焊法

手工堆焊法是氢鼓泡修复补焊最常用的方式。但是，由于堆焊金属量大，故焊接残余应力大，焊接变形严重。除此之外，氢鼓泡周边区域存在的氢致开裂缺陷等增加了堆焊的难度，为了保证氢鼓泡修复补焊质量，需采用以下焊接工艺：

（1）消氢处理　由于氢鼓泡及其周边母材区域中存在大量原子氢和分子氢，为了保证焊接质量，在修复补焊前必须将其释放。焊前预热处理时热源采用加热板或专用火焰加热器，加热范围为凹坑及周边至少 100mm 的区域。

（2）焊条准备　焊条在 380~420℃ 温度下烘干，在 100~150℃ 温度下保存 1h，领用焊条必须使用保温桶，随用随取。

（3）工件准备　凹坑周边 50mm 的区域内必须保持清洁，不能有油污、水渍及铁锈等污染，并且在该范围内也不能出现裂纹。

（4）堆焊修复　凹坑手工堆焊修复采用半焊道补焊工艺，堆焊时选择合理的焊接顺序，以减少焊接残余应力和变形，避免产生焊接缺陷。焊后必须立即进行焊后热处理及消氢处理，并且对堆焊层进行外观检查、磁粉检测、相控阵超声检测、射线检测、硬度检测等，防止再次产生氢鼓泡。

2. 补板法

补板法修复补焊的注意事项基本与手工堆焊法类似。补板法采用双面焊对接焊缝，有利于焊缝表面及内部的检测。补板形状、曲率需与被修复筒体一致。

3. 接管法

接管法修复补焊与容器制造时开孔接管焊接方式相同，采用角焊缝，必须保证全焊透，在补焊前需根据开孔削弱强度情况进行开孔补强处理。

10.2　湿硫化氢损伤的预防措施

在湿硫化氢腐蚀环境下化工设备发生氢鼓泡或氢致开裂的原因有很多，主要有以下两方面：一是介质方面，介质中存在硫化氢、烃类、水等构成典型的湿硫化氢环境，为氢鼓泡的发生提供介质条件；二是钢板材质方面，钢板材质质量差，硫、磷含量偏高，存在大量非金属夹杂物、分层及严重的带状组织和其他缺陷等是发生湿硫化氢损伤的主要原因。

10.2.1　采用化学镀技术减少氢鼓泡

国内外很多企业发现液化石油气储罐、加氢反应装置脱硫塔、分液罐等在湿硫化氢环境下服役的化工设备出现氢鼓泡或氢致开裂等氢损伤，部分设备由于氢损伤程度严重，无法修复补焊而不得不报废。氢鼓泡、氢致开裂、氢脆、应力导向氢致开裂和硫化物应力腐蚀等氢损伤带来的危害和后果越来越严重。然而适用于预防我国常用压力容器钢种氢损伤的工程化方法较少。

化学镀作为一种金属表面防腐处理技术，操作简单，经济成本较低，节能环保，目前受到社会广泛关注。低碳钢常用化学镀镍磷合金涂层，是通过化学沉积的方法获得的。不管试样尺寸大小，形状是否规则，只要化学镀液可以浸透到的位置，试样表面都可以得到厚度均匀的化学镀层。由于化学镀层具有非晶态均一单相组织，没有晶界、位错等缺陷存在，也没有化学成分偏析，而且还可以避免电镀形成的边角效应等缺陷，除此之外，化学镀层还具有较好的表面粗糙光洁度，良好的化学、力学性能。本节主要介绍采用化学镀技术对设备表面进行材料改性，阻止或减少氢原子的渗透，研究化学镀层对压力容器氢鼓泡的防治效果。

1. 化学镀工艺流程及镀层制备

预磨试样→脱脂→流动水洗→酸洗→去离子水洗→吹干称量→化学镀镍磷镀层→水洗→吹干称量。

（1）预磨试样　由于试样微观表面凹凸不平，需进行镀前预磨处理，否则会使镀层结合性差，镀层不均匀，甚至难以施镀。可用 200 号~1000 号的砂布对试样表面由粗到细进行打磨并抛光处理，除去试样表面覆盖物。

（2）脱脂　在试样表面通常有一层油污，在化学镀之前必须将其除掉，否则影响镀层的质量和结合力。本实验脱脂液浓度为 NaOH 10g/L、$NaCO_3$ 15g/L、$NaPO_3$ 20g/L、洗洁精 5mL/L。将预磨好的试样在 70℃的脱脂液中浸泡 2min 左右，直到试样不沾水珠即可。

（3）酸洗　酸洗是将金属试样放入酸性或酸性盐溶液中，去除金属试样表面的氧化膜、氧化皮及锈蚀产物等的过程。一般选用稀硫酸或稀盐酸作为酸洗液，这里采用 10%（体积分数）稀硫酸，经过化学反应和物理过程，将其溶解和剥离，获得洁净表面。将镀件用水冲洗后置于酸洗液中 1~2min 使其表面活化以易于化学镀。

（4）化学镀镍磷镀层　化学镀镍磷合金镀层的沉积过程，是依靠金属试样表面自催化的氧化还原反应进行的。常见的还原剂有次亚磷酸钠、硼氢化合物等。该过程的反应机理比较复杂，目前比较公认的统一反应机理如下：

脱氢　$H_2PO_2^- \rightarrow HPO_2^- + H$

氧化　$HPO_2^- + OH^- \rightarrow H_2PO_3^- + e^-$

再结合　$H + H \rightarrow H_2$

氧化　$H + OH^- \rightarrow H_2O + e^-$

金属析出　$Ni^{2+} + 2e^- \rightarrow Ni$

析氢　$2H_2O + 2e^- \rightarrow H_2 + 2OH^-$

磷析出　$H_2PO_2^- + 2H^+ + e \rightarrow P + 2H_2O$

为了防止 Cl^-等在试样表面的残留，在试样放入镀液前需用去离子水冲洗。镀液需在恒温水浴槽中预热到 80℃以上，然后放入试样继续加热到指定温度，2h 后取出，用水冲洗后晾干并测量镀件的长度、宽度、高度及重量，然后根据镀件的表面积计算该镀液化学镀的沉积速率。由于温度对沉积速率和含磷量的影响显著，试验过程中实际温度应控制在操作温度 ±2℃范围内。

根据本试验的情况，化学镀液主要组分为硫酸镍、次磷酸钠、柠檬酸、碘化钾、硝酸钠、丙酸、十二烷基碘酸钠等，镀液配方见表 10-1。

表 10-1　化学镀镀液配方

主盐	还原剂	络合剂	稳定剂	缓冲剂	促进剂	润湿剂
硫酸镍	次磷酸钠	柠檬酸	碘化钾	硝酸钠	丙酸	十二烷基碘酸钠

化学镀实物如图 10-4 所示。从图 10-4 中可以看到，镀层结构致密，外表光亮。

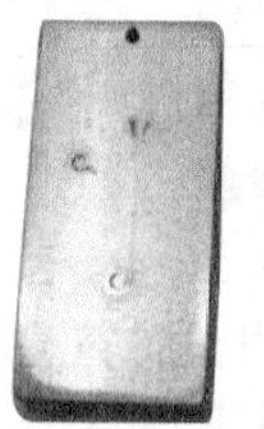
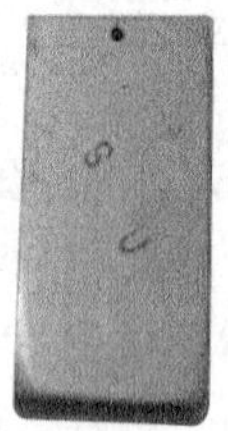

图 10-4　化学镀实物

2. 化学镀镍磷合金抗氢性能试验

当化工设备暴露在湿硫化氢腐蚀环境中时将产生电化学腐蚀反应。电化学腐蚀的特点是有电流流动和电极电位，并组成微电池，即钢铁中的杂质为阴极，铁为阳极，铁释放电子而被腐蚀，这是钢铁容易被腐蚀的机理。而化学镀镍磷合金镀层具有良好的耐蚀性。镀层的耐蚀性与沉积条件、磷含量、杂质和显微组织及介质等有关。一般情况下化学镀层杂质含量越少，含磷量越高，其耐化学腐蚀性就越好。本节介绍通过试验测试化学镀镍磷合金镀层对各种形式氢鼓泡等腐蚀破坏的预防效果。

试样材质为 20g 钢（现牌号为 Q245R），试样尺寸如图 10-5 所示，按化学镀工艺流程在

pH 值=5.0，温度 90℃的条件下进行化学镀。然后对镀件进行电化学充氢，在如图 10-6 所示的电化学充氢装置上进行，镀件为阴极，铂片为阳极，电解液为 0.5mol/L H_2SO_4+0.25g/L As_2O_3 溶液，试验温度为室温。

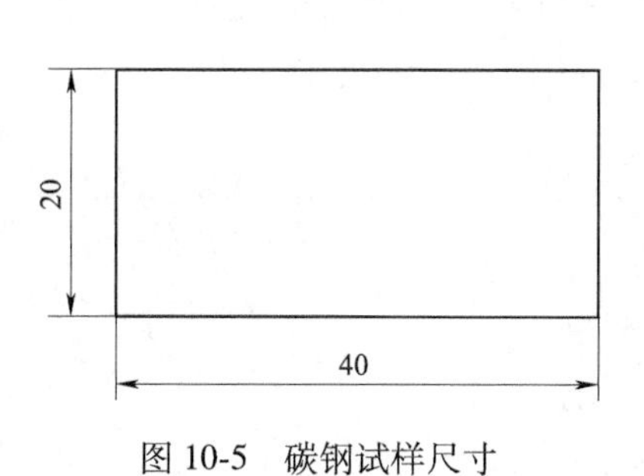

图 10-5　碳钢试样尺寸

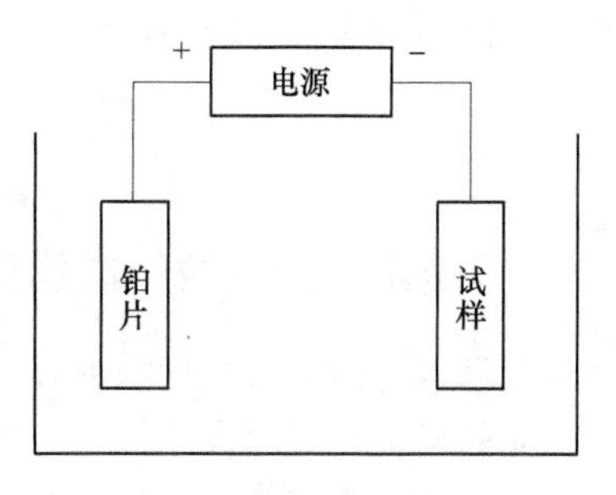

图 10-6　电化学充氢装置

为了全面比较镀件的抗氢性能，分别将经化学镀处理的试样在不同条件下充氢，充氢电流为 0.1A，充氢时间分别为 12h、24h。观察试样表面状况，并与无镀层试样经 12h 充氢处理的试样表面状况进行比较，充氢后各试样表面状况如图 10-7 所示。

无镀层/0.1A，12h

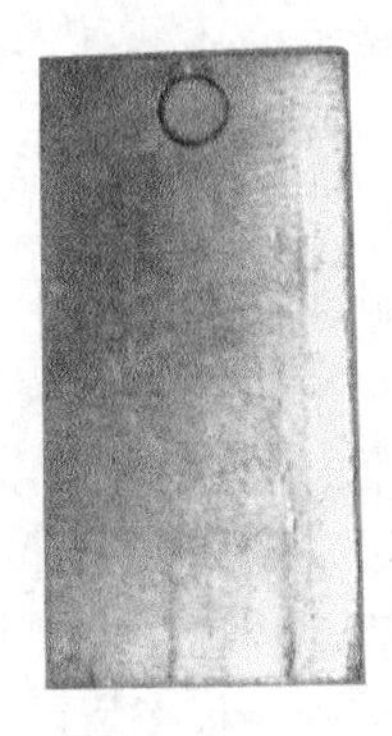

镀层/0.1A，12h

镀层/0.1A，24h

图 10-7　充氢后各试样表面状况

观察各试样在不同表面状态及不同充氢条件下的表面状况，发现无镀层试样在充氢电流为 0.1A，经 12h 电化学充氢后试样表面锈蚀，而且出现大小不一、鼓凸程度不同的密布鼓泡。而对试样表面进行化学镀后，在电流为 0.1A，充氢时间为 12h、24h 的条件下分别充氢，发现试样表面依然光亮，没有出现任何鼓泡或裂纹的迹象，本试验结果说明化学镀镍磷合金涂层具有较好的抗氢渗透效果。

从上述试验结果可以看出，化学镀镍磷合金涂层具有较好的抗氢效果，主要有三方面原因：一是镀层表面的钝化膜，在遇到化学腐蚀介质后，可以阻止和延缓电化学反应中析出的氢原子渗透扩散进入钢材内部，从而提高钢材的抗氢致开裂能力。磷含量越高，钝化膜形成越快，抗氢性能也越好。二是化学镀层具有非晶态或混晶态，而非晶态没有晶界、相界、位错、成分偏析等现象。由于表面组织结构均匀，故在腐蚀介质中不易形成腐蚀微电池。三是化学镀镍磷合金镀层可以提高腐蚀电位。在腐蚀介质中，电位低的一端为阳极而被腐蚀，电位高的一端为阴极，受到保护，电位越高，耐蚀性越好。而镍磷合金镀层的腐蚀电位远比钢材基体高，在腐蚀介质中非常稳定，会形成阴极保护层，因此镀层的耐蚀性比钢材基体好很多。

但是镀件的镀层本身存在孔隙，这是沉积反应过程中有氢析出所致。如果孔隙贯穿到钢材基体，腐蚀介质就会渗透到基体，形成“大阴极小阳极”的典型腐蚀模式，即为点蚀。所以低孔隙率是改善耐蚀性的重要保证。一般通过增厚镍层或者多层镀可减少孔隙率，从而改善耐蚀性。

10.2.2 湿硫化氢损伤的预防措施总结

通过对氢鼓泡的形成机理研究及产生原因的分析可知，氢鼓泡的发生与应力大小无关，仅与介质环境、钢板材质质量及显微组织等有关，因此主要从控制介质环境和提高材料的抗氢性能方面防止氢鼓泡的发生，使得 $C_H<C_{th}$，如图 10-8 所示。

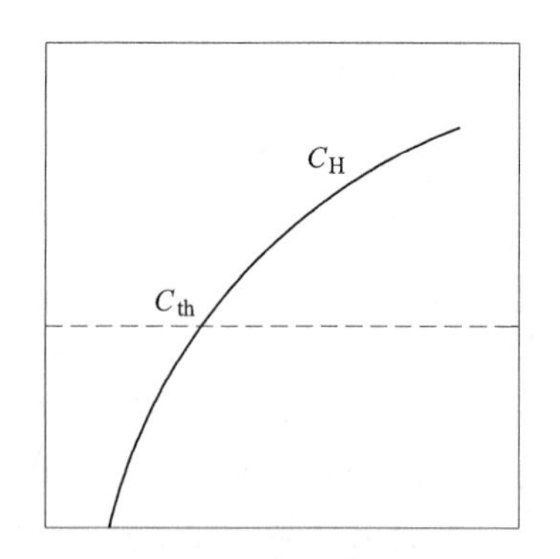

图 10-8 影响氢致开裂的两个因素

C_H—金属中氢浓度 C_{th}—临界氢浓度

（1）控制介质环境 控制介质环境的本质是减少或阻止氢原子进入金属材料内部，使得金属中氢浓度 C_H 尽可能低，氢原子复合成氢分子的可能性减小，从而形成的氢压不足以使裂纹形成并扩展，具体措施主要包括以下四种：

1）加强设备运行管理，严格控制并检测介质中 H_2S 的浓度，极大程度地减少介质中 H_2S 和 H_2O 的含量。

2）在介质中加入缓蚀剂。缓蚀剂是一种以一定浓度和形式存在于介质或环境中的可以阻止或减缓腐蚀反应的化学物质。缓蚀剂的用量很少，一般质量分数为 0.1%～1%，但是它的效果非常明显，可以明显减缓腐蚀反应的速度，并且不改变金属材料原有物理性能。目前缓蚀剂的种类繁多，使用条件也各不相同。根据目前缓蚀剂的发展趋势及湿硫化氢腐蚀的特点，用于含硫化氢酸性环境中的缓蚀剂，通常为吸附成膜型缓蚀剂，主要有吡啶类、酰胺类和咪唑啉类缓蚀剂。

3）采取适当的设备表面材料改性技术，防止或减少氢原子的渗透，常用的表面技术防腐措施主要有以下四种：

① 热喷涂技术，在设备内表面喷涂铝或锌铝合金涂层，阻止氢原子向钢材内部渗入，能有效抑制氢鼓泡和氢致开裂的发生。

② 化学镀镍，这种技术对压力容器防腐具有很好的效果，但是由于其工艺的特殊性，所镀的镍磷金属保护层必须预留针孔以保证氢的逸出，因此需要准备特殊的封孔剂来封闭针孔，避免针孔缺陷。

③ 电化学保护，即牺牲阳极法。牺牲阳极一般与防腐涂料配合使用，原理是将氢原子吸引在壳壁的铝合金阳极上，避免氢原子向钢材内部扩散渗透。

④ 金属烧结涂层，在金属表面黏结多种金属元素，通过高温烧结成镍基合金的涂层，可以抵抗多种腐蚀体系的腐蚀。

4）通过管控设备提高溶液的 pH 值，降低溶液中氢离子的含量，提高设备的抗腐蚀能力，最好使介质的 pH 值在 9～11 范围内，有效预防湿硫化氢腐蚀，从而提高钢材的使用寿命。

（2）提高材料的抗氢性能　提高材料的抗氢性能本质就是提高金属材料的临界氢浓度值 C_{th}，具体措施主要包括以下六种：

1）提高钢材的冶炼质量，尽可能地降低钢材中 S、P 的含量，GB/T 713—2014《锅炉和压力容器用钢板》中对压力容器钢板的允许值是 P≤0.025%，S≤0.015%，而各钢厂的企业标准有所不同，因此在设计选材时尽可能地控制 S、P 的含量，目前 S 含量可以控制在 0.002%~0.003%，P 含量可以控制在 0.008%~0.010%，S、P 含量的降低有利于减少非金属夹杂物及偏析带的形成。

2）研究表明，在钢材冶炼过程中会加入稀土元素 Re，它与 S 的亲和力远比 Mn 更强，形成的硫化物熔点更高，热力学性质也更稳定，在热轧过程中也不易变形，可以较大幅度地改变夹杂物的形状，使长条形夹杂物变为球状夹杂物，并且加入微量元素 Re 后，形成的稀土硫化物可以聚集球化，有利于夹杂物顺利上浮从而排出，达到脱硫的目的，使钢材进一步净化，同时还可以强化晶界，从而大大改善钢的抗氢性能。

3）钢材冶炼过程中，在降低 S、P 含量的基础上，加入 Ca 元素，使长条形硫化锰夹杂物变为球状，大大改善钢的抗氢性能。当 Ca/S=2（质量比）时，全部长条形硫化锰夹杂物都变为球状，这时钢材的抗氢性能最好。

4）在满足钢板力学性能要求的前提条件下，尽可能地减少钢材中碳和锰元素的含量。

5）材料的热处理方式直接影响钢材的显微组织，而材料的显微组织对氢致开裂又有很大影响。对钢材进行恰当的热处理可以得到均匀的显微组织，可以尽最大可能发挥钢材的抗氢腐蚀性能。比如当马氏体经过高温回火后得到在铁素体中均匀分布着细微球状碳化物的显微组织，其对钢材具有很好的抗氢腐蚀性能。

6）湿硫化氢环境中服役的承压设备应优先选用调质钢，其次是正火钢，尽量避免选用热轧钢。应优先选用抗湿硫化氢开裂专用钢板，如 Q355R(HIC)、SA516Gr70(HIC)、Q245R(HIC)、Q355(R-HIC) 等。

由于介质环境和钢材质量很难达到令人满意的程度，尤其是钢材质量是制造时形成的，在使用时无法控制，而介质环境由于生产要求、储运等因素影响也无法满足技术要求。采用化学镀技术对设备表面进行材料改性，可以防止或减少氢原子的渗透，试验测试结果表明化学镀镍磷合金镀层对氢鼓泡等腐蚀破坏具有很好的预防作用，为压力容器防腐提供一定的科学依据。在做好控制介质环境和提高材料抗氢性能的基础上，结合智能监控系统对设备易腐蚀部位进行实时监控，建立湿硫化氢损伤的有效防控体系。

参 考 文 献

[1] 褚武扬. 氢损伤与滞后断裂 [M]. 北京：冶金工业出版社，1988.

[2] 郑修麟. 工程材料的力学行为 [M]. 西安：西北工业大学出版社，2006.

[3] 中国航空研究院. 应力强度因子手册 [M]. 北京：科学出版社，1981.

[4] 吴学仁. 飞机结构金属材料力学性能手册：第 2 卷　损伤容限 [M]. 北京：航空工业出版社，1996.

[5] 刘鸿文. 材料力学 [M]. 北京：高等教育出版社，2004.

[6] 石亦平，周玉蓉. ABAQUS 有限元分析实例详解 [M]. 北京：机械工业出版社，2006.

[7] 美国金属学会. 金属手册：第九卷 [M]. 8 版. 邓日红，朱之琴，吴世泽，等译. 北京：机械工业出版社，1985.

[8] 吴望周. 化工设备断裂失效分析基础 [M]. 南京：东南大学出版社，1991.

[9] 周德惠，谭云. 金属的环境氢脆及其实验技术 [M]. 北京：国防工业出版社，1998.

[10] 李宁，袁国伟，黎德育. 化学镀镍基合金理论与技术 [M]. 哈尔滨：哈尔滨工业大学出版社，2000.

[11] 郑修麟. 材料的力学性能 [M]. 西安：西北工业大学出版社，2000.

[12] 李国成，刘仁恒. 压力容器安全评定技术基础 [M]. 北京：中国石化出版社，2007.

[13] 丁守宝，刘富君. 无损检测新技术及应用 [M]. 北京：高等教育出版社，2012.

[14] 孔凡玉，朱凯，王强. 承压设备安全技术 [M]. 北京：化学工业出版社，2021.

[15] 王志文，徐宏，关凯书，等. 化工设备失效原理与案例分析 [M]. 上海：华东理工大学出版社，2010.

[16] 李志安. 压力容器断裂理论与缺陷评定 [M]. 大连：大连理工大学出版社，1994.

[17] 国家市场监督管理局. 固定式压力容器安全技术监察规程：TSG 21—2016 [S]. 北京：新华出版社，2016.

[18] 全国锅炉压力容器标准化技术委员会. 承压设备无损检测：NB/T 47013—2015 [S]. 北京：新华出版社，2015.

[19] 全国锅炉压力容器标准化技术委员会. 承压设备损伤模式识别：GB/T 30579—2014 [S]. 北京：中国标准出版社，2014.

[20] 中国石油化工集团公司. 石油化工钢制压力容器材料选用规范：SH/T 3075—2009 [S]. 北京：中国石化出版社，2009.

[21] 全国锅炉压力容器标准化技术委员会. 承压设备合于使用评价：GB/T 35013—2018 [S]. 北京：中国标准出版社，2018.

[22] 全国钢标准化技术委员会. 金属材料拉伸试验　第 1 部分：室温试验方法：GB/T 228. 1—2021 [S]. 北京：中国标准出版社，2021.

[23] 中国石油和化学工业联合会. 钢制化工容器材料选用规定：HG/T 20581—2020 [S]. 北京：新华出版社，2020.

[24] 张少杰. 加氢装置氢致鼓泡的有限元模拟及其合于使用评价 [D]. 上海：华东理工大学，2015.

[25] 冯亚娟. 湿硫化氢环境下氢鼓泡形成机理分析及防护措施研究 [D]. 上海：华东理工大学，2015.

[26] 李绪丰，李越胜，邵春文，等. 压力容器氢致开裂的超声相控阵监控 [J]. 中国特种设备安全，2012 (11)：25-26.

[27] 王勇，李崇刚. 液化石油气储罐氢鼓包分析 [J]. 石油化工设备，2009 (4)：30-33.

[28] 赵正宏，杨克祥，王庆余，等. 液化石油气球罐内壁鼓泡分析及防治措施 [J]. 压力容器，

2001（5）：64-66.
[29] 王庆，马池营，孙云华．硫化氢罐开裂失效分析［J］. 内蒙古石油化工，2009（12）：16-19.
[30] 宁玫，张冰，张志远，等．氢损伤缺陷分析研究［C］//中国金属学会．第八届中国钢铁年会论文集．北京：冶金工业出版社，2011.
[31] 任学冲，单广斌，褚武扬，等．氢鼓泡的形核、长大和开裂［J］. 科学通报，2005，50（16）：1689-1692.
[32] 冯秀梅，薛莹．炼油设备中的湿硫化氢腐蚀与防护［J］. 化工设备与管道，2003，40（6）：57-60.
[33] VENKATASUBRAMANIAN T V，BAKER T J. Role of MnS inclusion in hydrogen assisted cracking of steel exposed to H_2S saturated salt solution［J］. Metal Science，1984，18（5）：241-247.
[34] ECKERT J A，HOWELL P R，THOMPSON S W. Banding and the nature of large，irregular pearlite nodules in a hot-rolled low-alloy plate steel：a second report［J］. Journal of Materials Science，1993，28（16）：4412-4420.
[35] 张凤春，李春福，傅爱红．硫化物应力腐蚀开裂的理论研究进展［J］. 材料导报，2012，26（S2）：345-348.
[36] 王晓雷，马昌华，候明烈，等．在用压力容器氢鼓包检验、修复、补焊与预防［J］. 中国锅炉压力容器安全，2002，18（5）：7-12.
[37] 李传江．计算机辅助氢损伤监测技术的研究［D］. 西安：西北工业大学，2002.
[38] 欧阳跃军．石油炼制设备湿硫化氢腐蚀监测技术与现场应用研究［D］. 长沙：湖南大学，2007.
[39] 杨铁成，陈学东，关卫和，等．应用表面涂层技术进行压力容器腐蚀防护的试验研究［C］//中国机械工程学会压力容器分会．第五届全国压力容器学术会议论文集．南京，2001.
[40] JU C P，RIGSBEE J M. The role of microstructure for hydrogen-induced blistering and stepwise cracking in a plain medium carbon steel［J］. Materials Science and Engineering，1985，74（1）：47-53.
[41] HOSHIHIRA T，OTSUKA T，TANABE T. A study of hydrogen blistering mechanism for molybdenum by tritium radio-luminography［J］. Journal Nuclear Materials，2009，390（1）：1029-1031.
[42] YEN S K，HUANG I B. Critical hydrogen concentration for hydrogen-induced blistering on AISI 430 stainless steel［J］. Materials Chemistry and Physics，2003，80（3）：662-666.
[43] 赵兵银，王旭辉．液化石油气储运容器氢鼓包的产生原因和防止措施［J］. 中国锅炉压力容器安全，1997，13（4）：9-12.
[44] WEI H Z，ZHOU X B. Finite Element Analysis of Critical Residual Wall Thickness of Corroded Pipeline［J］. Machinery，2007，34（4）：27-29.
[45] WENMAN M R，TRETHEWEYK R. JARMAN S E. A finite-element computational model of chloride-induced transgranular stress corrosion cracking of austenitic stainless steel［J］. Acta Mater，2008，56（16）：4125-4136.
[46] 蒋文春，巩建鸣，等．湿硫化氢环境下16MnR钢氢鼓泡的有限元模拟［J］. 吉林大学学报：工学版，2008，38（1）：61-65.
[47] 巩建鸣，蒋文春，等．湿硫化氢环境下16MnR钢氢鼓泡的实验研究与数值模拟［J］. 压力容器，2007，24（2）：9-14.
[48] 巩建鸣，蒋文春，等．16MnR钢焊接接头氢扩散三维有限元模拟［J］. 机械工程学报，2007，43（9）：113-118.
[49] TRAIDIA A，ALFANO M，et al. An effective finite element model for the prediction of hydrogen induced cracking in steel pipelines［J］. International Journal of Hydrogen Energy，2012，37（21）：16214-16230.
[50] SOFRONIS P，MCMEEKING R M. Numerical analysis of hydrogentransport near a blunting crack tip［J］. Journal of the Mechanics and Physics of Solids，1989，37（3）：317-350.

[51] KROM A H M, KOERS R W J, BAKKER A. Hydrogen transportnear a blunting crack tip [J]. Journal of the Mechanics and Physics of Solids, 1999, 47 (4): 971-992.

[52] TAHA A, SOFRONIS P. A micromechanics approach to the studyof hydrogen transport and embrittlement [J]. Engineering Fracture Mechanics, 2001, 68 (6): 803-837.

[53] SEREBRINSKY S, CARTER E A, ORTIZ M. A quantum-mechanicallyinformed continuum model of hydrogen embrittlement [J]. Journal of the Mechanics and Physics of Solids, 2004, 52 (10): 2403-2430.

[54] OLDEN V, THAULOW C, JOHNSEN R, et al. Cohesive zonemodeling of hydrogen-induced stress cracking in 25% crduplex stainless steel [J]. Scripta Materialia, 2007, 57 (7): 615-618.

[55] OLDEN V, THAULOW C, JOHNSEN R, et al. Application of hydrogen influenced cohesive laws in the prediction of hydrogen induced stress cracking in 25% Cr duplex stainless steel [J]. Engineering Fracture Mechanics, 2008, 75 (8): 2333-2351.

[56] AHN D C, SOFRONIS P, DODDS R. Modeling of hydrogen-assistedductile crack propagation in metals and alloys [J]. International Journal of Fracture volume, 2007, 145 (2): 135-157.

[57] RONG W. Effects of hydrogen on the fracture toughness ofa x70 pipeline steel [J]. Corrosion Science, 2009, 51 (12): 2803-2810.

[58] GANGLOFF R P. Hydrogen assisted cracking of high strengthalloys: vol 6 [M]. New York: Elsevier Science, 2003.

[59] CHATZIDOUROS E V, PAPAZOGLOU V J, TSIOURVA T E, et al. Hydrogen effect on fracture toughness of pipeline steel welds, with in situ hydrogen charging [J]. International Journal of Hydrogen Energy, 2011, 36 (19): 12626-12643.

[60] 赵亮，余刚，张学元，等. 氢在钢中的低温扩散系数 [J]. 腐蚀科学与防护技术，2005，17 (5)，349-351.

[61] 任学冲，褚武扬，等. MnS 夹杂对钢中氢扩散行为的影响 [J]. 北京科技大学学报，2007，29 (2)：232-236.

[62] 蒋文春，巩建鸣，唐建群，等. 焊接残余应力对氢扩散影响的有限元模拟 [J]. 金属学报，2006，42 (11)：1221-1226.

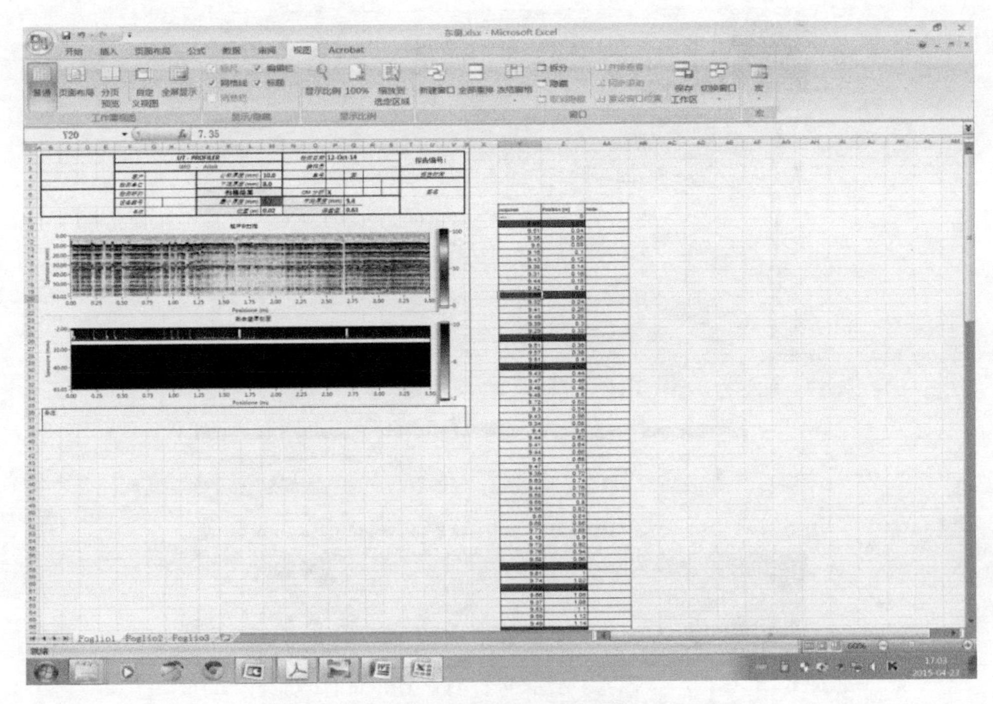

图 4-4　某容器的自动爬壁超声测厚检测结果

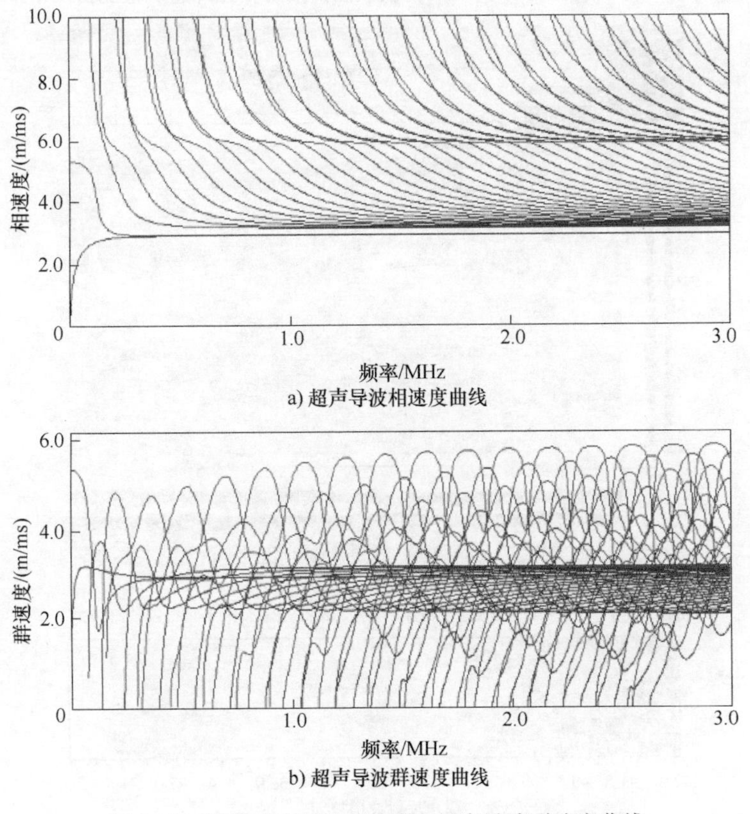

a) 超声导波相速度曲线

b) 超声导波群速度曲线

图 4-16　超声导波相速度曲线和超声导波群速度曲线

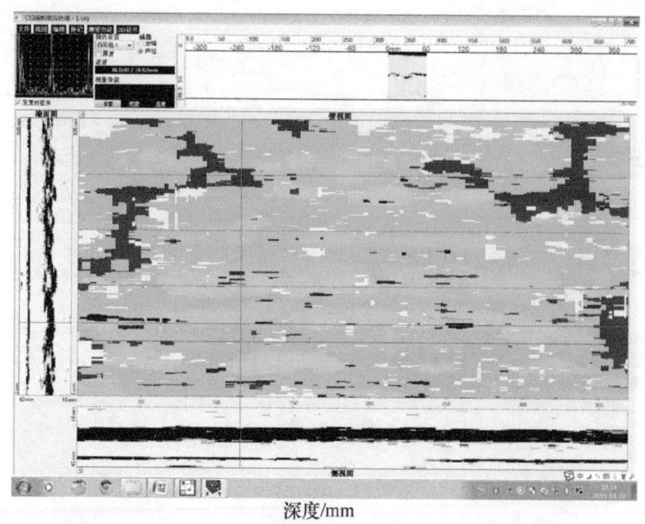

图 5-15　循环氢脱硫塔 T-1103 割板数控扫描架相控阵超声检测拼图结果

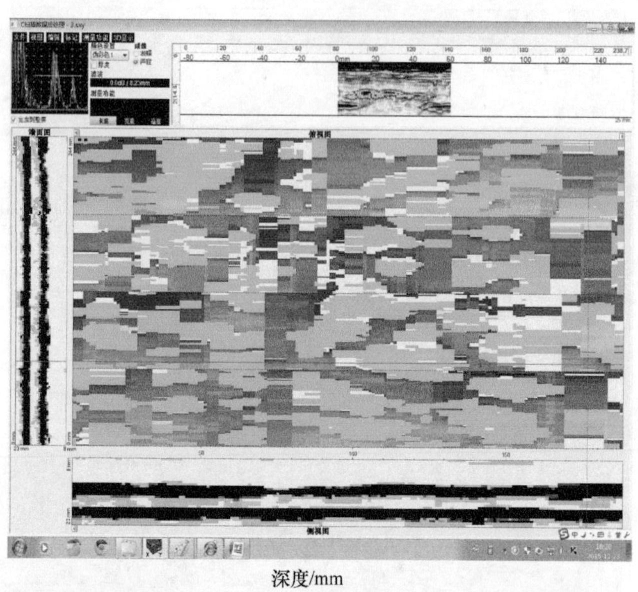

图 5-19　干气脱硫吸收塔 T-306 割板数控扫描架相控阵超声检测拼图结果

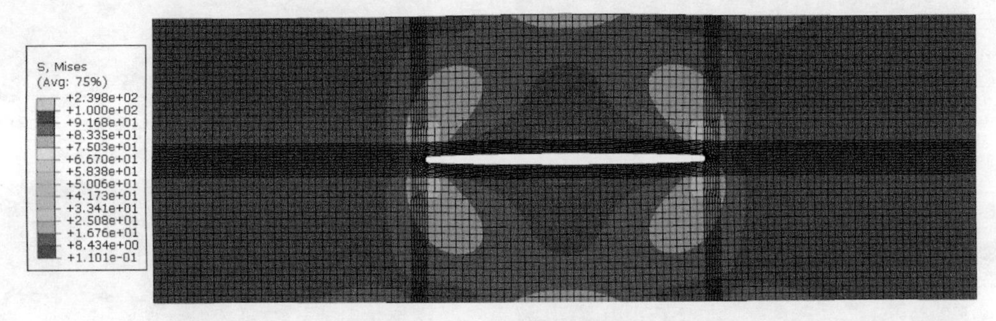

10MPa下的应力云图

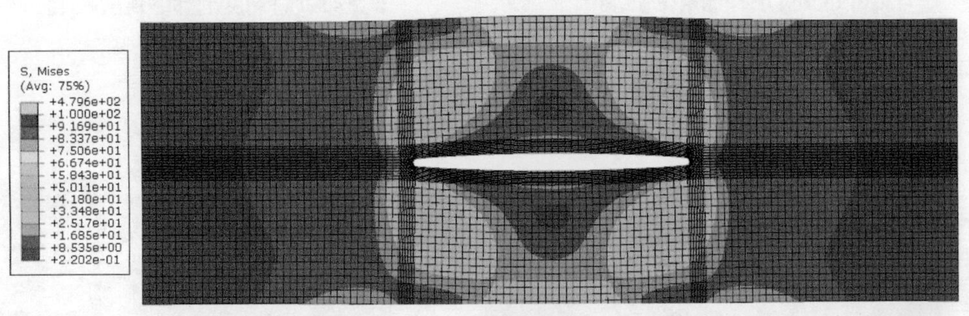

20MPa下的应力云图

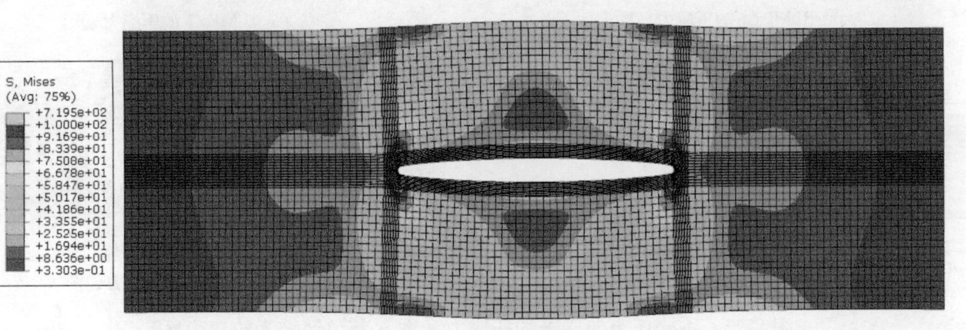

30MPa下的应力云图

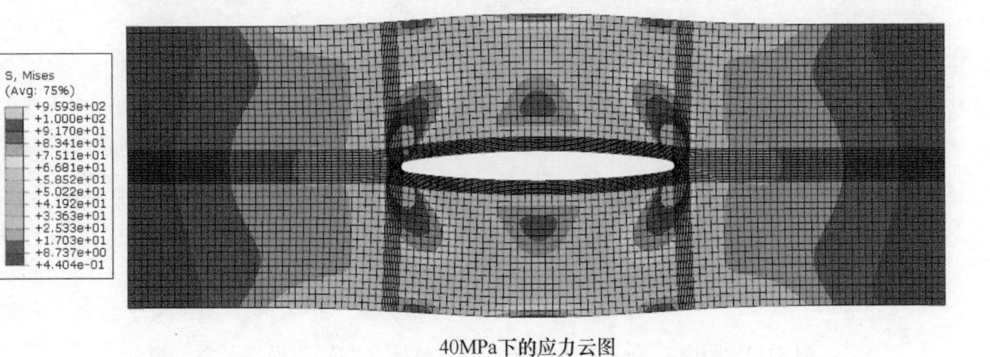

40MPa下的应力云图

图 8-16　不同压力下所产生的应力云图

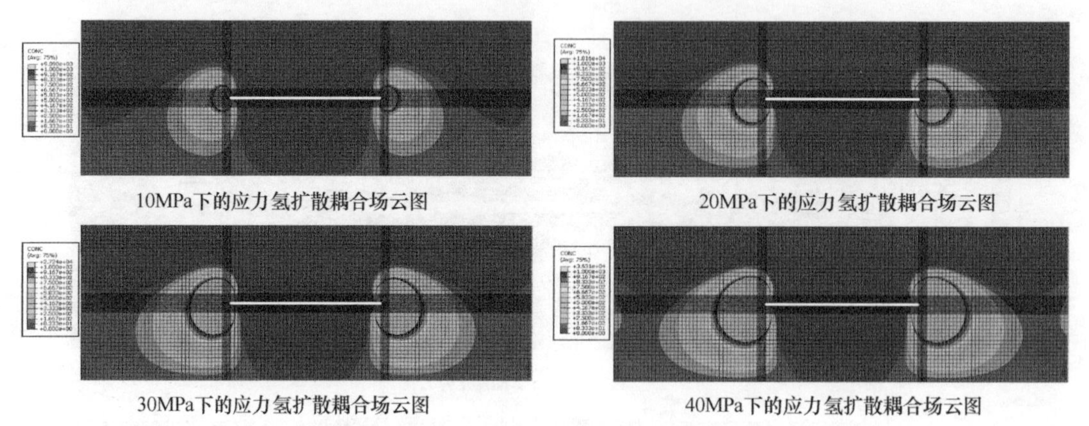

图 8-19　不同应力情况下的氢扩散耦合场云图

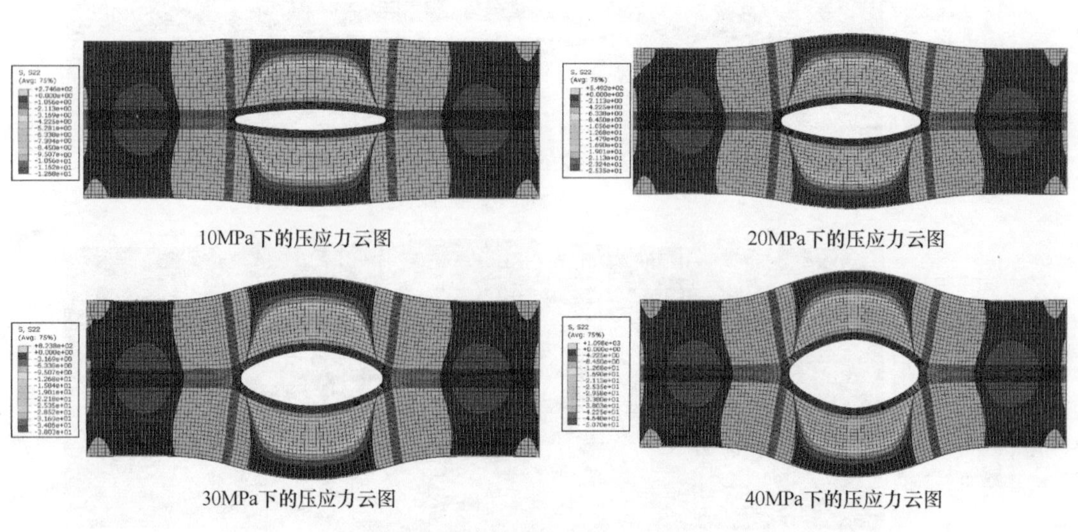

图 8-22　不同压力条件下的压应力云图（灰色区域为拉应力区）

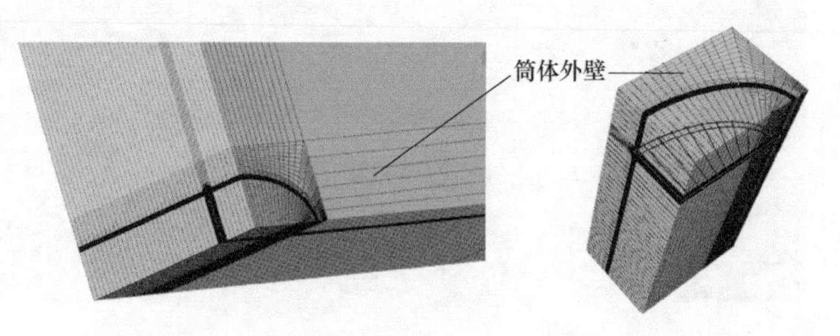

图 8-29　距内壁 7mm 处含椭圆形裂纹整体（左）与局部（右）模型